Urban Planning and
Design in South Korea

城市规划设计
在韩国

唐燕　[韩]金世镛　魏寒宾 等　著

清华大学出版社
北 京

图书在版编目（CIP）数据

城市规划设计在韩国 / 唐燕等著. — 北京：清华大学出版社，2020.1
ISBN 978-7-302-52423-6

Ⅰ. ①城… Ⅱ. ①唐… Ⅲ. ①城市规划－建筑设计－研究－韩国 Ⅳ. ①TU984.312.6

中国版本图书馆CIP数据核字（2019）第042385号

责任编辑：徐　颖
装帧设计：谢晓翠
责任校对：王荣静
责任印制：杨　艳

出版发行：清华大学出版社
　　　　　网　　址：http://www.tup.com.cn,　　http://www.wqbook.com
　　　　　地　　址：北京清华大学学研大厦A座　　　邮　　编：100084
　　　　　社总机：010-62770175　　　　　　　　　邮　　购：010-62786544
　　　　　投稿与读者服务：010-62776969, c-service@tup.tsinghua.edu.cn
　　　　　质量反馈：010-62772015, zhiliang@tup.tsinghua.edu.cn
印装者：小森印刷（北京）有限公司
经　销：全国新华书店
开　本：185mm×250mm　　　印　张：21.75　　　　字　数：418千字
版　次：2020年1月第1版　　　印　次：2020年1月第1次印刷
定　价：129.00元

产品编号：078360-01

| 前言 |

　　中华人民共和国成立至今，我国的城市规划经历了从初创、动荡到恢复、发展和转型的60余年变革历程，城市规划的运作体系、政策法规、思想理念与技术方法不断进步与完善，目前已迈入以国土空间规划为特征的规划整合新时期。这种演进曾深受西方发达国家规划理论与实践的影响，是一个不时向西方学习和引进，并从本土国情出发逐步建构的过程。相比之下，回看与中国具有密切文化和地缘传承关系的亚洲毗邻国家和地区，相互之间的交流与影响则明显不足。就中韩两国来看，尽管两地在久远的历史渊源中早就开始了深刻的政治、经济、文化互动，韩国也曾因其亚洲四小龙的经济地位而一度成为亚洲国家的发展典范，但中韩两国在城市规划设计领域内的沟通和借鉴还远远不够，这从中国关于韩国城市规划设计的引介文章或著作的数量较少中可窥豹一斑。

　　撰写本书的源起可以追溯到2013年，当时清华大学建筑学院的边兰春、唐燕两位老师受高丽大学和韩国建筑师协会的邀请，参加了在首尔举行的以"城市公共空间"和"滨水区空间更新"为主题的"韩国土地、城市与设计竞赛"大会。会议结束之后，两位老师在与高丽大学金世镛教授和魏寒宾博士的交谈之中发现，中韩两国因紧密的文化渊源，在城市规划设计领域其实有诸多可类比、可互为镜鉴的做法——尽管受不同政治、文化、经济背景的影响，两国在面对类似城市问题时采取的应对方式可能具有相当的差异性。于是随后，围绕韩国城市规划设计领域中的一些优秀经验和案例，例如传贳房、文化艺术和创意产业、社区营造、城市再生等，本书作者开始尝试在国内期刊平台上开展一些分析和探讨，引发了部分读者的关注。

　　为了更加深入地剖析韩国城市规划设计领域的发展，促进中韩两国城市规划设计学科的交流与共享，我们自2014年开始筹备本书，并邀请数位对韩国城市规划设计理论有多年研究且参与过大量规划设计实践的专家与学者执笔，围绕韩国的城市规划体系、城市设计、城市管理、城市更新、低碳城市等多个视角，解读韩国城市规划设计的历史演进、法规体系构成与实践热点等。本书内容包括6部分，共23章：

第1部分关乎韩国城市规划设计的历史，包括1～5章，阐述了韩国从朝鲜半岛三国时期至当代的城市建设与规划设计演进，涵盖受中国南北朝时期里坊制与风水地理学说影响的朝鲜半岛三国、高丽与朝鲜时代；日本殖民统治下城市化飞速发展的20世纪初；城市急速扩张与城市人口过于密集的20世纪60—70年代；奥林匹克运动会带动韩国迈入国际化时代的20世纪80—90年代，以及执政策略影响下的21世纪城市规划新理念。

第2部分介绍了韩国城市规划的体系构成及相关技术规范，包括6～9章，主要涉及国土规划体系、城市管理规划、景观规划、建筑政策等关键内容。城市规划体系的建构不仅是韩国城市建设工作开展的基础，同时也构成了韩国城市更新改造的制度框架与组织结构。韩国目前已经建立了较为完整的城市规划体系，主要分为涉及城市基本空间结构与长期发展方向的"城市基本规划"和管理建设项目具体落地及提供中期引导的"城市管理规划"。与此同时，景观规划作为韩国城市规划设计的主要构成内容之一，其法规体系和规划工作的建立具有不可替代性。此外，建筑作为城市景观的主要组成要素，合理的建筑政策设定有助于推动城市摆脱发展中的景观单一现象。

第3部分探析了韩国的城市再生、文化艺术与社区营造议题，包括10～13章。21世纪初是韩国城市规划建设的分水岭，韩国的城市规划工作由此从政府主导的大拆大建，转向以居民为"主角"、政府及专家等为"帮手"的新模式，进入通过社区治理实践改善城市物质空间、社会、文化、经济等的"城市再生"时代。韩国的城市再生项目，按牵头主体与资金预算的不同可以分成地方政府主导项目、中央政府主导项目、民间主导项目三大类。纵观韩国城市再生以及社区营造的经典案例不难发现，无论是首尔市的居民参与型城市再生，还是釜山甘川洞的文化艺术村营造，在它们的稳步推进过程中，国家法律、相关制度、政府政策及财政等的有力支援和"居民、政府、专家及市民团体协作"下的多主体参与模式显然是其成功的主要原因。

第4部分概述了韩国新城开发、低碳城市、智慧城市、城市农业等先锋概念及其实践，包括14～17章。在韩国，当权政府的战略目标会相当程度地影响城市发展，如卢武铉作为总统候选人时提出"国土均衡发展"，在其正式开始执政之后，推进的项目包括了以韩国核心政府研究院及公社等的搬迁为基础的"创新城市"、使用民间资本建设的"企业城市"以及"行政中心复合城市"（现在的世宗市）等的建设。韩国如火如荼地开展"低碳城市"建设的主要契机，也来自于李明博在2008年8月总统祝辞中宣布将"低碳绿色增长"列为未来国家战略，并相继从多个层面推出了关于低碳绿色增长的政策。另一方面，在全球化进程中，为了提高城市的竞争力和生活品质，韩国还持续引入了"智慧城市/U-城市""城市农业"等概念，并结合韩国国情出台相应的政策、法律及制度，为推动相关项目的建设进展奠定了基础。

第5部分解读了韩国的住房供给与住宅开发，包括18～20章。住宅是人类生活最基本的物质空间保障。截至2013年，韩国的住宅普及率虽仍未达到发达国家水平，但韩国政府持续不断的努力不容忽视。在韩国，福利性住房的实现主要是通过住房供给政策来实现。同时，在进入21世纪之后，韩国从侧重住宅的数量供给转向对住房环境的关注。从居住形式来看，韩国居住在公寓中的人口占总人口的61%之多，故而法国地理学家瓦莱丽·格莱佐（Valerie Gelezeau）称韩国为"公寓共和国"。韩国各大建筑公司在建设公寓的过程中发现，只有从"商品"这个角度出发才能在竞争中胜出，因此编制了相应的品牌销售策略。现在的韩国，大部分居民认为公寓品牌会影响到公寓的价值，故而在选择购买公寓的过程中会考虑这个因素。从居住方式来看，韩国租房市场中的"传贳房"，作为缓解大城市高房价的一种特殊药剂，从某种程度上缓解了韩国"高房价"和"住房难"的问题。

第6部分对步行城市、轨道交通站点周边地区开发与公共空间等进行了研究，包括21～23章。近年来，步行城市已经作为实现城市可持续发展的重要途径被广泛应用，韩国也逐渐认识到营造以"人"为中心的步行空间的重要性。首尔市为了改变以汽车为中心的城市环境，实现所有市民能安全、便利地漫步于城市中的愿望，政府通过长期规划的编制、法规的制定以及试点地区的实践等努力来推动首尔的步行城市建设。与此同时，韩国在开发建设大容量轨道交通站点及其周边地区的过程，主要目标亦锁定在建设"以人为本"的交流与活动空间上。除此之外，值得注意的是，除了纯粹的公共空间，很多人都有可能为城市生活品质的提高与活力注入做出贡献，私人用地为了市民的步行、休息而开放的"私有公共空间"就是主要途径之一。

本书作为相对系统全面引介韩国城市规划设计的初创著作，从前期组稿到终稿形成，前后历时逾5年，目前仍然存在着诸多遗憾和不足——韩国规划体系的特殊性、韩文转译中文的专业词汇对应性、社会经济背景的差异性等，都给本书中文成稿提出了巨大挑战。感谢金世镛、李正中、丁允男、金俊来、金东贤、魏寒宾、沈昡男、唐燕、李建远、朴权淑、吴林锡、李钟勋、白周和、徐敏豪、李润锡等作者提供的章节初稿，感谢魏寒宾、沈昡男对韩文文稿进行的翻译，感谢唐燕、魏寒宾、陈恺在全书的章节编排、内容组织、文章重编重写上的持续付出和艰辛推进，感谢毛宇帆同学对本书细致入微的审读。谢谢清华大学出版社的徐颖主任和张阳编辑，她们对著作反复的斟酌与打磨保证了本书出版的品质。

本书中，各章的初始作者以及后续翻译、编写者的分工情况如下：
第1~5章：金世镛著初稿，魏寒宾、沈昡男译，唐燕、魏寒宾、陈恺整理和编写。
第6~7章：李正中著初稿，魏寒宾、沈昡男译，唐燕、魏寒宾、陈恺整理和编写。
第8章：丁允男著初稿，魏寒宾、沈昡男译，唐燕、魏寒宾、陈恺整理和编写。
第9章：金俊来著初稿，魏寒宾、沈昡男译，唐燕、魏寒宾整理和编写。
第10章：金东贤著初稿，魏寒宾、沈昡男译，唐燕、魏寒宾整理和编写。
第11章：魏寒宾、沈昡男、唐燕、金世镛著。
第12~13章：魏寒宾、唐燕、金世镛著。
第14~15章：李建远著，魏寒宾、沈昡男译。
第16章：朴权淑著初稿，魏寒宾、沈昡男译，陈恺整理和编写。
第17章：吴林锡著，魏寒宾、沈昡男译。
第18章：李钟勋著初稿，魏寒宾、沈昡男译，唐燕、魏寒宾整理和编写。
第19章：唐燕、魏寒宾、边兰春、金世镛著。
第20章：白周和著初稿，魏寒宾、沈昡男译，唐燕、魏寒宾整理和编写。
第21章：沈昡男著，魏寒宾、沈昡男译。
第22章：徐敏豪著，魏寒宾、沈昡男译。
第23章：李润锡著，魏寒宾、沈昡男译。

目录

首尔市航拍图 沈昡男绘于 2019 年

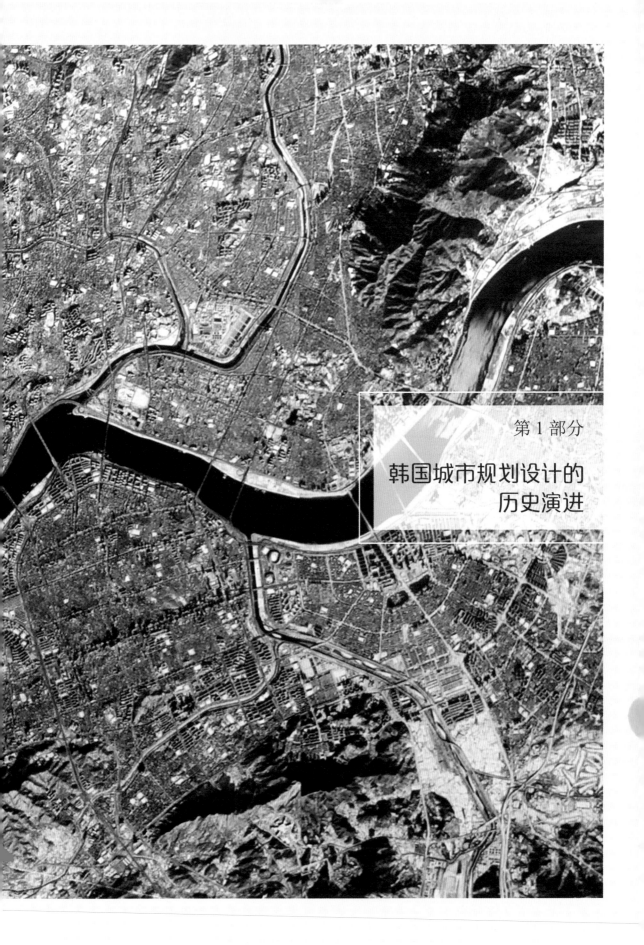

第 1 部分

韩国城市规划设计的
历史演进

朝鲜半岛三国、高丽与朝鲜时期

第1章

朝鲜半岛三国时期是韩国国家基本雏形建立的时期，所以韩国的城市规划设计将从朝鲜半岛三国时期谈起。朝鲜三国时期的君王为巩固其地位，非常重视国都的建设，这一时期的城市主要分为"平地城"和"山城"两个类型。在5—6世纪后，受中国南北朝时期里坊制的影响，韩民族的城市规划建设体现出以中央集权为基础、秩序森严的城市形态。进入高丽时期，高丽太祖将国家大业寄托于佛教及风水地理学说，因此，这一时期的城市规划设计普遍受到风水地理学说的影响，大部分的都城、村落、建筑和阴宅等都按照风水地理学说进行选址布局。

1.1 朝鲜半岛三国时期的城市规划

朝鲜半岛三国时期的城市与其他东亚国家类似，居住在主要都城内的人群多为统治阶层。在当时，这些都城不仅扮演着国家行政与政治中心的角色，同时也是国家的军事、经济、交通、文化等中心。朝鲜半岛此时期，国家不仅具备了一定雏形，同时在逐步迈向中央集权制度的过程中开始越来越重视支撑领土扩张的交通及军事设施建设。因此，朝鲜半岛三国时期的都城选址多在河流周边。与此同时，朝鲜半岛与他国之间的关系影响着都城的建设，分为以下三种情况：第一，当国家在军事、经济、政治等方面处于稳定期时，为树立国家威严、突显国家的地位，都城主要以建设大规模的寺庙等和扩大皇宫的规模为主要内容。如百济王朝的汉城（今韩国首尔）。第二，如果国家面临外部侵略，处于不稳定时期时，都城建设的首要任务则是构建防御设施、迁移皇宫等。例如由于国家一直处于生死攸关的危机时期，熊津都城（今韩国忠清南道的公州）更强调防御的建设要求。第三，例如泗沘都城综合了前两类都城建设的特征，不仅为城市和经济发展奠定了基础，还加强了都城的防御功能，符合当时国家面临的特殊局面（图1-1）。

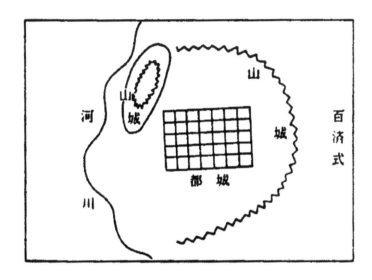

图1-1 朝鲜半岛三国时期都城略图——百济式

资料来源：参考文献［5］

从布局方式来看，朝鲜半岛三国时期的都城多为"平地城"和"山城"的布局方式。"平地城"是选址于地形平坦区域建设的君王皇宫，这种布局方式不仅便于一般百姓的经济和政治活动，也利于城市的进一步扩张。"山城"是选址于山区建设的，用于保护都城的防御要塞或非常时期使用的都城，例如熊津城将皇宫建在山上，这种布局方式虽然加强了城市的防御功能，但是却限制了经济的发展和城市的扩张。

庆州是朝鲜半岛三国时期最具代表性的都城之一。大约在880年，庆州人口已达到约100万，住户为18万，相对当时东亚的其他城市，庆州的城市规模位居前列。城内屋宇错落，炊烟袅袅。庆州并不是通过规划建设的城市，而是从小村落逐渐发展而成。由于历史上没有明确的记载，所以目前尚无法确切得知其具体的发展历程。据传，庆州历经三个时期建成：第一时期城市处于自然生长的状态。第二时期城市以皇龙寺为核心，新建了雁鸭池和南部的孝不孝桥区域，城市范围扩展到了蚊川对岸。这一时期的道路网采用了井田制，住宅主要为呈东西和南北向布局的格子型。第三时期城市从东南方向的奈洞面和西南方向的内南面一带，扩展到了北川面一带。这一时期的道路网并未发现井田制的迹象，但在扩张的过程中，城市功能逐渐得到了完善。

至今，对于庆州附近是否存在城墙虽然尚未达成共识，但是据现在仅存的遗迹可以推测，庆州四周不但筑有城墙，而且周边山上还分布着明活山城、南山城和排佛山城。

这三个山城并非孤立布置，而是与平地上的都城有着密切的联系。就某种意义而言，三个山城环绕都城的形式可以算得上是新罗王朝时期特有的现象（图1-2）。

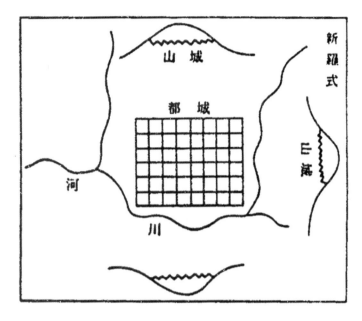

图 1-2　朝鲜半岛三国时期都城略图——新罗式

资料来源：参考文献［5］

5—6世纪之后，泗沘、庆州等都城内开始出现里坊制的城市形态。里坊制是利用方格划分居住区的城市规划方法，城内主要道路呈相交并垂直的"围棋盘"形态。忠清南道扶余郡的泗沘遗址，发掘出了位于现扶余扶苏山城南侧官北里遗址的道路中心轴——一条南北大路和与其垂直的东西小路。位于南北大路定林寺址附近的道路遗迹证实了泗沘的道路系统采用了里坊制的布局方式。里坊制的采用不仅使都城摆脱了原有分散的城市结构，还体现了中央集权影响下秩序森严的城市形态。从这一时期开始，韩民族的城市规划开始正式迈上历史舞台。

1.2 高丽时期的城市规划

在太祖即位的第二年（919年），首都从平壤迁至松岳郡（今韩国京畿道开城）。自919年至1391年高丽王朝结束的四百三十多年间，除蒙古和契丹侵略时期首都功能暂时迁到江华之外，开城一直都是高丽王朝的首都。开城的皇宫被称为满月台，有别于朝鲜时期大多数选址于平地的皇宫，满月台坐落于丘陵之间高高堆起的土堆之上，皇宫北侧是松岳山，南侧为丘陵地带。

开城由勃御锦城、外城罗城和内城皇城构成。在修筑外城之前，皇城也承担着外城的职能。皇城呈四方形，城内分布有行政区、商业区、一般居住区等。皇城有 13 个城门，皇城的正门光化门位于城东南侧，以宫城前的大路为轴分布着尚书省、枢密院、中书省、门下省、御史省等主要行政机关和六部的官府[1]。华西门位于城西侧，现在只剩下了地基。

自公元 1029 年玄宗开始建设罗城，到最终建成共耗时 21 年。罗城的城墙总长度与首尔城墙（18.2 公里）相仿，约为 23 公里。城墙高约 8 米，厚 3.6 米。罗城共有 25 个城门，城内的行政区域由五部、35 坊、344 里组成[2]，分布着官府、官祠、道观、僧寺、别宫、客馆等公共建筑，有约 10 万户住宅和 50 万左右的居住人口。

除了高丽的中心开京（中京）之外，高丽王朝还建有另外三京，其中太祖建立了西京（今朝鲜平壤），成宗建立了东京（今韩国庆州），文宗于 1066 年建立了南京（今韩国首尔）。由于高丽太祖信奉佛教及风水地理学说，因此高丽王朝时期的都城、村落、建筑、阴宅等都是按照风水地理学说进行选址布局。太祖二年（919 年）在松岳建立的开京，便是根据风水地理学说修建的"风水之城"。其实，早在朝鲜三国时期，风水地理学说就已经影响了都城的建设，统一新罗时期的皇龙寺的九层塔等同样是受风水地理学说的影响而修建。风水理论源于中国的战国时期，在汉代形成理论体系并传入朝鲜半岛。当时新罗末期的道神大师（826—898 年）编制"风水图谶说"，并据此遵循风水理论修筑开京。高丽王朝初期，开京的选址与建设遵循了知名风水地理大师的建议，将松岳山设为主山，南山与富兴山设为左青龙，蜈蚣山设为右白虎，龙水山设为内山。开京以皇城为中心修筑了用于防御整个城市的外城。

开京的建设体现了风水地理学说适当运用自然地形走势的优点，但同时也带来了各种问题。一方面对风水学的过度迷信，导致了以妙清为首的"迁都西京运动"等内乱；另一方面由于山体和丘陵围绕，开京免受大风影响，但当雨季来临，北山溪谷间的流水常常引发水灾，同时商业街区的发展也在一定程度上受到了限制。因此，有学者认为太祖对风水学的过度迷信和开京在地理位置方面的缺陷加速了高丽王朝的灭亡。

1.3 朝鲜时期的城市规划

谈到首尔的历史时，不得不提到朱蒙的儿子——温祖，当时温祖在建国（百济）时所建设的河北慰礼城（公元前 18 年）及随后建设的河南慰礼城（百济 4 世纪，现在的

---

1. 六部是指高丽王朝的中央管理机构，分为吏部、兵部、户部、刑部、礼部和工部。
2. "五部"是指东、西、南、北、中；"坊"是高丽及朝鲜时期行政区域的名称之一，是划分城内一定的区域的单位；"里"是最小的行政单位，当时常使用在村落名称之后。

风纳土城或梦村土城）、峨嵯山堡垒（长寿王，5 世纪）[1] 等已经开始具有一定的城市风貌。而随后各个王朝都为城市建设做出了不同的努力。其中，新罗惠恭王时期（8 世纪）建设了汉阳郡；高丽文宗时期（11 世纪）在建设了当时的首都开城之外，还建设了南京（今首尔）、西京（今平壤）、东京（今庆州），在当时已将首尔看作是南部的一个首都；忠烈王时期（13 世纪）建设了汉阳府。

首尔从朝鲜王朝时期开始作为首都（图 1-3）[2]。1392 年，太祖在建立朝鲜王朝的两年后（1394 年），将首都从开京（开城）迁到汉阳——当时考虑到开京是之前国家高丽的首都，所以太祖决心迁都，但由于建设景福宫耗时了两年，所以他在建国两年之后才迁都汉阳。朝鲜时期汉阳的空间结构是按风水理论而布局，选址上主要以王宫为中心，四周分布着北岳山、骆山、南山和仁王山。另外，北岳山、骆山、南山、仁王山与南部的汉江形成了背山临水的布局。事实上，这种布局也是从国防角度的考虑。在此期间，首尔的人口约为 10 万～ 20 万。

受中国影响，基于"左祖右社""前朝后市"的理论，建筑物主要建在城市内。以景福宫为中心，左侧为祭祀王和王妃的祠堂——"宗庙"，右侧是为国家的民生与安宁进行祭祀祈求的地方——"社稷"。景福宫前设六曹，即吏曹、户曹、礼曹、兵曹、刑曹、工曹，作为行政中心。依据"前朝后市"的理论，宫后方虽需设市场，但是由于景福宫后的肃靖门被山环绕几乎没有平地，所以无法在此建设市场。鉴于此，以现在的钟路为中心出现了市场——六矣廛[3]。其中，社稷周围主要分布了低缓的丘陵，盆地隔断了其与外部的联系，从而营造出高雅且虔诚的氛围，这可以算得上是朝鲜时期首屈一指的高难度的土木工程之一。此外，宫除了景福宫之外还有作为王室成员及宫女居所的昌德宫，由私邸改建而成的规模相对较小的德寿宫，以及作为离宫[4]（短暂居住）的庆熙宫。

为防外敌，汉城周围修筑了城墙，并建造了崇礼门（南大门）、兴仁门（东大门）、敦义门（西大门）和肃靖门（北大门）。原本崇礼门应该位于景福宫的正南方，但如果这样布局的话会出现"火"字意向，所以最终将其设在了东方。兴仁门位于钟路的尽头，钟路当时扮演着市场的角色，所以兴仁门主要由商人出入。敦义门（西大门）已经被毁，所以其正确的位置现在仍然存在争议。肃靖门位于北岳山，如果人们在此通行的话可能会破坏此地的风水，所以一度被禁止通行。肃靖门（北大门）象征着"阴"即"水"，下雨时关门，雨停后再把门打开。

---

1. 长寿王（394—491 年），在位时间为 412—491 年。
2. 1394 年太祖迁都"汉阳"之后，将其改为"汉城"；1948 年起改为韩语固有词"서울"，中文翻译为"汉城"；2005 年韩国政府宣布"서울"的中文翻译名称正式改为"首尔"。
3. 六矣廛是朝鲜时期政府所公认的市场，其中有包含线、麻布、绸缎、棉布、韩纸、水产品六大种类的商铺。
4. 离宫是宫外供皇帝短暂居住的宫殿，通常皇帝会在固定的时间去居住。

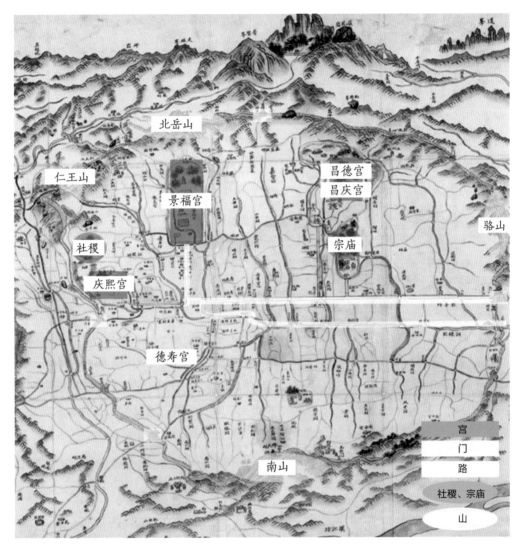

图 1-3　朝鲜王朝时期首都汉阳地图

资料来源：参考文献［7］

　　朝鲜时期都城的防备体系类似于古代的"平地城＋山城"的结构，即皇宫及民宅位
于平地，其附近修筑了供防御及避难用的幸州山城、北汉山城等。其中，最具代表性的
是南汉山城，在丙子虏乱[1]时期，仁祖避难于此与清军对抗。除此之外，还以都城为主
修筑了城墙，但事实上这些城墙在受到外敌侵略时并没有起到实际防御的作用，只扮演
着象征性的角色。

---

1. 丙子虏乱是1636—1637年之间，清军为了攻打明朝解除后顾之忧而发兵朝鲜的一场战争。

1.3.1 梦村土城

梦村土城现今位于首尔市南部松坡区芳夷洞奥林匹克公园之内。20 世纪 20 年代，日本人对其展开调查时已经开始认识到它的重要性，但直到 1983 年启动对该地区的挖掘之后，梦村土城才开始真正引起社会各界的关注。通过对各种遗迹及建筑地基等的持续研究和发掘，人们对汉城时期的皇城开始有了新的见解。在随后 5 ～ 6 年的调查中，发掘出的不仅有百济时期的房屋遗址及瓦器、武器、鱼钩、石臼等各种生活用品，而且还有从中国进口的陶器、金饰等。对这些当时统治阶层所使用的遗物等的考古发现大大提高了历史结论的可信度。考古专家证实，当时出土的遗物大多是从 3 世纪中期到 5 世纪之间所使用的用品，亦即从古尔王（百济的第 8 位国王，在位期间是 234—286 年）时代到迁都至熊津的 475 年前后。

从梦村土城的基本防御体系来看，城市建设利用城外的汉江建造了护城河，至今仍有其遗迹。通过残留的遗址，可以发现利用泥土在附近的山丘上修筑的土城，还有当时为防御敌人来袭所建的木栅栏。更进一步，在城墙顶部有由石头堆砌的约 30 厘米高的特殊部分，据推测这部分是为了巩固城墙及为了在受侵略时方便投掷石头所建，说明梦村土城在当时具有相当优秀的防御功能。土城周长达 2285 米，城内约可以居住 8000 ～ 10 000 名居民。根据这些证据，当时相关专家一度推测梦村土城很有可能是当时的皇宫，但因为一直没有发现与这个论断直接相关的证据，所以无法准确地下结论。后来，这种推测伴随着梦村土城内翁官墓及土圹墓的发掘而烟消云散，主要原因是城内坟墓的发掘违背了当时城内禁止建坟墓的风水地理学说。

1.3.2 风纳土城

风纳土城位于奥林匹克大路附近，与梦村土城相距约七百余米。最近，学界认为此城为百济皇城的可能性较大。虽然土城的一部分被 1925 年 8 月的大洪水冲毁，但当时也出土了耳环装饰品、金制装饰品、玻璃玉等遗物——据此推测此城与百济有非常大的联系。20 世纪 70 年代推进的大规模城市开发，使得风纳土城内的一部分受到破坏。20 世纪 80 年代之后，土城内部逐渐开始变为住宅区。直到 1997 年 1 月，在风纳土城内兴建公寓小区的过程中发现了百济时期遗址后，这才真正引起了韩国学界对此地的关心，风纳土城也逐步成为整个韩国社会的关注焦点。

风纳土城的城墙长约 3.5 公里（由于 1925 年的大洪水，西侧的城墙已经不复存在，现仅存约 2.2 公里），高约 11 米，城内面积约为 75 万平方米，规模相对来说较大。风纳土城用层层的薄沙堆砌而成，在修筑的过程中通过火烧制沙土的方法让其变得结实。像益山弥勒寺等一部分古代寺庙建筑使用了这种技法，但在古代城墙的建设中几乎很少有使用。从这方面来说，风纳土城具有极其重要的意义。朴淳发教授指出，从土城的规模及其施工技术来看，在建设风纳土城的过程中即使是一天动用人力 1000 名，也需要耗时约 2 年 8 个月。由此可以推测，即使风纳土城不是百济时代的皇宫，在当时也是一个至关重要的场所。城内出土了大量陶器碎片、石臼、捕鱼工具，以及来自中国的瓷器、碗底座等，其中一部分遗物要早于梦村土城建成之前，据推测是 2 世纪到 3 世纪前后的物品。当时出土的瓦片及瓦头等，提供了当时具有一定权力的统治阶层居住在此的证据。从残留的遗迹可以看出，部分建设因火灾而毁，与相关历史文献中记载的高句丽时期火攻作战的方式一致。

针对上面提出的风纳土城是当时王宫的假设，当然也存有反对意见。其中，最典型的说法是风纳土城距离汉江过于近，在洪水泛滥时很有可能受灾，所以不适宜作为皇宫。对此，相关学者纷纷开始对汉江与都城之间有多长的距离，以及在有一定防御措施的基础上是否可以防止水涝等展开研究。最近，出现了梦村土城为主城，风纳土城为辅城的论证——论据来自于中国相关历史资料中关于百济当时有两个都城的记载，以及高句丽在进攻汉城时分不同时间攻击南城与北城的记录，亦即梦村土城与风纳土城是互补的双城关系（图 1-4）。

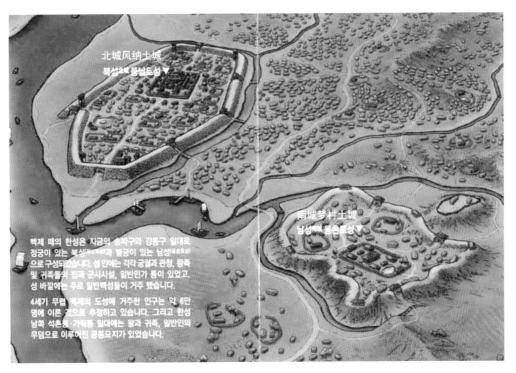

图 1-4　汉城城市假想复原图

资料来源：参考文献［8］

1.3.3 道路网规划

1405 年后，汉阳开始正式出现城市化现象。道路布置主要以宫廷及官衙为中心，大路多为格子型与"T"字型，城市内的小路多为自然形成的不规则形态。道路系统可以划分为大路（宽 17.5 米）、中路（宽 5 米）、小路（宽 3.5 米），路的两侧设有 62 厘米宽的沟渠。住宅区域内的小路利用自然地势，崎岖且发达。当时，汉阳的主要道路是从黄土岘（光化门十字路口）到兴仁之门（东大门）的"钟路通"和从大光交通（钟阁前）到崇礼门（南大门）的"南大门通"两大干道，路宽约为 17 ~ 27 米。

1.3.4 土地使用及宅地

汉阳城城内所有土地的所有权归国家，不允许私有。官员等按照身份及阶层可以租赁使用相应面积的土地，并按身份高低规定有相应的住宅规模，其中大君[1]及公主为 30 负[2]、王子及翁主[3]为 21 负、一品及二品为 15 负、三品及四品为 10 负、五品及六品为 8 负、七品以下及功臣后代为 4 负、平民为 2 负。规定随着时间的推移也发生着变化。据相关资料记载，世宗三十一年（1449 年）规定大君为 60 间[4]、君及公主为 50 间、二品以上为 40 间、三品以下为 30 间、平民为 10 间。在租赁土地后两年之内，如果没有修筑建筑物的话，城市会重新回收土地。值得关注的是，当时虽然按照等级划分了宅地的规模，但一般市民的土地面积为 281.66 平方米，要远远大于当今的最小宅地面积 24 坪（约 79 平方米）。

1.3.5 地区制度及行政区域

太宗三年（1394 年）将汉阳改称为汉城，据当时所修筑的城墙将城墙内部称为"都城"，而城墙外 10 里[5]之内称为"城底"。当时城外的 10 里范围并没有具体界线，是依照自然地势形成的边界。大体上，东侧是从水逾洞的山头到中浪桥，南侧至汉江，北侧是从普贤峰到佛光洞，西侧至麻浦江。城底内禁止砍伐树木及修坟墓，如有违反会受到严格处分。

当时划分行政区域的单位有"部""坊""洞"——先将整个城内地区划分为部，以部为基础划分为坊，再以坊为基础划分为洞。汉城城内由五部 52 坊组成，城内及城

---

1. 大君即国王正宫之子、君为后宫嫔妃之子。
2. 负是当时的土地面积单位，1 负相当于 129 平方米。
3. 翁主是指朝鲜王朝对后宫嫔妃之女的称呼。
4. 间是当时的土地面积单位，1 间相当于 1.8 平方米。
5. 里为距离单位，1 里相当于约 0.393 公里。

底由汉城府管辖，这种都城及城底的地区划分方式仍沿用到今天。城底 10 里内禁止砍伐树木的制度也相当于当今城市规划中的绿带（Greenbelt）的角色，可以说具有一定的先驱性及独创性。

1.3.6 地方城镇

汉城的都城周围修筑有北汉山城、南汉山城，这些山城主要是为非常时期做准备。此外，为了保障首都的安全，在地理位置上与首都相邻的开城、江华、华城、光州地区被设为留守府[1]，留守府同时也负责汉城城墙的整顿。中央不仅在地方八道[2]官衙所处的城镇上置观察使管辖地方行政，同时也以馆舍为中心编制了关于道路与土地使用的规划。将龙牌设在馆舍之内，初一及十五在此跪拜行礼，另外馆舍也是使臣的住所。馆舍主要位于中央，东西南北设大门，道路由"十"字形、"T"字形、三角形、不规则形等组成。城内（全州约为 18 万坪左右）不仅分布了各种官衙建筑，而且也有一部分的民宅。

韩国的村落或城镇的大部分起源于高丽朝鲜时期，进入朝鲜末期（1796 年）出现了规划而成的都城——水源城。水源城是在 1794 年参考东西洋的筑城法，利用当时较先进的装备建造而成的在史学上具有代表性的都城。城墙总长 4750 米，由 4 个大门组成。道路网呈"井"字形，贯通了东西南北方向的 4 个大城门与南北方向的 2 个小门。

综上可知，韩国从朝鲜三国到朝鲜时代的城市规划主要受其地理条件及来自中国的风水地理学说的影响。其中最具代表性的城市就是从朝鲜王朝时期开始作为韩国都城的汉阳。汉阳的城市规划主要基于"左祖右社""前朝后市"的理论，城市结构布局采用了强调中心轴的左右对称的方式。而部分学者认为朝鲜的没落是因为山林资源的枯竭，亦即伴随朝鲜末期人口的增长，因为乱砍滥伐山林所以导致了洪水与旱灾，这些问题引起了民乱，最终加速了朝鲜的灭亡。到了日本殖民统治初期，朝鲜不仅编制了山林法，同时还实施了强硬的山林管理政策。

---

1. 留守府是朝鲜王朝时期的地方行政区域，主要承担首都防御及处理城镇行政的角色。
2. 八道是朝鲜王朝时期的八个行政区。

参考文献

[1] 首尔市 . 首尔城市规划沿革 [R]. 首尔：首尔市，1977.

[2] 首尔市 . 首尔城市规划沿革 [R]. 首尔：首尔市，2001.

[3] 汉城百济博物馆 . 汉城百济的宫殿在何处 [R]. 首尔：百济学研究院，2013.

[4] 李宪顾 . 汉城百济都城研究现况及课题 [R]. 首尔市特聘讲演，2014.

[5] 允正硕 . 近 / 现代韩国及外国城市规划史比较研究：以韩国为中心 [D]. 光州：全南大学，1982.

[6] 汉城百济博物馆 [EB/OL]. http://baekjemuseum.seoul.go.kr/.

[7] 韩国民族文化大百科词典 [EB/OL]. http://encykorea.aks.ac.kr/.

[8] https://blog.naver.com/achasan2011/220790445689.

20 世纪初：日本殖民统治时期

第 2 章

　　1910 年日韩签订的《日韩合并条约》标志着韩国正式进入了日本殖民统治时期。1910—1945 年，日本对韩国的 35 年殖民统治期间，日本在朝鲜半岛 [1] 实施了一系列的同化政策。日本通过在韩国修建铁路、兴办学校、创设医院等，推动了韩国的现代化及工业化的建设。然而日本为成就韩国的工业文明而做出的努力，其实也是日本殖民同化政策的主要环节。在日本殖民统治时期，加速的城市化和持续增加的城市密度，催生了一种新型的住宅形态——"城市型韩屋"，同时，由于外国定居者的增加，在租借地及港口城市出现了日式与西洋式折中风格、日式与韩式折中风格等混杂的住宅样式。1934 年，日本人颁布了《朝鲜市街地计划令》，标志了韩国近代城市规划历程的正式开始。

2.1 日本殖民统治时期的城市规划

　　日本殖民统治时期的首要任务是推动韩国的工业化，这主要是为了便于掠夺及为其进攻中国大陆奠定基础。基于此，尽管在 20 世纪 30 年代全世界迎来了经济大萧条，但韩国在此阶段经济上呈现快速增长趋势，同时工业也得到了很大的发展，当时的工业生产将占韩国经济 80% 的农业取而代之。虽然从表面来看韩国的生产总量有了较大提高，但实际上基本上都被日本掠夺，韩国人民贫困的生活未能得到改善。

---

1. 1910年朝鲜半岛沦为日本殖民地，朝鲜王朝（1392—1910年）灭亡。1945年8月15日光复取得独立。1948年8月和9月，依北纬38度线，朝鲜半岛南北先后成立大韩民国和朝鲜民主主义人民共和国。

伴随着快速产业化进程，城市化也有了飞速的发展。20世纪初期，当时仅有包括京城、仁川、大邱、釜山、平壤、新义州等在内的12个城市，但在进入20世纪中期之后，开城、光州、大田、全州等也晋升为市，使城市总数达到21个。在这样的发展变化之下，城市人口比例随之激增，20世纪中期增幅达到将近15%。这一时期的城市发展主要以行政、物流集散地、军事据点和工业城市建设为中心展开。

与此同时，首尔的城市结构也开始发生翻天覆地的变化。日本军队等开始居住在首尔市内，因此首尔市内开始逐渐出现外国人密集的居住区。龙山与梨泰院周边地区被开发建设为日本军队的驻地，开港[1]之后日本人开始居住在当今明洞的南村地区。从那以后，钟路开始逐渐发展成为首尔的政治和行政中心，龙山成为了军事中心，明洞成为了经济与商业中心。事实上，当今首尔的用途地域划分与当时的用途大同小异，没有大的变化。当时的规划，不仅划分了商业地域、特别地域、住宅地域、公园地区等，甚至通过地图详细描述了不适用于工业地域内的建筑物、不适用于准工业地域内的建筑物。之后，日本在1933—1943年之间实施了《京城市街地计划》，此规划将永登浦地区也划入了首尔市区内。

首尔市内德寿宫[2]（原名庆运宫）周边地区的城市开发建设，算得上是当时变化相对较大的地区之一。当时被称为"黄土岘"的小土丘位于十字路口以南的地区，而德寿宫就位于黄土岘的南侧，实际上截至朝鲜后期德寿宫也未能引起社会各界的关注。直到1876年签

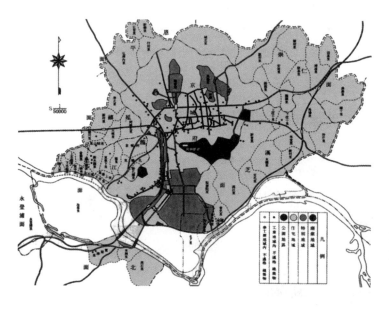

图 2-1 1928 年京城附近地区图

资料来源：参考文献 [7]

---

1. 开港是指开放港口与外国通商。韩国从19世纪后期开始与国外通商。
2. 德寿宫原来是朝鲜时代成宗的哥哥——月山大君的私邸，后来作为临时住处被称为西宫。接着光海君时被称为庆运宫，后来高宗把居住处从俄罗斯公馆移到此地后，作为正式宫殿使用。纯宗继位后，移至昌德宫时，为表达高宗的长寿，把宫名改称德寿宫。

订《江华条约》之后，英国、法国、美国、俄罗斯等国家开始在德寿宫附近建其公使馆。1897年高宗的"俄馆播迁"[1]之后栖身于德寿宫，德寿宫一跃成为了汉城的中心区（图2-1）。基于此，1900年之后"六曹街"延至德寿宫的大汉门。1912年日本殖民时期编制的《京城市区改修预定计划》将光华门前的道路改名为"光华门通"，而德寿宫前的道路改名为"太平通"。伴随着1926年京城府厅（今首尔图书馆）、1935年京城府民馆（今首尔市议会）、1937年朝鲜总督美国邮局（之后作为国税厅南大门的分馆，2015年被拆除）的建设，德寿宫附近逐渐发展成为了日本统治下的政治中心。

2.2 近代建筑的出现

在城市现代化的过程中，韩国的居住文化也受到了巨大的影响。李太王1876年，以签订《江华条约》（1876年）、《朝美修好通商条约》（1882年）、《朝英修好通商条约》（1883年）等为契机，韩国开始引进新文化，并从农业为主转换为以工商业为主的近代社会。在此期间伴随着外国人的增加，这些外国人的居住方式、生活方式等开始在韩国扩散并对韩国的居住文化产生很深的影响。尤其是港口城市开始形成通商港口及外国人居住区，其中租借地的日式与西洋式折中住宅、日式住宅、日式与韩式折中住宅等混杂的建筑样式构成了当时复杂的城市景观。

在西洋具有代表性的宗教——基督教传入韩国之后，地方中小城市内开始出现了基督教建筑物及供传教士居住的住宅，位于仁川的艾伦（Allen）别墅、首尔的明洞天主教堂等是其中具有代表性的建筑物（图2-2）。相对于通商港口内以经商为目的入驻的华丽雄伟的西方人的建筑物来说，这些建筑物的形态比较端雅朴素。此外，这些建筑虽具有西洋式的外观，但其屋顶使用的是韩国传统的屋瓦，也具有折中的特征。

图2-2　明洞天主教堂主教馆

资料来源：参考文献 [8]

---

1. 俄馆播迁是指1896年2月11日朝鲜王朝君主高宗李熙率领王族从日本控制的王宫逃至俄国驻朝鲜公使馆并寄居在此的事件。

19世纪后期韩国开港之后，近代建筑样式进入了当时的韩国，为了区分这些新的建筑样式，韩国国内开始使用"韩屋"（한옥）一词进行专指。伴随着城市化的加速及城市人口密度的增加，从20世纪30年代开始到60年代的三四十年之间，首尔市也因为住宅数量不足的原因开始大规模建设韩屋。这个时期建成的韩屋从材料及样式上都不同于过去的韩屋，所以又被称为"城市型韩屋"。现在首尔北村、嘉会洞等被称为"韩屋村"（韩屋密集区）的地区保留下的韩屋大部分是当时建设的"城市型韩屋"（图2-3）。当时，这些韩屋大多属于高级住宅，居住在此的人大多都具有一定的经济实力或具有一定的社会地位。此外，这个时期还出现了两层商住两用韩屋（一层为店铺，二层供居住）的新型住宅类型，这种住宅也是当今韩国国内商住两用房的起源。

图2-3　北村韩屋村

资料来源：参考文献［6］

城市型韩屋的主要特征是：第一，混合使用砖、玻璃、铁等不同材料；第二，可以看到厨房，这种格局反映了甲午更张[1]（1894年）之后伴随着身份制度的废除，上下等级意识弱化的社会氛围；第三，开始出现舍廊房[2]前面设玄关、琉璃门，大厅开始作为客厅使用等受西方影响的特征。除此之外，上流阶层的住宅不再使用大户门[3]及不再建祠堂等，开始重视合理性及实用性。

日本因为1937年的中日战争，开始集中劳动力并致力于城市内住宅的建设。1941年，

---

1. 甲午更张（갑오경장），又称甲午改革（갑오개혁），是指1894年（按干支纪年为甲午年）朝鲜王朝进行的一系列近代化改革，广义上也包括1894年7月到1896年2月期间日本控制下的朝鲜进行的所有改革措施（1895年间的改革又称"乙未改革"）。其主导势力是以金弘集为首的亲日开化派。
2. 舍廊房是男主人的卧室及待客的房间。
3. 大户门是官位的象征。

朝鲜总督府为了可以大批量建设及供给住宅，成立了"城市住宅营团"，相当于现在"韩国土地住宅公司"[1]所扮演的角色。如果说城市型韩屋大多是为中产阶层以上的人群而建的住宅的话，朝鲜住宅营团所供给的"营团住宅"可以说是政府出资建设的具有保障福利性质、为低收入劳动者提供的住宅（租赁住宅）。营团住宅是韩国最早大批量建设的公共住宅，从结构上来看是一种将地暖与韩国传统的住宅文化相结合的方式。朝鲜住宅营团还按照平面编制了5种标准设计图。在五十多年的短暂时间里，韩国的住宅从传统的韩屋转变成了与西洋式及日式等住宅相混的住宅样式。

集体住宅的大量建设，虽然实现了住宅空间布局、距离、车辆最小转弯半径、入口等城市规划目标，但城市中心却丧失了其特有的特性，相似的高层楼宇占据了整个城市空间。郊外的住宅地区因为用途管理（Using Zoning）被分区，同时也使独立住宅变得清一色。当今韩国仍有日本殖民时期或20世纪50年代至70年代所建的豆腐渣住宅及住宅区，而这些住宅区是破坏目前城市景观的主要原因之一。

2.3《朝鲜市街地计划令》

日本殖民统治时期设立朝鲜总督府[2]、朝鲜神宫[3]，编制及颁布《朝鲜市街地计划令》（1934年）等，从某种角度上来说扼杀了韩国的自身历史发展。但当时日本通过在韩国建设铁路、引进电车等，加快了韩国城市现代化的进程。日本从1912年开始的二十多年间实施了"市区改正项目"[4]，依据《朝鲜市街地计划令》把大量土地列入了"土地区划整理项目"[5]之中，并开始开发包括永登浦在内的敦岩、大贤等地区。基于此，首尔的人口从1915年的15万人增加到1949年朝鲜战争之前的140万人。

1934年颁布的《朝鲜市街地计划令》为韩国近代城市规划拉开了序幕（图2-4）。日本人颁布《朝鲜市街地计划令》是因为朝鲜时期城市开发缓慢，同时当时的土地所有权掌握在部分官僚阶层手里，财产私有化非常困难，更不可能出现土地价格迅速增长的情况。但伴随着当时市场经济体系的变化，部分城市内也开始出现投机现象，这成为日本殖民者在城市开发中的绊脚石。

---

1. 韩国土地住宅公司是依据《大韩住宅公社法》建设、供给、管理住宅的国有企业。
2. 朝鲜总督府是1910—1945年日本殖民统治时期（朝鲜）最高行政机关。
3. 朝鲜神宫是日本殖民统治时期京城府南山的一座神社。
4. 市区改正项目是在日本殖民统治时期实施的通过道路整顿进行城市改建的城市规划方式。
5. 土地区划整理项目是指城市规划区域内或据《国土建设综合规划法》特定地域内为了有效使用土地和完善公共设施实施的关于土地的交换、分合、区划、变更、土地类别、形态和性质的变更、公共设施的设置及变更等项目。

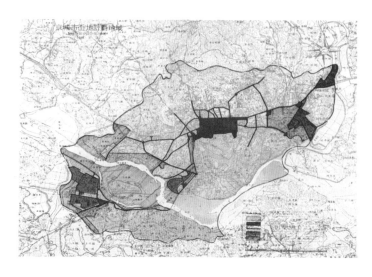

图 2-4 《朝鲜市街地计划令》

资料来源：参考文献 [7]

《朝鲜市街地计划令》的颁布主要是为了限制老城区的开发以及便于新城的建设。朝鲜总督对《朝鲜市街地计划令》具有相当大的决定权，在收集行政区域的意见之后，由总督做最终的决策。从表面上来看，此计划令的实施过程较为民主，但实质上是日本进行殖民统治的途径之一。《朝鲜市街地计划令》在颁布之后，首先实施了土地调查项目，通过该举措取缔了当时封建社会的地主制。从消极层面来说，该举措并没有将所有的土地均等地还给国民，在这个过程中收益最大的是日本人及当时卖国亲日的韩国人；而从积极层面来看，该项目的实施防止了以集权为中心的土地私有化。

《朝鲜市街地计划令》制定之后，城市规划的实施主要集中于新市区的开发、公共建筑的建设及基础设施建设等方面。主要特征体现在：第一，城市开发规划。过去城市开发需求并不大，即使进行开发也是小规模并不需要规划大型开发。在日本，《城市规划法》仅仅针对老城区的规划开发，而日本人在朝鲜实施的《朝鲜市街地计划令》所涉及的范围不仅包括老城区，同时也被运用到新城市开发之中。第二，规划包括交通、经济、卫生及安全等在内的设施。当时建设与安全相关的设施的主要原因是为了便于日本入侵中国。第三，规划被同时应用在城市及非城市的地区内。当时朝鲜需要开发的非城市地区过多，自《朝鲜市街地计划令》实施之后截至 1940 年，韩国的 23 个城市、54 个地区实现了城市化。城市规划的公共特性较强，建筑的私有特性较强，而此规划令却实现了公共对私有领域的控制。亦即，个人的建筑在一定程度上由公共来控制。

《朝鲜市街地计划令》也具有公共性。这里公共性并不是现代社会所说的公共性，当时的公共性是日本为了进军中国大陆而进行的战前基地的建设。打着这种公共性的幌子，日本强制从土地所有者手里抢走了其土地，作为公共土地使用。在强制收购土地的过程中，日本人并没有花费太多资金，其中少量的资金投入主要是用于对基础设施的建设。日本人收购了咸兴内 2.27 平方公里的土地，建成之后进行了出售。虽然当时使用的方法发生了微妙的变化，但是没有改变其通过掠夺土地所有者个人财产建设公共设施及城市规划设施的本质。

1945 年解放的幸福是短暂的，20 世纪 50 年代爆发的朝鲜战争（1950—1953 年）摧毁了 3.4 万户住宅，2.3 万户的住宅受损，其中 19 万户住宅中有将近 30% 在战争中被损毁。另外，大量难民开始涌入城市地区，1959 年首尔人口约达 200 万人，城市内出现了如住宅、城市基础设施不足等问题。解决住宅不足的问题成为当时政府的当务之急。但是，由于政府没有编制具体的城市规划方案，所以不良住宅区如雨后春笋般遍地而起。即便如此，仍有大量难民没有获得住房的机会，这些难民开始在丘陵地、山脚非法建设棚户房并形成了棚户区。政府开始认识到棚户区对城市发展的负面影响，并制定了政策以解决首尔市区内的棚户区问题。当时政府出台相关政策，拆除了首尔市中心的棚户区，但由于没有为这些居民提供适当的去处，导致这些居民开始迁入首尔城郊的丘陵地区。为此，政府除了拆迁的政策之外，还开始努力通过建设无偿租赁公寓的方式解决拆迁居民的住房问题。由于政府当时主要把重心放在解决因首尔人口急剧增长而带来的贫困、住宅、卫生等问题，忽略了对城市的完整规划。在建设城市基础设施时，也采用了哪里需要就将设施建设到哪里的方式，这样的"点"式建设，造成了基础设施与城市不协调的现象。

| 参考文献 |

[1] 国土研究院 . 改善用途地域地区制和建筑物开发规则的研究 [R]. 世宗：国土研究院，1987.

[2] 首尔市 . 首尔城市规划沿革 [R]. 首尔：首尔市，1977.

[3] 首尔市 . 首尔城市规划沿革 [R]. 首尔：首尔市，2001.

[4] 首尔市 . 首尔城市规划沿革 [R]. 首尔：首尔市，2016.

[5] 金贤植，闵范植，等 . 城市政策的发展及课题 [R]. 世宗：国土研究院，1998.

[6] 首尔韩屋网 [EB/OL]. http://hanok.seoul.go.kr/front/kor/town/town01.do.

[7] 首尔城市规划网 [EB/OL]. http://urban.seoul.go.kr/4DUPIS/sub2/sub2_1.jsp.

[8] https://roaltlf.blog.me/118937921.

20 世纪 60—70 年代：战后开发与城市规划法规建设

第3章

1961 年韩国进入了军事独裁政权时期，随着经济开发政策的推进，韩国社会的工业化和城市化的发展速度达到史无前例的水平。在此期间颁布的《第一次经济开发五年计划（1962—1967 年）》以及首尔市九老工业园区、蔚山石油化工园区等的建设推动了韩国社会的工业化，但同时也导致了城市人口的激增。1945 年城市人口约占全国人口的 17%，而进入 1960 年之后这一数字增长到了37.2%，截至 1970 年，有将近 49.8% 的人口居住在城市内。面对急剧的城市化现象，1962 年政府颁布并实施了《城市规划法》（1962年）和《建筑法》（1962 年），同时废除了日本殖民时期编制的《朝鲜市街地计划令》等旧法规。随后，为了满足城市化过程中城市居民对住宅用地的需求，韩国政府将《城市规划法》有关内容分离出来，编制了《土地区划整理项目法》。自 1960 年中期开始，《土地区划整理项目法》在首尔市禾谷洞（1966 年）、明洞（1968 年）、蚕室（1970 年）等新区建设（new town in town）中得到应用。

进入 20 世纪 70 年代，首尔地区城市化与郊区化并行，城市蔓延的速度进一步加快。然而城市基础设施水平却无法跟上城市化的速度，引发了各种城市问题。进入 20 世纪 70 年代后期，恰逢筹备 1986 年的亚运会和 1988 年的奥林匹克运动会时期，各种开发及整顿项目建设如火如荼地进行。20 世纪 70 年代这一时期的城市政策主要旨在防止大城市的进一步扩张，如市区推进再开发项目、城市外围划定绿带区域（Greenbelt）、发展工业城市等，从而缓解大城市的人口集中。为防止城市空间扩张，政府编制了《开发限制区域制度》（1971 年），为了保障开发项目的顺利实施，编制了《市街化调整地区》（1977 年）制度。另外，《再开发法》（1976 年）、《特定家户整顿地区》（1972 年）、《公寓地区指定制度》（1976 年）的出台，主要是为实现城市中心地区的最大限度的使用及整顿。

1971 年新修订的《城市规划法》出台了关于限制开发限制区域的相关制度，并明确划定了开发限制区域的具体范围。1973 年首尔市市中心开发区域的指定，成为城市中心地区再开发的开端。在此之前，20 世纪 60 年代的城市再开发主要通过以首尔市为中心的拆迁政策来实现，改善违章的不良住宅区的居住环境。随后，1968 年京畿道广州发生了拆迁居民暴动事件，政府不得不转而采用"现地改良"[1]的方式，保障地区居民的居住安全及社会稳定。

这一时期，为了疏解首都人口并促进重化工业的发展，政府在南东海岸建设了工业区并于 1973 年编制了《产业基地开发促进法》，保障城市的合理开发和规划实施。根据此法，产业基地开发公社（现改名为水资源公社）建设了昌原（1974 年）和安山（1975年）两座新城。

3.1 住宅供给

面对 20 世纪 60 年代的快速经济增长和产业化带来的城市人口急剧集中，以及住宅严重不足等问题，政府编制了《住宅建设 250 万户》建设规划，在第四次经济开发五年计划中提出自 1977 年至 1981 年用五年时间建设 113 万户住宅。

整体来看，20 世纪 70 年代的住宅供给呈现出初期供应不足、中期急剧增加、中后期持续增加的态势。20 世纪 70 年代初期，住宅建设的主体是以大韩住宅公社（现 LH韩国土地住宅公司）[2]为主导的公共部门，而进入 20 世纪 70 年代后期，民间企业开始在城市开发建设中占据主导地位。1975 年前，各类住宅的比例为独立住宅占 87.46%，公寓占 7.03%，联立住宅占 3.04%。1979 年之后，该比例变为独立住宅占 51.10%，公寓占 32.92%，联立住宅占 13.45%。通过各类住宅所占比例的变化可以发现，20 世纪 70 年代的新增住宅建设项目主要以公寓及联立住宅为主，其中公寓的建设一直持续到 21 世纪最初十年，现在韩国居住在公寓内的人高达 60% 左右（图 3-1）。

---

1. 拆迁政策是指拆除整个地区原有建筑、建设公寓的政策。相反，"现地改良"则是指为城市低收入人群改善道路环境及修建上下水道的再开发方式。
2. 大韩住宅公社（现 LH 韩国土地住宅公司）是依据《大韩住宅公社法》建设、供给、管理住宅的国有企业，2009 年与"韩国土地公司"合并，现为"LH 韩国土地住宅公司"。大韩住宅公社的前身是 1941 年创立的"朝鲜住宅营团"，1948年韩国政府成立之后改名为"大韩住宅营团"，1962 年依据颁布的《大韩住宅公社法》（法律 3841 号）成立了"大韩住宅公社"。

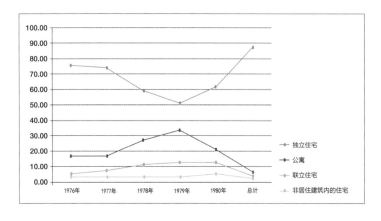

图 3-1 20世纪70年代中后期各类住宅建筑建设情况

资料来源：作者根据参考文献［9］编绘

3.2 产业园区建设

从 20 世纪 60 年代开始，韩国在全面促进经济发展的同时采取了以开发产业园区为核心的规划战略。蔚山产业园区是根据 1962 年编制的《蔚山开发规划本部设置法》最早建设的产业园区。蔚山产业园区是第一次经济开发五年计划中的核心项目，目标人口为 15 万人，建设国家基础产业设施（如钢铁、石油、化肥工厂等共计 21 487 603.3 平方米），每天供应 12 万吨工业用水，提供可容纳 2 万吨级船舶的码头设施等。1962 年举行蔚山工业中心开工仪式后，工业园区又相继建成炼油、电力、化学、汽车等基础产业设施（图 3-2）。

图 3-2 蔚山工业中心开工仪式（1962 年 2 月 3 日）及蔚山特定工业地域建设综合规划图（1965 年）
资料来源：参考文献［10］

第二次经济开发五年规划（20世纪60年代后期）的核心任务是提高化肥、水泥、石油等第一原料产业和出口产业的生产水平，同时在地方建设以石油、钢铁等基础产业为主的大型产业园区，从而实现工业设施的分散布置，并将基础产业发展为出口产业。浦项的综合炼铁工厂、工业用水、港湾设施是当时具有代表性的产业园区建设项目。随后，1967年韩国开始着手建设丽川工业园区的石油和火力发电所，1970年建设了马山出口保税工业园区。20世纪60年代全国共指定及建设了15个产业园区，其中80%都集中分布在首尔、京畿、庆尚南道地区。

20世纪70年代韩国将产业发展的重心从轻工业转向重化工业领域，成立重化工促进企划团，由国务总理担任委员长。为了弥补20世纪60年代以轻工业为中心的输出战略所带来的局限，将产业转向地方以实现国土的均衡开发，重化工业促进企划团编制了《产业基地促进法》及重化工业的发展规划。重化工业区主要分布在光阳、丽川、昌原、巨济、龟尾、蔚山等地区，20世纪70年代前期建设的工业园区主要包括昌原机械工业区、蔚山石油化学工业区等在内的13个工业园区，后期建设的工业园区有包括浦项工业园区等在内的27个中小型工业园区（表3-1）。

表3-1　重化工业基地（1981年）

园区名称	主要行业	指定面积（公顷）	建设面积（公顷）
昌原	机械	5259.5	3779.6
丽川	石油化学、肥料	5025.3	2543.8
温山	有色金属	2559.0	1717.4
玉浦	造船	616.7	400.2
竹岛	造船	357.7	276.4
龟尾	电子	1022.3	829.3
浦项	炼铁	3786.8	1373.4
蔚山－尾浦	石油化学、造船	4805.5	3587.7
北平	水泥	403	162.5
合计		23 835.8	14 670.3

资料来源：参考文献 [1]。

3.3 城市规划法规建设的兴起与规划体系形成

3.3.1《城市规划法》

《朝鲜市街地计划令》(1934年)是在编制《城市规划法》(1962年)和《建筑法》(1962年)

之前的日本殖民时期韩国关于城市规划的法律，《市街地建筑取缔规则》[1]（1913 年）主要是关于城市土地使用管理的规章。1945 年解放之后，《朝鲜市街地计划令》根据宪法第 100 条仍维持着其法律效力。1959 年前后国家开始编制《城市规划法》，主要包括城市规划事项、城市规划项目、收益人负担、准用土地征用法、建筑物使用许可、违章建筑处理、土地区划整理项目等内容，但由于等待审批的时间过久而终止，直至 1962 年才重新提交国家重建最高会议，在经过第三次委员会的表决之后，这些内容正式予以实施。

3.3.2 土地征用与城市开发相关法规

土地区划整理项目最初出现在 1934 年的《朝鲜市街地计划令》，同时也被纳入 1962 年的《城市规划法》，主要依据《农地改良项目法》进行具体内容的实施。然而，实际上"农地改良项目"不同于"土地区划整理项目"，于是 1966 年有关"土地区划整理项目"的内容独立编制成法。虽然"土地区划整理项目"是 20 世纪 60 年代到 70 年代建设新市区的主要方式之一，但却并没得到政府相应的财政支援。20 世纪 60 年代和 20 世纪 70 年代"土地区划整理项目"实施的面积分别为 169.1 平方公里和 161.23 平方公里，1980 年之后，伴随着"宅地开发项目"的风靡，"土地区划整理项目"也相应地减少了一半。

《土地征用法》作为 1911 年《朝鲜土地征收令》的一部分，起初的主要目的并不是为了保护土地所有者的财产所有权，而是为了便于日本人在韩国征用土地，而 1962 年所编制的《土地征用法》弥补了过去财产所有权保护方面的不足。《土地征用法》的主要内容包括土地的征用、规定公益项目的种类、土地征用的程序、中央土地征用委员会及地方土地征用委员会的成立、土地征用损失赔偿裁决审批的申请程序等。为了设定统一赔偿的标准，国家于 1975 年编制了《公共用地的计算及损失赔偿的特别法》。该法律的实施不仅推动了公共项目的有效实施，而且减少了财产权保护方面的矛盾。

3.3.3 城市再开发相关法规

1965 年出台的《城市规划法施行令》第 14 条第 2 项明确，"为了促进落后地区的再开发，可以指定再开发地区"，将城市再开发地区正式列入规章制度中。首尔市世运商业街[2]一带是首个被指定为"再开发地区"的地区，1966 年指定的首尔四大门内外的 6 处地区（龙

---

1. 1913 年制定的《市街地建筑取缔规则》（现在的《建筑法》及《城市规划法》的前身），主要内容包括规定建筑密度、建筑红线、建筑材料、建筑美观、防灾及用途地区等。
2. 世运商业街是 1968 年首尔特别市在钟路区建成的韩国首个商住两用公寓。

山区汉南普光洞、龙山区解放村、光化门外新堂洞及玉水洞、东大门外昌信洞、西大门外冷泉洞和岘底洞及麻浦区新孔德洞和万里洞），大多是位于丘陵地区的密集违章住宅区。

1971 年的《城市规划法》将城市中心再开发纳入其中，法规详细规定了与城市中心再开发相关的实施条件、管理、清算等事项。1976 年结合《城市规划法》内关于城市中心再生项目条例及不良住宅再开发的内容，政府编制了独立的《城市再开发法》。其实，早在 1967 年就已经有了城市再开发方案研究，如首尔武桥洞和舟桥洞等再开发方案，后来在法律基础上实施的城市中心再开发项目主要以首尔市为中心展开，如 1973 年政府指定首尔市政府前的小公地区、首尔站到西大门、乙支路一街、长桥、武桥、茶洞、瑞麟、积善、都染、南昌、南大门路三街、太平路二街等 12 个区域为城市再开发地区。随后，1975 年政府指定了 3 个区域，1977 年指定了 5 个区域并编制了《首尔特别市再开发项目条例》，1978 年则指定了 9 个区域并首次审批了《首尔市城市中心再开发基本规划》。1979 年在关于防止过密开发的首都圈问题审议会中，正式颁布并出台了限制首尔市城市中心高层建筑的指南。

1972 年 12 月 30 日，政府通过第 2435 号法律对《城市规划法》进行了部分修订，为了针对那些规模上相对较小、物质环境相对不符合再开发标准的地区进行有计划的引导重建或再开发，新设了"特定街区整顿地区"。自 1973 年 8 月第 315 号建设部告示首次指定乙支路 5 街及 6 街地区为"特定街区整顿地区"起，1974 年 9 月又指定了世宗路地区，1974 年 11 月指定了半岛地区等。

随后，"特定街区整顿地区"根据新修订的《城市规划法》（第 4427 号，1991 年）被删除，原来指定的地区仍具有法律效力。但事实上，城市中指定的"特定街区整顿地区"纷纷遭到取缔，首尔市于 1993 年取缔了原来的四大门内城市中心的"特定街区整顿地区"以及世宗路"特定街区整顿地区"（18 235 平方米）、半岛特定街区（37 070 平方米）、金门岛特定街区（21 851 平方米）、乙支路 5 街及 6 街特定街区（70 000 平方米），总面积共计 147 156 平方米。首尔市在取缔了 4 个特定街区整顿地区后，考虑到其中世宗路地区位于首尔中心地带的区位优势，将其重新指定为城市中心再开发区域。

3.3.4 住宅建设法规

20 世纪 70 年代住宅政策的主要目标是推动自 20 世纪 60 年代初期开始的大型住宅区的开发及不良住宅区的改善。韩国政府意识到从制度层面来保障住宅供给的重要性，所以相继编制了相关法规制度，如 1972 年的《住宅建设促进法》、1973 年的《促进住宅改良的临时性措施法》、1976 年的《公寓地区指定制度》。在住宅政策的影响下，共同住宅的开发在 20 世纪 70 年代中期趋于稳定，在进入 20 世纪 70 年代后期之后开始呈现大量建设趋势。

1972 年编制的《住宅建设促进法》主要包括了住宅政策编制内容、住宅资金运营规定、提高主要建筑用材品质的规定、住宅规模等内容。与此同时，这一时期还编制了住宅建设十年规划，并正式打造了有关建设公共住宅的制度基础。该年修订的《特定地区开发促进的临时措施法》开始尝试开发公寓小区，这导致了后来居住区的高密度开发趋势。1976 年修订《城市规划法》时，规定了大型公寓区选址以及限制公寓区内建筑物的类型等内容。

针对首尔城市中心地区内无序的高层建筑布局，1965 年的《城市规划法施行令》中制定了"高度地区"，1973 年第六次《建筑法施行令》的修订新设了对高度地区内建筑的限制，限制内容不仅涉及建筑的高度，同时还规定了地区内的最低容积率。1977 年的第八次修订则提出采用城市规划的手段限制建筑高度，同时还规定了有关最小土地面积、建筑密度、容积率等内容。

在 1977 年《住宅建设促进法》的全面修订中，新设"在指定公寓地区后六个月以内必须编制相应的基本规划"的条例，公寓地区的开发类型分为公共开发和民间开发两种类型。《住宅建设促进法》修订的主要目的是简化住宅区的开发程序，扩大公寓区的建设[1]。

20 世纪 70 年代以公寓为中心的共同住宅的大规模建设使得住宅环境出现了诸多问题，尤其是涉及个人生活隐私、采光权等住宅环境问题。为此，政府开始出台有关限制建筑物高度与建筑物间距离的法令，这些内容均包含在 1979 年有关住宅建设等的规定之中。

3.3.5 产业园区建设相关法规

政府依据建设产业城市的相关政策推进重化工业的发展，推进的重点重化工业区大多位于大型船舶可以出入的临海地域，同时具备港湾、工业用水、道路、铁路等基础设施。为了明确产业基地的发展方向并决定各类工业用地的开发顺序，政府于 1973 年编制了《产业基地开发促进法》，包含了促进程序的决定、项目开发负责单位的设立等内容。

3.3.6 建设临时行政首都的特别措施法

由于 1977 年韩国与朝鲜之间出现了武力对峙等国家安全问题，韩国开始考虑在距离首尔 70～140 公里，距离海岸线 40 公里的忠清道地区建设临时首都。在建设临时行

---

1. 至20世纪80年代之后，公寓区的建设得到了进一步的普及，然而在编制城市规划设施标准及共同住宅建设等规章的过程中，《住宅建设促进法》的效力开始逐渐弱化。因此2003年5月《住宅建设促进法》被修订并更名为《住宅法》，同时废除了公寓开发项目，同年11月废除了《国土规划法施行令》中的公寓区这一概念。

政首都之前，政府编制了《建设临时行政首都的特别措施法》（1977 年 7 月 23 日公布），旨在防止土地价格大幅增长和房地产投机现象，调整各种规划推动临时行政首都的顺利建设。该法律随着临时首都计划的终止而于 2004 年 1 月 16 日废除。后来，为了实现国土的均衡发展，政府又新编制了建设新行政首都的特别措施法。

综上所述，20 世纪六七十年代伴随人口的剧增和构建经济发展平台的需求，韩国国内建设了大量的居住区，各地纷纷开发了产业园区。在住宅供给方面，起初居住区的开发主要依据日本殖民时期就已经使用且积累了丰富实践经验的"土地区划整顿项目"方式，这是一种以单独地块为单位的土地供给方式。后来，为了实现土地的有效使用和供给廉价住宅，政府开始推行公寓建设项目。在产业园区开发方面，国家在所征用到的用地上建设成相应的产业园区，再出售给大规模重化工业企业、机械工业企业及搬迁到地方的首尔市工厂。

在此期间编制的《土地区划整顿项目法》《住宅建设促进法》《产业基地开发促进法》等法规内都设有促进城市和产业园区迅速开发的制度，这些制度决定了包括城市规划等在内的规划以及保障项目迅速推进的法律程序。但实际上，这些程序法并没有另外编制具体的规划或设计标准，从而导致了学校、道路、公园等城市基础设施以及生活便利设施的不足。于是，20 世纪 70 年代中期政府补充编制了《公寓地区制度》《建设城市规划设施的规章》和《建筑建设标准等的规章》。但是从完善城市设计标准的角度而言，这些规章及标准并没有满足《城市规划法》及《建筑法》中对环境的要求。这个时期城市中心的再开发不仅开始关注土地的高效利用，还考虑了对城市基础设施水平与城市美观等方面的提升。《特定家户整顿地区制度》规定了建筑高度、规模、样式等，以实现城市景观的协调统一；《环境整顿政策》则尝试对城市立体元素进行管控。

同时，20 世纪六七十年代也是一个积累经验及丰富知识的时期。20 世纪 60 年代的首尔市世运商业街及汝矣岛项目使人们进一步关注城市环境的综合性规划及设计。20 世纪 70 年代末临时行政首都白纸规划[1] 项目为专业人才提供了从土地、基础设施到建筑设计全过程的参与及研究机会，这一时期积累的经验和知识也培养了一批 20 世纪 80 年代新一代的城市设计制度编制人才，如今这些人才已在隶属政府的城市住宅及地域规划研究的相关机构、韩国土地住宅公司、韩国综合技术开发公司，以及附属韩国科学技术研

1.白纸规划是指20世纪70年代规划临时性行政首都时采用的城市规划方式。在一般情况下，规划新城常常会受到许多条件（如选址、资金来源等）的限制，涉及如国家定位等重要问题，"白纸规划"的城市规划方式则不考虑实际情况，直接画出最理想的蓝图，再结合现状条件研究实现方案。

究院（KIST）的地域开发研究所等部门中担任着非常重要的角色。此外，各部门也开始认识到部门之间的合作及努力有助于城市环境的建设，这为 20 世纪 80 年代城市设计制度和 20 世纪 90 年代详细规划制度的发展打下了坚实的基础。

| 参考文献 |

[1] 金义元 . 韩国国土开发史研究 [M]. 首尔：大学图书，1982.

[2] 韩国土地住宅公司 . 上溪地区宅地开发中心商业区城市设计 [R]. 晋州：大韩国土地住宅公司，1986.

[3] 尹一成 . 首尔市城市中心再开发政治经济解析 [D]. 首尔：首尔大学，1987.

[4] 韩国建设部 . 国土建设 25 年历史 [M]. 首尔：建设部，1987.

[5] 首尔市 . 城市中心地区再开发项目沿革 [R]. 首尔：首尔市，2000.

[6] 首尔研究院 . 首尔 20 世纪空间变迁历史 [R]. 首尔：首尔研究院，2001.

[7] 尹恩正，郑因夏 . 关于江南的城市空间形成与 20 世纪 60 年代城市规划状况的研究 [C]. 大韩建筑学会论文集 25（5），2009.

[8] 元济戊 . 20 世纪韩国城市规划变迁过程 [C]. 韩国城市设计学会 2010 年春季学术发表大会，2010.

[9] 韩国统计局 [EB/OL]，http://www.kostat.go.kr/.

[10] http://www.ehistory.kr.

20世纪80—90年代：城市设计与详细规划的发展

第4章

20世纪80年代为了解决以首尔市为代表的大城市问题，政府不仅编制了相应的城市政策及制度，还积极推进市区整顿的再开发项目以及城市美观项目，大力推广大型住宅区建设。尽管当时城市规划的法治建设不断完善，但是当时的法律法规依然存在如下问题：第一，由于规定标准只强调满足居住环境的最低水平，所以大多建设项目所营建的居住环境很少能超越最低水平；第二，法律法规不具备差异性，没有考虑各地域的特性，无论是大城市、小城市、村庄还是城市中心、边界地区等都不得不使用统一的法规；第三，法律只考虑公共利益，保障公共的安定、秩序及福利，但却限制了私人的权利并缺乏相关的赔偿机制。所以，面对城市环境的日趋复杂化以及居民对更好生活环境的期待，已有法律虽然发挥了一定的成效，但是还需要进一步的修订和完善。因此，1980年1月4日颁布的《建筑法》第8条第2项规定了关于城市中心建筑的特别条例，1980年11月12日修订的《建筑法》第8条第2项首次引入了城市设计的编制标准。

4.1 城市设计的运用

20世纪80年代是韩国城市化最活跃的时期。伴随着产业结构调整带来的人口需求的变化，城市内出现了人口集中、城市外扩以及住宅供给不足的问题。为此，这一时期政府开始积极推进如新区开发、现代化城市中心和大型工业园区建设等大规模的开发项目，这些开发项目不仅需要更专业的建筑设计，也要求更专业的城市设计，这种变化带动了城市设计领域的发展。另外，1988

年的汉城奥运会、1986年的亚运会等国际活动也是推动城市设计发展的原因之一，筹备期间建设的奥林匹克赛场、选手村、城市中心再开发等国家级城市设计项目相对来说具备了较高的设计水平。

20世纪80年代初，首尔市编制了蚕室地区的城市设计，而后将城市设计的手段运用到了奥运会活动场地周边的道路环境中，如德黑兰路、新村－麻浦、金浦等，还有高德、木洞等"土地公营开发事业地区"的中心商业地域，以及开浦和可乐区域的郊区住宅小区开发。20世纪80年代首尔市城市设计区域的指定情况如表4-1所示，截至20世纪80年代中期，经过首尔市的不懈努力及实践，编制城市设计的地区不断增加，包括栗谷路/大学路、旺山路及清凉里、汉江路、永登浦、韩屋区域等。这些地区均主要参照蚕室地区的城市设计，依据中央政府及首尔市提出的指南制定而成。

表4-1　20世纪80年代根据《建筑法》第8条第2项首尔市编制的城市设计

编制时期	区　　域	范　　围	总长（公里）	面积（平方米）	公示时间
1981年12月—1983年2月	世宗路－太平路地区、钟路地区、乙支路地区	世宗路、太平路、钟路、乙支路	14.5	1 777 300	1983年8月
1982年10月—1983年12月	蚕室地区	松坡区蚕室大路、松坡路支线道路边	23.72	2 865 000	1984年7月
1983年8月—1984年5月	新村－麻浦地区	麻浦区阿岘洞、新村、合井之间主要道路边	6.5	671 500	1987年2月
1983年8月—1984年5月	德黑兰路地区	江南区德黑兰路边地区	10.3	1 090 000	1987年2月
1983年11月—1984年4月	金浦街道地区	江西区机场路边地区	11.2	873 000	1987年4月
1983年11月—1984年4月	高德地区	江东区高德洞	—	84 600	1986年4月
1983年11月—1984年5月	木洞地区	阳川区木洞一带	10.4	4 300 000	1990年5月
1984年9月—1985年12月	栗谷路－大学路地区	钟路区、栗谷路、大学路道路边	7.5	1 192 000	1988年8月
1985年1月—1985年5月	韩国贸易中心及周边地区	三成洞贸易中心周边地区	1.1	270 000	1990年2月

20世纪80年代前期依据《建筑法》第8条第2项编制的城市设计方案反映了当时韩国城市设计所追求的城市环境价值、城市设计哲学、偏爱的公共政策条件等。至此，城市规划关注城市整体，城市设计侧重个别场所的特性，建筑设计关注个别建筑内容，形成了各有侧重和相互支持的城市建设指导体系。这一时期城市设计的具体特征如下：

（1）以地块为单位编制细节规划。这一时期提出的以地块为单位的细节规划可以说是城市设计的创新，用途地域及用途地区的指定解决了当时城市规划与建筑行政没有考虑个别场所特性的问题。基于地块的细节规划还提出了各地块应遵循的建筑限制方案等。

（2）设定共同开发的"单位"。20世纪80年代初，城市设计最大的变化是对开发单位的关注。政府开始认识到在城市设计的过程中除了建筑的规模和形态等之外，还有项目开发"单位"的重要性。在韩国，土地属于个人财产，而当时的城市设计制度强制要求邻里之间合并土地进行开发。首尔市由于老城区内零星土地及不规则土地较多，所以首尔市内被指定为"共同开发"的地区范围比较大。当时城市建设过程中"共同开发"可以被广泛运用的主要原因是：即使建筑物的建筑时期、建筑状态、土地所有者的处境等不同，但通过"共同开发"的方式，土地所有者可以获得其所期待的建筑物经济效益。

（3）规章与指南。20世纪80年代初期，城市规划制度的发展在很大程度上影响了城市规划的设计成果表达。例如，蚕室地区的城市设计成果主要包括关于地块规章内容的图纸与指南。规章图纸及指南附在报告书的最后，而报告书的开头则是有关规章图纸及指南的理论分析，这种报告书可以说是20世纪80年代初期城市设计的产物。

（4）城市设计的标准化。进入20世纪80年代初期后韩国的城市设计开始逐渐迈向标准化，首尔市依据《建筑法》提出了城市设计的限制要素，同时将这些要素运用到了市中心干线道路环境的设计之中。蚕室地区城市设计的实践使得这些限制要素变得更加系统化，后来这些内容也成为首尔市政府的指南，并一直沿用到现在的地区单位规划之中。此外，为了使建筑标准更加清晰，法规明确规定了城市设计限制要素的用语及图面中使用的标志。20世纪80年代初，随着城市设计地区范围的扩大，首尔市各区域开始在编制城市设计时使用标准术语及符号。

（5）"特别设计区域"。初期城市设计案的目标区域大部分是市区或是已完成区划整理的地区，设计案主要是以地块为基础，针对一般建筑提出相应的建筑限制方案。地块规模较大、预计未来会开发或开发潜力较大，并可实施大规模建设的地区则被指定为

"特别设计区域"，辅以特殊的城市设计规定。早期城市设计案只决定"特别设计区域"的基本原则，具体规章则由后续设计另行规定。这种方式算得上是一种城市设计区域内的"规划单位开发（Planned Unit Development，简称 PUD）"，后来被正式运用到政府修订的城市设计制度之中。

（6）对公共领域的关注。在当时，城市设计师认为城市设计不同于建筑设计，因为城市设计需要涉及整个环境，同时城市设计师也开始认识到城市环境的公共性以及公共领域的重要性。为此，基于个别的建筑规章，城市设计师设计了由公共所有及管理的道路、公园、空地等公共空间。城市设计成果可划分为"公共部门的城市设计"及"民间部门的城市设计"，这些成果一直沿用至后来的城市设计制度。但是，城市设计案中所提出的有关公共部门的事项并不具备法律效力，所以城市设计案并没有真正实现"公共部门的城市设计"。

（7）局限性。依据《建筑法》，20 世纪 80 年代初期韩国便开始了三维尺度的城市管理，摆脱了原来的用途地域制约，从三维的城市环境角度考虑，编制各地块的建筑规章。此时城市设计三维空间塑造工作的局限性表现在：虽依据《建筑法》进行城市管理，但仍出现了强制性共同开发、建筑规章等管控现象；虽然规范了城市设计的成果表达，但是其概念仍不清晰。

4.2 筹备汉城奥运会时期的城市设计项目

20 世纪 80 年代韩国相继举办了 1986 年亚运会、1988 年汉城（今首尔）奥运会等国际活动，同时开展了许多具有标志性的城市设计项目，如奥林匹克赛场及奥运村工程等。

4.2.1 奥林匹克公园

很久之前，江东区遁村洞周边地区就被指定为国家赛场，直至 1981 年首尔市被评选为奥林匹克运动会举办城市之后才开始正式开发。奥林匹克公园总规划面积是 29.09 公顷，场馆设施面积为 100 万平方米，公园内的场馆设施主要有自行车、举重、击剑、体操、游泳、网球等场馆，此外还有奥林匹克会馆、奥林匹克选手村、记者村、体育初高中、体育学校等。按照规划要素及场所特色，该公园可以划分为 5 个区域：

（1）中央广场及赛场设施区域。奥林匹克赛场的主入口是公园的核心场所，这一地区是观众集中活动的地区，除了 5 个赛场之外还分布了各种便利设施及配套设施。

（2）睦邻纪念公园。是为了纪念奥运会的举办而建设的公园，各种文化交流活动都在此举行，进一步彰显了奥林匹克的精神。公园内的"平和的门"雕塑[1]凹凸显了此地的纪念性。

（3）参与型的体育公园。参与型体育公园位于举办活动及活动结束之后所使用的副入口处，公园内设有供观众参与体育活动及休息的场所，同时这些设施也满足了赛场设施的需求。起初该公园是足球场的一部分，后来在最终建设的过程中改为了网球赛场。

（4）风纳路公园。该地区在原有设计中是为解决内涝问题而建设的蓄水池区域，后来覆盖蓄水池并在其上方建设了公园设施，为居民提供了运动和休息的空间。但是依据相关政策要求，该地区的蓄水池不应填埋，所以运动设施也无法兴建，最终只形成了以蓄水池为中心的绿地。

（5）梦村土城区域。作为百济时期珍贵的文化遗产，梦村土城是在 30 ～ 45 米的小山丘上建造的防御土城，土城柔和的山脊赋予了整个地区特有的景观。梦村土城区域被纳入奥林匹克公园的规划开发范围，一方面能更好地保护该区域的文化遗产，另一方面还能作为"展馆"向全世界展示韩国的民族文化。所以该区域在设计施工的过程中，补栽了植物、修建了步道、建设了纪念百济文化的建筑物、打靶场和楼台等。规划区域可分为自然环境区域、过渡区和人工环境区域，考虑到空间特性及审美需求分别按照规则式、不规则式、群体式、排列式、单个植物等方式进行布置。其中造景及植物规划选择了适合本地区、生存能力强、短期内可以看到景观效果、维护管理相对容易的树种。但是在最后的建设中，考虑到奥林匹克公园的主要目标是建成供居民使用的公园，因此并没有使用精巧的造景规划及装饰性植物，而是选择了大型落叶乔木和宽阔草坪等大尺度造景设计概念。

4.2.2 奥林匹克选手村

奥林匹克选手村位于松坡区芳荑洞，用地面积 662 196 平方米，容积率 1.38（图 4-1）。首尔市曾于 1985 年举办了奥运村及记者村的国际规划设计竞赛，最终入选的作品均有连续性的外部线形空间设计。广场设在线形空间的交叉点，人车混行，使用窄车道、限速带、曲折车道使车辆自然减速。建成后，奥运村内建筑层数分别为 6 层、8 层、10 层、12 层、14 层、16 层、18 层、20 层、24 层，总计 5540 户。奥林匹克选手村的空间结构呈放射形，并以此布置主要建筑及行人和车辆的动线，线形的外部空间及中心的圆形空间等均不同于原来公寓小区的规划概念，展现了更先进的住宅设计方式。从城市设计的角度来看，这种布局方式也为城市建设高密度的住宅区提供了新的路径。

---

1. 事实上在设计初期并没有设计纪念雕塑。

图 4-1　奥林匹克选手村设计
作品鸟瞰图

资料来源：参考文献 [9]

4.2.3 亚运会选手村

　　首尔市为了筹备 1986 年的亚运会，于 1983 年春天举办了国际规划设计竞赛，主要目的是为参与运动会的约 5500 名选手及相关工作人员提供选手村及纪念公园。建成后的亚运会选手村用地面积为 158 965 平方米，总建筑面积为 277 292 平方米，并于宇星公寓与真信女子高中的东侧新建了 1356 户住宅（图 4-2）。亚运会选手村可以分为 7 个居住区，每个居住区由二三栋公寓组成，共有 18 栋层数为 9 层、12 层、15 层、18 层的公寓。公寓按照不同的层数进行混合布局，贯通小区的中央道路将小区分为东西两部分，中央部分则主要承担小区的公共交流的功能，分布着文化设施等重点设施。

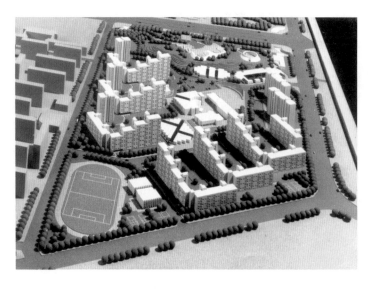

图 4-2　亚运会选手村及公园
鸟瞰图

资料来源：参考文献 [10]

4.3 首都圈第一批新城的城市设计

20 世纪 80 年代末由于住宅价格的暴涨，政府公布了建设 200 万户住宅的规划，涉及的区域包括首尔开发限制区域外的坪村、中东、山本新城，以及 1989 年 4 月提出的盆唐、日山新城（图 4-3）。这 5 个新城距离首尔均在 20 ～ 25 公里范围内。建设新城的总体目的是解决国民的居住需求，其中盆唐、日山与首尔市中心分离并独立开发的主要目的是承担首尔市的一部分高新技术产业职能（盆唐）或推动韩国与朝鲜的统一（日山）等，建设坪村、中东、山本新城的主要目的则是分担城市中心的功能。

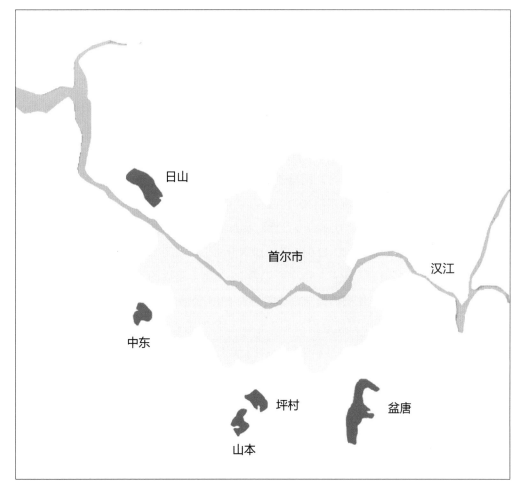

图 4-3　首都圈第一批新城分布图

资料来源：作者根据参考文献 [6] 编绘

盆唐新城位于京畿道城南市，距离首尔市中心东南25公里，是与首尔江南地区共同成为承担首都圈中心商务功能的自给自足型城市。新城总面积为19 639公顷，住宅区占地面积为6350公顷（32.3%），公园及绿地占地面积为3810公顷（19.4%）。共容纳人口390 320人，总户数为97 580户。1989年8月开始建设，1996年12月完工。盆唐新城的办公、商业、公共服务等重点设施主要布局在京釜高速公路及沿滩川面（地名）南北走向的干线道路两侧。生活圈主要由3个主生活圈和结合自然地形的6个小生活圈组成，小生活圈内设有地铁站，周边以地铁站为中心布局商业及生活便利设施。广场、公园、学校等设施主要设在连接中心地区的步行空间及公共空间轴上，道路基于山与河流等自然地形而规划成弧形。

日山新城位于京畿道高阳市，距离首尔市中心西北方向20公里，是艺术、文化设施齐全的田园城市、首都圈西部的中心城市、推动韩国与朝鲜统一的基地、具备自给自足功能的城市。新城总面积为15 736公顷，住宅区占地面积为5261公顷（33.4%），公园及绿地占地面积为3705公顷（23.5%）。共容纳人口276 000人，总户数为69 000户。1990年3月开始建设，1995年12月完工。日山新城是5个新城中最舒适的田园城市，新城的居住区及公园等设在较为平坦的地区。城市沿贯通地区的地铁线路形成线形中心地带，在新城的中央还设有大型的湖泊公园。

坪村新城位于京畿道安养市，距首尔市中心以南20公里，建设的主要目的容纳各个阶层的人群、完善原有的城市结构、营建舒适的城市环境。总面积为5106公顷，住宅区占地面积为1931公顷（37.8%），公园及绿地占地面积为801公顷（15.7%）。共容纳人口168 188人，总户数为42 047户。1989年8月开始建设，1995年12月完工。

山本新城位于军浦市，距首尔市中心以南25公里，建设的主要目的是为了分散首都圈的人群及满足市场对住宅的需求。总面积为4203公顷，住宅区占地面积为1811公顷（43.1%），公园及绿地占地面积为649公顷（15.4%）。共容纳人口167 896人，总户数为41 974户。1989年8月开始建设，1994年12月完工。

中东新城位于京畿道富川市，距首尔市中心以西20公里，建设的主要目的是为了稳定首都圈的住宅供给及扩大城市基础设施的建设。总面积为5456公顷，住宅区占地面积为1877公顷（34.4%），公园及绿地占地面积为583公顷（10.7%）。共容纳人口165 740人，总户数为41 435户。1990年2月开始建设，1994年12月完工。

综上所述，20世纪80年代对于韩国城市发展是一个非常特殊的时期，这一时期首次提出了"地区单位规划"的制度原型，同时也是地方自治团体编制城市设计的转折点。20世纪六七十年代韩国的经济发展提高了人们对城市环境的要求，这是20世纪80年代城市设计法制化的原因之一。这一时期政府虽然积极推进各种城市设计项目，但是"城市设计"仍没有一个明确的定义。为此，来自建筑学、城市规划、造景等领域的专家成立了探讨城市设计概念的"城市设计研究会"。但事实上，研讨会并没有明确指出城市设计的概念，相反只证明了建筑学、城市、造景领域之间存在的差别。当时各高校也没有开设有关城市设计的教学课程，直至首尔大学环境学院和国土研究院（当时的国土开发研究院）将"城市设计"这一概念纳入其招聘要求。因此，20世纪80年代可谓是韩国梳理"城市设计"概念及发展的时期。

20世纪90年代则是韩国构建城市设计体系，扩大城市设计角色和意义的时期。20世纪90年代末国家开始筹备"韩国城市设计学会"，首尔市市政开发研究院创立"城市设计中心"，地方自治团体出资成立研究院、新设机械工程公司和建筑设计事务所，各学校正式开展与城市设计有关的专业化教育，城市设计领域正式迈入正轨。20世纪80年代期间的城市空间处于开发及整顿期，主要通过《建筑法》关于集体建筑物的特别条款对城市设计制度进行规定，而进入20世纪90年代后，城市设计制度则从属于《城市规划法》中的详细规划制度。该变化过程体现了城市设计的概念以及适用范围由建筑个体扩展到了城市整体。

4.4 详细规划制度的引入

20世纪90年代，韩国正式引入实施地方自治制度，地方自治团体开始自行选举政府机关负责人，这种变化间接地影响到了各个领域对城市管理重要性的认识。同时，被指定的城市设计地区及详细规划区域的数量也大幅增加，城市设计及详细规划制度被实践及运用到首都圈范围内的新城、新市区等之后，开始正式在全国范围推广。此时，规划权限从中央政府转移到地方政府，从广域地方自治团体转移到基础地方自治团体，地区居民在城市规划过程中的参与及居民意见的收集开始受到关注，因此，以公共部门为主导编制及运营的城市规划开始引入居民提案制度等，以便居民参与到城市规划之中。

在引入详细规划之前，处于《城市规划法》与《建筑法》中间级别的城市设计制度发挥着重要作用。1980年至1986年年末，城市设计的作用主要体现在"城市设计指南"上，1986年《建筑法》的修订、1988年及1990年《建筑法施行令》的修订使得城市设计开始具备一定的法律效力，但这时期的城市设计因存在以下问题未能广泛实施：

第一，城市设计是依据城市规划的地域地区制度和城市规划设施制度编制而成，所以内容上大多从属于城市规划，但是实施阶段却受到《建筑法》的制约。这种双重的限制导致城市设计无法体现地区特色，最终不得不使用统一的城市设计手段。

第二，针对因营建公共空间而占用私有空间等现象，城市设计制度缺乏相应的赔偿机制。城市设计制度规定的主要目的是对城市公共空间的保障,而个人有义务提供一定规模的土地,与此同时享受建筑密度及容积率的优惠放宽政策。但事实上由于《城市规划法》和《建筑法》等限制,相应的赔偿很难得到落实。另外,城市设计制度缺乏针对公共设施建设主体的规定,致使公共与私人部门都在回避改善城市环境的公共设施建设任务。为此,1992年政府通过了《建筑法》的修订,其中第62条第3项提出"公共部门应该优先建设公共设施",但是法规中却没有指出具体的财政来源与行政程序。

第三,城市设计缺乏关于个人私有空间开发的范围规定及相关标准的规定。在城市设计区域内,对个人私有空间开发的约束,如共同开发或合墙开发[1]、对车辆出入的限制、对建筑层数的限制等,是经常引发民事投诉和阻碍老城区开发的原因。

根据城市设计制度及个别法规,原来的城市开发主要采取的是封闭式的规划及开发方式,导致地区之间缺乏联系、城市基础设施不足、城市景观遭到破坏、出现开发死角等问题。因此从整个城市的综合开发的角度,参考德国的建造规划(B-plan)[2]和日本的地区规划制度,1991年《城市规划法》引入了详细规划制度。城市设计制度是从地区整体出发强调"建筑景观",而详细规划制度则主要是从增强城市开发中自治团体规划及管理权限的角度,提出的城市开发和城市基础设施相协调的综合性城市管理体系。

详细规划制度依据《城市规划法》第20条第3项被定义为地域地区制(类似区划)[3]的一种类型,具体运作方式在《城市规划法》及施行令中有所涉及。通过《城市规划法》第20条第3项可知,"实现城市规划区域内合理的土地使用,城市功能、美观及环境的高效维护及管理,在必要时可以通过城市规划指定详细规划区域"。详细规划制度摆脱了原来以城市功能及美观为中心的城市设计,主要侧重于对城市的管理及土地的合理使用,包含了地域及地区的指定与变更、城市规划设施的布局与规模等与城市规划相关的内容。而城市设计地区在"提升城市的功能和景观品质"(《建筑法》第60条)方面,主要侧重于建筑层面的内容,如规划建筑物及公共设施的位置、规模、用途、形态等。

原来的城市设计地区没有固定的标准,凡是需要就可以指定,所以除了城市空间需要重组的地区或轨道交通站点周边地区之外的地域都可以指定为城市设计地区。然而详细规划指定的目标区域则相对较少,主要为五类城市开发项目地区[4]和以火车站为圆心、

---

1. 合墙开发是指两个建筑共用之间的同一面墙。
2. 德国的法定规划体系由城市总体土地利用规划(F-Plan)和建造规划(B-Plan)所组成。建造规划(B-Plan)相当于我国的详细规划,同时是一种地方法律,直接作为城市建设项目审批的法定依据。
3. 出于高效利用土地及防止土地乱用的目的,地域地区制是一种根据土地的不同用途实施规划的城市管理制度。也可视为实施区划的强制性规范。
4. 五类城市开发项目地区是指宅地开发预期地区、工业区、再开发区域、土地区划征地项目执行区域、市街地调整项目执行地区。

半径 500 米之内的市区轨道交通站点周边地区。1992 年和 1996 年相继修订的《城市规划法施行令》及施行规章明确指出,详细规划可以决定城市规划设施的种类和建筑物的布局、形态、色彩、交通组织等内容。由此,详细规划制度的发展为城市环境的管理方式奠定了法制基础。

20 世纪 90 年代,政府主要针对老城区、新区、新城编制了大量的城市设计和详细规划。这一时期城市规划的内容得到一定的完善,如制定了多种城市设计管理要素规定,进一步扩大了城市设计管理要素的使用范围等。城市设计的目的主要是改善城市美观及赋予建筑秩序;而详细规划却不同于城市设计,其主要目的是对用途地域变更、基础设施重整等的设定。

这一时期城市设计和详细规划活动可以分为前后两个阶段。前一阶段城市设计和详细规划制度的运用主要体现在盆唐、日山、坪村等首都圈第一批新城实施宅地开发后的城市设计中。首都圈新城城市设计首次尝试对居住区(如共同住宅区)加以设计,依据住宅建设规划从小区层面提出有关建筑的高度、布局、规模、形态、车辆动线及出入口、生活便利设施布局、造景等详细指南。这些内容再与民间住宅区设计进行衔接,增强了城市设计的实施效果。后一阶段的主要任务则是基于用途地域等级的提升,扩建基础设施并整顿轨道交通站点周边地区和生活圈中心地区的环境。

首尔市政府制定的城市设计重整指南主要包含了构建与地区特性相符的目标、编制可行的公共部门规划、扩大居民的参与、编制引导及鼓励居民的指南等内容。基于该指南编制的城市设计重整规划虽然没有达到预期的规划目标,但是在一定程度上回应了地区民怨较多的共同开发、有关建筑线指定、用途限制、层高限制等城市设计要素问题。可见,城市设计重整指南相比政府发布的其他指南来说,更能解决一些实际问题。

城市设计制度和详细规划制度虽然实施的法律依据和负责审议的主体不同,如城市设计由建筑科负责,经建筑委员会决定,详细规划由城市规划科负责,经城市规划委员会审议决定,但是在目标地域、规模、指定目的、管理要素、编制程序等相关实施制度及规划内容方面还是很相似。为了解决这两种制度运行中带来的混乱和不便,"地区单位规划"这一综合性的制度受到推广,这为城市规划体系发展迎来了一个新时期。

4.5 城市设计与详细规划的共同运营

这一时期城市设计地区和详细规划地区指定的前提是变更用途地域,从用途地域变更幅度来看,城市设计地区有 60% 左右的地区实现了从一般住宅转变为准住宅,或由准住宅变为近邻商业地域[1]的变更，40%左右的地区实现了从一般住宅转变为近邻商业或一般商业。详细规划区域有 67% 的地区实现了跨越两个阶段的用途变更，相对城市设计地区来说用途地域变更幅度更大。从用途地域变更时期来看，城市设计地区的大部分地区在指定前就已经完成了用途地域变更，而详细规划区域有一半地区是在指定之后才实现的用途地域变更。

城市设计和详细规划制度可以看作是提高用途地域变更的方式，但是指定地区的居民却将此看作是对地区的限制。因为城市设计及详细规划虽然编制了有关规划基础设施的内容，但是却缺乏相应的财政支持，自治区或地区居民不得不自行承担建设基础设施的费用。这同时也导致了大多数规划无法如愿实现。

作为整顿及管理地区的手段，城市设计制度及详细规划是解决特定地区问题而实施的自下而上式的规划，但是在实际操作的过程中实施者却往往按照自上而下的方式执行。例如：基于首尔市对"城市基本规划"中城市空间结构的改变，"营建城市中心的政策"也随之发生了变化。但是，在实施"营建城市中心的政策"的过程中，城市设计与详细规划仅仅扮演着工具角色，所以在这个时期的城市建设中出现了未能充分考虑地区固有的特性及将居民的要求反映到城市建设之中的问题。

城市设计、详细规划的共同运营包含了城市规划和建筑两方面的内容，但是当时缺乏同时擅长这两个方面的公司，并且公务员无法正确理解相关制度的目的和特性，致使地区的规划方案无法提出与地区特性相符的开发方向并回应居民的要求。城市设计与详细规划制度被看作是落实政策的方式，结果却导致了无差别的地区指定和过度的开发。

综上所述，20 世纪 90 年代是城市设计领域和详细规划取得瞩目发展的时期。在正式进入产业化的过程中，韩国政府积极推进了新城开发、城市中心地区再开发等项目，地方自治团体的出现也推动了各种方式的城市设计地区、详细规划区域等的指定和规划，城市空间品质得到提高，城市环境进一步得以改善。

---

1. 近邻商业地域（neighbourhood commercial district）是为住宅区居民提供日需用品的商业用地。

参考文献

[1] 朱锺元 . 营建城市景观和城市设计 [J]. 城市问题，1976，11（5）.

[2] 朱贤君 . 奥林匹克公寓营建规划 / 奥林匹克赛场及亚运会选手村 [J]. 月刊建筑文化，1986（62）.

[3] 韩国土地住宅公司 . 韩国土地公社 20 年历史：1975—1995[R]. 晋州：韩国土地公司，1995.

[4] 首尔市 . 首尔城市规划沿革 [R]. 首尔：首尔市，1977.

[5] 首尔市 . 首尔城市规划沿革 [R]. 首尔：首尔市，2001.

[6] 李恩智，等 . 第一批新城的规划再生方案研究 [R]. 大田：土地住宅研究院，2013.

[7] 韩国国土交通部 [EB/OL]. http://www.molit.go.kr/.

[8] 文化网站 [EB/OL]. http://www.culture.go.kr/.

[9] http://www.edaily.co.kr/news/news_detail.asp?newsId=01371046619111504&mediaCodeNo=257&OutLnkChk=Y.

[10] http://www.culture.go.kr/knowledge/encyclopediaView.do?vvm_seq=5398&ccm_code=E011.

[11] 金贤植，闵范植，等 . 城市政策的发展及课题 [R]. 首尔：国土研究院，1998.

[12] 首尔市 . 地区单位规划制度的回顾及发展方案 [R]. 首尔：首尔市，2002.

[13] 孙祯睦 . 首尔城市规划故事 2[M]. 坡州：韩宇出版社，2003.

[14] 孙祯睦 . 首尔城市规划故事 3[M]. 坡州：韩宇出版社，2003.

[15] 大韩国土城市设计学会 . 国土城市规划五十年 [M]. 首尔：宝城阁，2009.

第 5 章

21 世纪最初十年至今：执政策略影响下的城市规划新理念

　　21 世纪最初十年相对 20 世纪 90 年代来说更加复杂，探讨城市的政策与制度必须要充分考虑这一时期的政治制度、社会环境等背景。这一时期韩国共经历了三届政府，初期是金大中政府，中期是卢武铉政府，后期则是李明博政府。金大中政府主要强调采用"开放"的方式克服外汇危机，同时也将"开放"的理念带入了城市规划设计领域并进行了多种尝试；卢武铉政府则主要强调均衡发展和生活品质的提升，鼓励首都圈外其他地区的大型新城开发和居民参与到城市建设之中；李明博政府更多关注城市的低碳绿色发展并开始实施城市再生等项目，绿色、生机、再生、参与、文化等成为了这个时期的热点，这些内容无论是对于提高地方自治团体的城市竞争力还是今后城市的可持续发展都扮演着非常重要的角色。

　　金大中执政时期（1998 年 2 月—2003 年 2 月）实现了首都圈新城的开发、城市环境的整顿以及房地产经济的活化。政府通过地区单位规划制度统一了城市设计制度和详细规划制度，在编制《城市开发法》（2000 年）的过程中引入了 MA 与 MP[1]的制度。这一时期第二批首都圈新城（2001 年）和经济自由区（2002 年）的开发导致了 21 世纪初的房地产热潮。同时 2002 年的韩日世界杯也使得地方自治团体开始关注城市营销及城市设计，出于城市整体开发及整顿的目的，政府开始实施城市及住宅环境

---

1. MA（Master Architect）是指编制公共建筑项目时招聘的代表建筑师，在实施项目中MA作为总建筑师，承担保证设计的统一性及多样性的职责，并有权阻止有关规划的整个过程；MP（Master Planner）是指负责组织有关规划整个过程的总规划师，在实施城市规划项目中解决城市整体景观不和谐、土地利用效率低下等问题。

整顿法（2002 年）和首尔市新城项目（2002 年）。

卢武铉执政时期（2003 年 2 月—2008 年 2 月），城市规划设计的主要内容为实现国家均衡发展、提高生活品质、实施权力分散而促进社会融合、提倡居民参与等。这一时期提出了许多新颖的新城开发模式，如复合城市（2003 年）、创新城市（2007 年）、旨在实现权力分散的企业城市（2004 年）等，其中可持续新城城市规划标准引入了环境友好和新城居住区规划的概念。

李明博执政时期（2008 年 2 月—2013 年 2 月）推崇低碳绿色发展（2008 年），包含低碳绿色城市规划、设计、管理等内容。2008 年的金融危机导致了韩国房地产经济的发展停滞，促使韩国政府选择废除原来以拆迁新建为主要方式的城市中心再生项目和再开发 / 重建项目。同时，大多地方自治团体为了提高自身的竞争力，编制及公布了有关景观、公共设计、城市设计的条例并开展了相关项目。

5.1 第二批新城建设及均衡开发

进入 21 世纪最初十年之后，出于缓解首都圈住宅紧张及解决开发难度大等问题，政府又另外建设了东滩、板桥、金浦、云井、广桥五个新城（表 5-1），其中板桥及东滩新城的建设目标是分担首尔江南地区的住宅需求；金浦及云井新城的建设目标是分担首尔江西及江北地区的住宅需求并打造为该地区的发展中心；广桥新城的建设目标是分担首都圈南部的尖端行政功能。除以上提到的首都圈第二批新城外，大多数的新城建设主要以住宅开发项目及城市开发项目等方式实施，之后还另外建设了扬州、松坡、东滩、黔丹等新城（图 5-1）。

表 5-1　首都圈第二批新城开发情况

	东滩	板桥	金浦	云井	广桥
区位	华城市	城南市	金浦市	坡州市	水原市
面积（公顷）	904	932	496	941	1107
规划人口（人）	121 000	89 100	75 000	124 898	60 000
住宅建设（户）	40 000	29 700	25 000	46 256	20 000
项目建设期	2001—2007 年	2003—2009 年	2005—2010 年	2003—2009 年	2004—2010 年
项目经费（亿韩元）	29 000	57 000	27 000	76 613	58 000
项目执行主体	韩国土地公司	京畿道城南市、韩国土地公司、大韩住宅公司	韩国土地公司	坡州市大韩住宅公司	京畿道水原市

资料来源：参考文献 [6]。

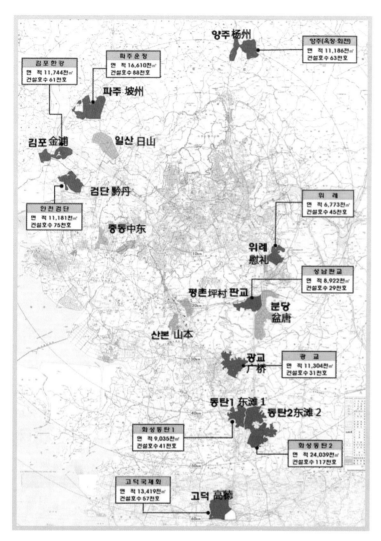

양주 양주 (옥정·회천)
면 적 11,186천㎡
건설호수 63천호

김포한강
면 적 11,744천㎡
건설호수 61천호

파주운정
면 적 16,610천㎡
건설호수 88천호

양주 杨州

파주 坡州

김포 金浦

일산 日山

검단 黔丹

안천검단
면 적 11,181천㎡
건설호수 75천호

중동中东

위 례
면 적 6,773천㎡
건설호수 45천호

위례
慰礼

성남판교
면 적 8,922천㎡
건설호수 29천호

평촌 坪村 판교

분당
盆唐

산본 山本

광교
广桥

광 교
면 적 11,304천㎡
건설호수 31천호

동탄1 东滩 1

동탄2 东滩 2

화성동탄 1
면 적 9,035천㎡
건설호수 41천호

화성동탄 2
면 적 24,039천㎡
건설호수 117천호

고덕국제화
면 적 13,419천㎡
건설호수 57천호

고덕 高德

图 5-1　首都圈新城分布图

资料来源：参考文献［7］

　　这个时期所建设的新城可以分为企业城市、行政中心复合城市及创新城市三类（表5-2）。其中，企业城市依据《企业城市开发特别法》在产业选址和经济活动方面不仅要具备民间企业主导（只针对法人，包含指定的替代执行者）的产业、研究、观光、休闲、办公等功能，同时还应具备以提高地区居民的居住、教育、医疗、文化等生活水平为目标的"自给自足的复合功能"。企业城市不同于以生产为主的产业区，其特性主要体现在共同开发住宅、生活设施及教育设施等方面，民间企业是开发的主体并负责建设与销售。企业城市还可以根据功能类型划分为以制造业和贸易为主的产业贸易型企业城市、以研究开发为主的知识基础型产业城市和以观光/休闲/文化为主的观光休闲型企业城市。

　　行政中心复合城市是依据《行政首都后续对策，建设燕岐/公州地域行政中心复合城市的特别法》与《建设世宗特别自治市的特别法》而建设。目前正在建设的位于忠清南道燕岐郡锦南侧的特别自治市已改名为世宗特别自治市，建设世宗特别自治市的目的是实现国土均衡发展，解决首都人口过密问题而推进的创新城市，同时是集行政、教育、文化、福利等为一体的自足型复合城市，规划人口约 12 万。此外，由于世宗特别自治市具有广域自治团体的特性，所以世宗特别自治市教育厅也会在此地建设。

创新城市依据《公共机关向地方搬迁中关于建设和支援创新城市的特别法》容纳迁移至此地的公共机关，构建企业、大学、研究所、公共机关等机构之间的紧密联系，营造集高品质居住、教育、文化等为一体的居住环境。创新城市贯彻低密度开发的模式，规划人口达到约 2 万时，规划面积控制在约 165.3 公顷至 330.6 公顷；规划人口达到约 5 万时，规划面积则控制在约 495.9 公顷至 826.4 公顷。目前，釜山、大邱、光州、全南、蔚山、江原、忠清北道、全北、庆北、庆南、济州等 11 个地区正在建设创新城市。

表 5-2　各类城市概念比较

区　分	主　导	概　念	案　例
企业城市	民间	民间企业作为开发主体建设具备产业、研究、观光等经济功能及必需的住宅、教育、医疗、文化等综合功能的自给自足型城市	忠州、泰安、原州、务安、茂朱、灵岩、海南等
行政中心复合城市	公共	以行政功能为主导，辅以教育、文化、福利等功能的自给自足型复合城市	忠南燕岐、公州地区
创新城市	公共	借首都圈内 147 个公共机关迁往地方为契机，创建产业、学校、研究、政府相互协作的新城	釜山、大邱、光州、全南、蔚山、江原、忠清北道、全北、庆北、庆南、济州

资料来源：参考文献 [8]。

依据《建设安乐窝住宅等的特别法》，出于提高国民的住宅安全和居住水平的目的，国家、地方自治团体、韩国土地住宅公司以及专门成立的地方公司，在公共财政或基金支援下建设了规模（专用面积）小于 85 平方米的住宅，称为"安乐窝"。"安乐窝"住宅可划分为销售和租赁两类，从 2009 年到 2018 年政府计划供给 150 万户住宅（首都圈 100 万户，地方 50 万户），其中供销售的住宅为 70 万户，供租赁的住宅为 80 万户。在 2009 年建设完成 13 万户住宅后，之后平均每年供给住宅数量为 15 万户。虽然通过新城或宅地地区的方式开发，但"安乐窝"的供给价格却比公共住宅的出售价格低 15%以上。同时，安乐窝住宅的建设导致了再开发项目等竞争力的下降，增加了作为执行主体的韩国土地住宅公司的经济负担。

5.2 城市再生

　　新城开发建设政策虽然保障了住宅的供给，但却忽略了对原有市区的建设。基于此，《城市开发法》开始积极推进以公共、民间、政民联合主导的市区整顿项目。此外，中央政府还编制了《为了城市再整顿促进的特别法》给予市区再整顿政策方面的支持。政府倡导城市再生（Urban Regeneration），由于城市再生需要综合考虑物质、社会、经济等各个方面，所以相对于以整顿物质环境为中心的城市再开发（Urban Redevelopment）来说有了更进一步的发展。对于市区的环境整顿，有些地方自治团体主要由居民主导进行再开发或重建，也有些地方自治团体由公共部门主导进行大型城市开发或城市环境整顿项目（城市再生项目）。但事实上，这些项目并没有考虑到地区原有的环境风貌，仅仅是使用了一种新型的新城开发方式，所以还谈不上是真正意义上的城市再生。

5.3 可持续开发与绿色城市

　　韩国政府在 2008 年 8 月 15 日的贺词中提出将绿色低碳发展列入国家的长远规划，并强调了绿色发展、绿色城市、绿色生活的重要性，随后组建了绿色发展委员会并编制《绿色发展五年规划》《低碳绿色发展基本法》，以及旨在营建低碳绿色城市的城市规划编制指南。在环境保护方面，国际上先后发表了联合国气候变化框架公约（UNFCCC，1992 年）、京都议定书（Kyoto Protocol，1997 年）、巴厘路线图（Bali Roadmap，2007 年）、哥本哈根协议（Copenhagen Accord，2009 年）等。巴厘路线图指出美国、中国、印度、韩国等国家需从 2013 年开始施行节能减排，哥本哈根协议则提出了控制地球气温升高不超过 2℃ 以及 2020 年减少温室气体排放的目标。未来的低碳城市计划预期可以在短期内减少 30% 的温室气体排放量，在长期减少 50% 的温室气体排放量。为此低碳城市不仅是新城建设的一种模式选项，而是未来人们赖以生存的途径。

5.4 社区营造

　　进入 20 世纪 90 年代后，韩国国内出现了居民以社区为单位自发解决及改善日常生活环境的运动，即“社区营造”。进入 21 世纪最初十年，社区营造受到了政府、市民团体和居民的普遍关注并开始大范围开展。中央政府、地方自治团体、市民社会团体等一直以来都在不断地为构建社区营造的制度而努力，如地方自治团体出台了《居民自治中心支援条例》（安山市，2000 年）、《社区营造支援条例》（光州广域市，2004 年）

以及《设立或运营理想生活城市委员会的条例》（忠清北道清州市，2009 年），在居民自治中心的支援下，社区营造扩展为对城市的营造，这种转变主要在以下几个方面得到体现：一是依据居民自治中心条例，组建了居民自治和共同体；二是社区居民和地方自治团体为了营建理想生活而自发作出努力；三是提出社区营造过程中必需的政策内容并组建全面负责的组织。

面对各地社区营造的蓬勃兴起，2000 年 6 月 24 日江原道平昌郡地区首次编制了《平昌郡营建理想生活的社区条例》，同时各地方自治团体也开始编制及运营相关的支援条例，其中最具代表性的政策是 2005 年国土海洋部出台的"理想生活的城市政策"和"城市营建支援项目"，构建了各城市及社区内政府、专家、居民沟通的平台，引导各主体共同参与到规划编制、项目实施 / 运行 / 管理之中。2009 年 8 月由中央政府编制的《城市规划条例》，对"关于推进示范城市项目所需预算执行、居民参与事项"进行了规定。

5.5 城市管理方式的多样化

依据《城市开发法》（2000 年）推进的大型开发项目为居民提供了很好的参与机会，同时尝试了实施者 / 项目融资（PF）、公开竞赛 / 一站式（turnkey）等各种规划管理方式。为了解决原来韩国居住区开发方式中存在的问题及其局限性，提高城市规划与设计的质量，2000 年政府引入 PM/MA 制度，该制度有助于实现参与营造社区项目的居民之间的意见协商，成为处理人与制度之间关系的媒介。在城市开发的过程中，京畿道龙仁市器兴区新葛新千年小区首次采用了 MA 设计方案；世宗行政中心复合城市的开发主要采用了以总规划师为中心的综合协调体系。两种方式的特征是综合协调城市规划、城市设计、交通、造景、环境、建筑、公共设计等各领域。

这一时期开发主体开始从公共部门转变为民间部门，城市管理内容日趋重要。为满足各类新城开发和市区整顿项目对城市设计方法的需求，《城市及住宅环境整顿法》《城市开发法》《宅地开发促进法》《为了促进城市再整顿的特别法》等规定项目开发必须编制地区单位规划。

综上所述，21 世纪最初十年编制的"地区单位规划制度"综合了"详细规划制度"和"城市设计制度"，且修订了《城市开发法》和《城市及居住环境整顿法》。上述变化加快了城市开发与再开发的速度，尤其是首尔市为推进新城项目编制的《为了城市再整顿促进的特别法》在全国范围起到了示范性作用。在法律制度修订的过程中，政府开始强调城市开发及再开发项目中居民参与的重要性。

卢武铉政府提出的"国土均衡发展"的选举承诺成为了 21 世纪最初十年的热点之一。

他在执政时期强调了"国土均衡发展"的重要性，编制了《国家均衡发展特别法》《新行政首都特别法》《地方分权特别法》《企业城市开发特别法》等法律，作为公共部门主导城市开发的法律保障。全国范围开发了包括行政中心复合城市（世宗市）、创新城市、企业城市等类型在内的18个新城，此外首都圈范围实行了第二次新城建设（包含10个新城），各地方自治团体利用宅地开发项目也加入了城市开发热潮之中。但与此同时，人们开始反思城市开发带来的问题，关注居民的参与和历史文化资源的保护，这在一定程度上减缓了城市开发与再开发的速度。

21世纪最初十年韩国城市规划与设计的发展过程强调了城市设计应摆脱单纯的地区单位规划而开始全方位思考城市建设，人们开始尝试综合考虑居民参与、历史文化保护与城市设计的关系。21世纪最初十年积累的实践经验也为2010年提出的低碳/绿色城市、U－城市/智能城市的城市发展概念奠定了基础。

1969年韩国的城市化率仅为39%，进入20世纪70年代之后递增为50%，20世纪80年代为68%，进入21世纪之后达91%。半个世纪内韩国的城市化率增加了将近两倍，现在韩国的城市化将进入极限，城市人口也呈饱和状态。韩国从朝鲜战争之后的世界贫穷之国发展成为当今的经济强国，经济结构的剧变导致了韩国严重的两极化现象。在这样的社会背景之下，韩国城市规划与设计中存在的主要问题如下：

首先，城市规划以大型土木工程（城市基础设施建设）及住宅建设工程为中心。国家将重心放在战后重建及经济增长之上，忽略了对城市结构的重构。因此，在包括建筑、土木、交通、地理、历史保护、环境、景观等的相关领域中，建筑和土木领域一直扮演着"主角"。

第二，城市与人口集中在首都圈内。据首尔研究数据服务2010年的统计，首都圈居住人口达2346万人，占韩国全国人口的48.9%。首都圈人口集中的现象呈持续增长趋势，韩国政府为此在努力编制相关的控制政策。

第三，以"公寓"为主的单一住宅类型。韩国现在被称为"公寓共和国"，有将近61%的公民居住在公寓内。在大批量建设公寓的过程中，出现了地区居民被强制性迁移、社区的社会功能退化、景观破坏、居住方式单一化等问题。

第四，以经济效益为中心的城市规划。20世纪八九十年代的新城开发导致了韩国国内房地产价格暴涨的现象，现阶段韩国仍无法缓解国内的房价及传贳房[1]价格上涨问题。

---

1. "传贳房"是韩国租赁住房市场中的一类，它指承租人在缴纳一定数额的押金之后，签约期间内可以不用支付任何租金，"免费"使用住房直到租约期满并取回押金。

第五，城市景观问题。20 世纪六七十年代通过批量建设来满足公民的住宅需求，这种住宅供给政策破坏了韩国的城市景观。战后难民开始集聚在首尔，无处可去的居民在山脚及丘陵地带落脚，形成当今的贫民村及棚户村。由于这些地区都是在自然地形及原有道路的基础上建成，所以城市规划的整治具有一定难度。

最后，两极化现象。学校可以说是决定韩国房价的主要因素，目前出现了"门禁社区""邻避"等现象。此外，现在韩国与其他国家一样面临着因低出生率、高龄化、经济及产业集中等导致的环境破坏和国民生活健康问题。如何应对此类问题是当今韩国城市规划与设计面临的难题。

| 参考文献 |

[1] 首尔市 . 城市中心地区再开发基本规划 [D]. 首尔：首尔市，1978.

[2] 金义元 . 韩国国土开发史研究 [M]. 首尔：大韩图书，1982.

[3] 金行国，等 . 城市开发的经验及课题 [R]. 世宗：国土研究院，1996.

[4] 韩国土地住宅公司 . 大韩住宅公社 30 年历史 [R]. 晋州：韩国土地住宅公司，1992.

[5] 韩国土地住宅公司 . 住宅城市 40 年 [R]. 晋州：韩国土地住宅公司，2002.

[6] http://www.pangyonewtown.com.

[7] http://www.molit.go.kr/USR/policyData/m_34681/dtl.jsp?id=522.

[8] http://enterprisecity.moct.go.kr.

首尔市历史博物馆内首尔全景模型（景福宫附近）　沈眩男摄于 2019 年

第 2 部分

韩国城市规划体系
及技术规范

韩国城市规划体系

第6章

6.1 韩国的城市规划

城市规划（Urban Planning）是指将人类居住及活动等功能合理且有效布置在城市空间中的规划。一般来说，这里所指的规划是确保城市各种功能顺利运作，并在保障居民良好生活环境的基础上实现城市发展的重要手段之一。韩国的法律将城市规划划分为"城市基本规划"和"城市管理规划"，其中"城市基本规划"是提出特别市、广域市、市或郡管辖区域的基本空间结构与长期发展方向的综合规划；"城市管理规划"是为了特别市、广域市、市或郡管辖区域的开发、整顿、保护而编制的关于土地使用、交通、环境、景观、安全、产业、情报通信、保健、福利、安保、文化等的一系列规划。此外，"城市管理规划"也是关于市、郡长期发展方向的具体化及落地的中期规划。

在韩国，城市规划的必要性主要体现在：第一，城市规划可以事先防止土地使用过程带来的负面影响。例如，大多数的人并不希望工厂建在自家门前，更不希望自家被高层建筑包围。应对这种人类从居住到经济的要求，最根本的方法是通过减少外部环境的负面因素来提升人们的生活品质。第二，城市规划可以预防社会资源的不均衡分布。如果没有城市规划，任何人都希望自己土地的价格可以不断飙升（在自己的土地上建设高层建筑，在自己的土地周边布置更多的城市基础设施）。从另一角度来看，不能单是在市场经济体系中去理解城市规划，因为平均分配这种社会主义思想也是城市规划的特征之一。最后，城市规划应该最大限度地增加社会财产价值。社会财产价值虽然涵盖了历史、文化等多个层面，但其中最具代表性的是房地产价值。土地应该在不影响周边其他土地财产价值的范围内，依据市场功能，最大限度地发挥相关土地价值。

6.2 韩国国土规划的体系构成

6.2.1 韩国的行政区划体系

国家通常由人民、领土、主权三大基本要素构成，韩国广义上的城市规划，即国土规划，是以领土为基础建立的从国家到城市的多层次空间规划。《大韩民国宪法》指出："国土及资源应受国家的保护，国家对其进行均衡开发和利用，应制定所需的规划"（第9章第120条第2项）。因此，国家（行政部门）有义务编制国土规划，即"为了国土得以有效及均衡地使用、开发和整备，有义务按照法律进行规定并给予限制"（《大韩民国宪法》第122条）。

了解韩国的国土规划体系，首先需要理解韩国的行政区划。韩国划分行政区域的名称有"道""市""郡""区""面""邑""洞""里""统"。[1] 韩国的行政区域等级主要可划分为两级，其中一级行政区被称为"广域地方自治团体"；广域地方自治团体之下的二级行政区被称作"基础地方自治团体"，而基础地方自治团体以下又细分为面、邑、洞，再划分为里、统以及最基层的班（图6-1）。具体来说：①广域地方自治等级，包括1个特别市（首尔市）、6个广域市（釜山广域市、大邱广域市、仁川广域市、光州广域市、大田广域市、蔚山广域市）、8个道（京畿道、江原道、忠清北道、忠清南道、全罗北道、全罗南道、庆尚北道、庆尚南道）、1个特别自治道（济州特别自治道）、1个特别自治市（世宗特别自治市）；②基础地方自治等级，据韩国行政自治部（Ministry of Government Administration and Home Affairs）2015年1月发布的资料，包括75个自治市、82个郡、69个自治区等。而下属于地方自治团体的行政区域由2个行政市、35个一般区、218个邑、1195个面、2083个洞组成。

---

1. "道"相当于我国省的概念，"市"相当于我国市的概念，"郡"相当于我国县的概念，"洞"相当于我国城市街道的概念，"邑、面"相当于"洞"的行政区域。而"邑"相当于我国镇的概念，"面"相当于我国乡的概念，"里"相当于我国村的概念，"统"相当于我国城市里弄、胡同的概念。此外，"广域市"也就是韩国的中央直辖市，主要是人口在100万以上的大城市。

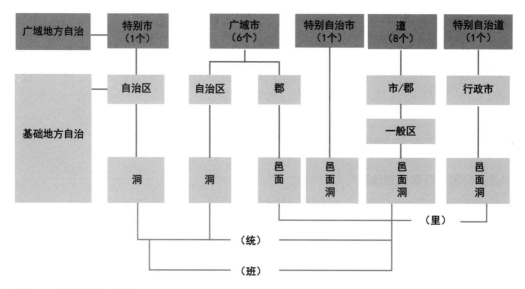

图 6-1　韩国地方行政结构

资料来源：参考文献 [7]

6.2.2 国土规划的体系构成及相关法律法规

在韩国，《国土基本法》是确立国土及地域空间规划的基本法律依据，"此法的主要目的是通过确定关于国土规划及政策编制和实施的基本原则，为国土的健全发展和国民福利的提高做贡献"。《国土基本法》中指出"国土规划"是利用、开发和保护国土时，为了应对未来经济社会的变动及确定和达成国土发展方向而编制的规划。

韩国的规划体系主要可以分为国土 / 地域规划（包括国土综合规划、道综合规划、首都圈整顿规划）、城市 / 片区规划（包括广域城市规划和市 / 郡综合规划）和地块规划（建筑规划）三个层级（图 6-2）。"下级服从上级规划"是国土空间规划体系的特征之一，《国土基本法》第七条明确指出了各类规划之间的关系：①国土综合规划是道综合规划和市郡综合规划的依据，各部门的规划及地域规划也需要与国土综合规划相协调；②道综合规划是该道所管辖区域内编制的市 / 郡综合规划的依据；③国土综合规划的编制周期为 20 年，编制规划的负责人在设定道综合规划、市 / 郡综合规划（含基本规划与管理规划）、地域综合规划（首都圈整顿规划）及各部门规划编制周期时要考虑国土综合规划的编制周期。

国土综合规划和道综合规划是提出国土及相关地域的长期发展方向的综合性规划。国土综合规划的空间规划范畴是全国，作为其他空间规划的上位规划，是其他所有空间规划制定与实施的管理指南。道综合规划的空间规划范畴是道所管辖的区域，道综合规划是关于该地域长期发展方向的又一个空间规划层级，主要是为了应对快速的城市化及构建高品质的城市基础设施而实施的城市规划、郡规划、特定地块开发等。首都圈整顿规划是地域规划之一，依据《首都圈整顿规划法》（1982 年编制）编制实施。

城市 / 片区规划依据《国土规划及使用法》编制，可以划分为广域城市规划、市 / 郡基本规划、市 / 郡管理规划。广域城市规划的范畴为（首尔）特别市、广域市、地方城市、郡所管辖的地区，规划主要是关于该地域的基本空间结构和长期发展方向。城市基本规划的主要目标是开发、整顿及保护城市空间，针对该城市（特别市、广域市、市

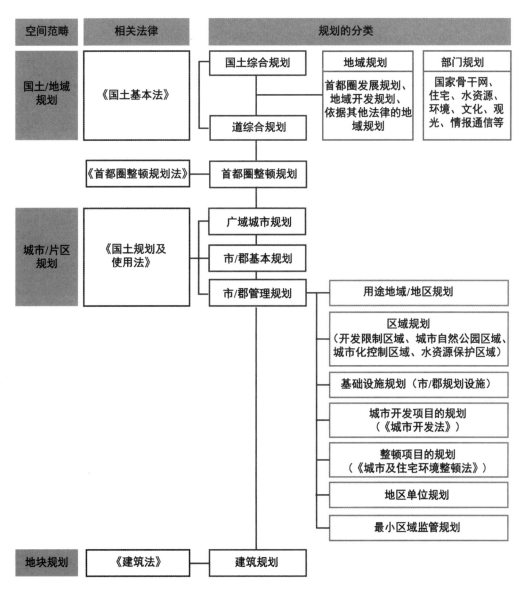

图 6-2　韩国国土规划的体系构成及相关法律法规

资料来源：参考文献 [7]

/郡）的管辖行政区域，提出针对环境健全和可持续发展的政策方向，并制定长期的综合规划框架。在这种意义上，韩国的城市基本规划类似我国的城市总体规划。而市 / 郡管理规划作为城市土地使用、开发建设等行为的具体标准，具有约束居民财产权的功能。市 / 郡管理规划包括用途地域 / 地区规划[1]、区域规划（开发限制区域、城市自然公园区域、城市化控制区域、水资源保护区域）、基础设施规划（市 / 郡设施规划）、关于城市开发项目的规划、关于整顿项目的规划、地区单位规划、最小区域监管规划。其中，与城市开发项目或城市整顿相关的规划涉及项目的具体实施，所以还通过《城市开发法》与《城市及住宅环境整顿法》进行管理。城市规划的运行主要依托城市管理规划中规定的各种建筑标准（建筑用途、建筑密度、建筑容积率、高度等）及项目执行程序来实现。因此，城市管理规划比较类似我国的控制性详细规划。地块层面的空间规划主要依据《建筑法》编制。

6.3 国土 / 地域规划

6.3.1 国土综合规划

国土综合规划是针对全国国土制定的长期发展综合规划，是为实现最优的国土利用及未来地域发展蓝图设定的政策目标和规划战略，提出了有关居住体系、产业、交通、生活环境等规划内容及政策手段。国土综合规划反映了编制当时的时代条件及其需求，反映了各时代不同的特性（表6-1）。韩国的国土及地区开发政策从20世纪50年代开始[2]，当时的主要任务是战后重建，为了尽快改善日本殖民时期形成的扭曲的国土空间。20世纪60年代发生了"四一九"革命和"五一六"军事政变[3]，韩国第一次编制且开展了经济开发五年规划，这个时期主要任务是要摆脱贫困及构建自立的经济基础。

20世纪70年代，政府依据《国土建设综合规划法》（1963年10月14日）编制了国土综合规划，该规划为国家各种基础设施的建设、居住环境的改善等做出了巨大贡献。1972年颁布实施第一次国土综合规划（1972—1981年），其主要目标是通过基础设施建设来应对快速的经济增长，把相关开发重心放在首都圈及东南海岸工业带，战略是开

---

1. "用途地域""用途地区"都是通过《市/郡管理规划》指定的地区。"用途地域"主要是通过对土地使用及建筑物用途、容积率、建筑密度、高度等的限制，谋求土地的有效利用及增进公共福利；而"用途地区"指定的主要目的是为了进一步强化或完善"用途地域"。
2. 1945年韩国解放，1948年韩国政府成立，1950年6月25日爆发了朝鲜战争。
3. "四一九"革命是1960年4月19日韩国爆发的学生示威革命。以学生为主的民众通过示威迫使当时连任三届的总统李承晚下台。1961年朴正熙发起了"五一六"军事政变，韩国再次进入军事统治时期。

发大型工业区，发展交通和通信设施、开发水资源及能源，以及开发老化地域。第二次国土综合规划（1982—1991 年）的主要目标是通过集中控制首都圈及开发管理区域，实现人口在地方城市的定居及改善其生活环境，主要战略是国土空间的多极化、控制首尔及釜山的发展；第三次国土综合规划（1992—2000 年）的主要目标是通过培育西海岸新产业地区及对国土的分散型开发，实现开发与保护的和谐及提高社会福利；第四次国土综合规划（2001—2020 年）开展了两次修订，目的是应对东北亚交流的中心定位、应对统一时期的挑战，形成环渤海/黄海圈中心轴、培养中小城市、分散首都圈功能、开发国际据点、构建高科技地带（表 6-1）。

表 6-1　国土综合规划的变迁及特征

阶　　　段	规划名称	核心课题	规划方向	主要战略
20 世纪 50 年代（萌芽期）	UN Nathan 报告书	战后复兴	改善扭曲的结构、战后重建	基础设施重建及扩充、基础产业集中投资
20 世纪 60 年代（起步期）	特定地域开发规划	克服贫困	促进工业化、构建国土规划	创建工业区、开发特定地域
20 世纪 70 年代（扩张期）	第一次（1972—1981 年）国土规划	谋求生长	扩充国土规划基础、最早的全国规划	大型工业区开发；交通、通信、水资源、能源开发；老化地域的开发
20 世纪 80 年代（成熟期）	第二次（1982—1991 年）国土规划	生长分配	构思 21 世纪最初十年愿景、编制综合规划	国土空间的多极化、控制首尔及釜山的发展
20 世纪 90 年代（转型期）	第三次（1992—2000 年）国土规划	地方生长	地方分散型规划、适应全球化及地方化	地方教育、创建新产业区、改善产业结构
21 世纪最初十年（开放期）	第四次（2001—2020 年）国土规划	国际竞争力	应对东北亚交流的中心定位、应对统一时期的挑战	形成环渤海/黄海圈中心轴、培养中小城市、分散首都圈功能、开发国际据点、构建高科技地带

资料来源：参考资料 [7]。

　　国土综合规划以 20 年为周期，每 5 年修订一次，主要内容包括：对国土现况的分析及发展条件变化的展望；构建国土发展的基本理念及国土蓝图；国土的空间结构架构及各地区功能导向；国土均衡发展政策及地域产业培育；强化国家竞争力与扩大以国民生活为基础的国土基础设施；土地、水资源、山林资源、海洋资源等国土资源的有效利用及管理；改善住宅、上下水道等生活条件；关于水灾、风灾等防灾事项；地下空间的合理使用及管理；可持续发展的国土环境保护及改善事项。现在正在实施使用的第四次国土综合规划第 2 次修订（2011—2020 年）版本（图 6-3）是为了实现"全球绿色国土"，其六大主要目标包括实现具有竞争力的国土、可持续发展的环境友好型国土、有品质的魅力国土、面向世界的开放国土等。主要战略是：通过加强地区特色及广域合作提高国土竞争力；营建环境友好且安全的国土空间；营建舒适且具有文化品位的城市及居住环境；构建绿色交通及国家情报综合网络；打造面向世界的海洋基础设施；打造无国境的国土经营基础。

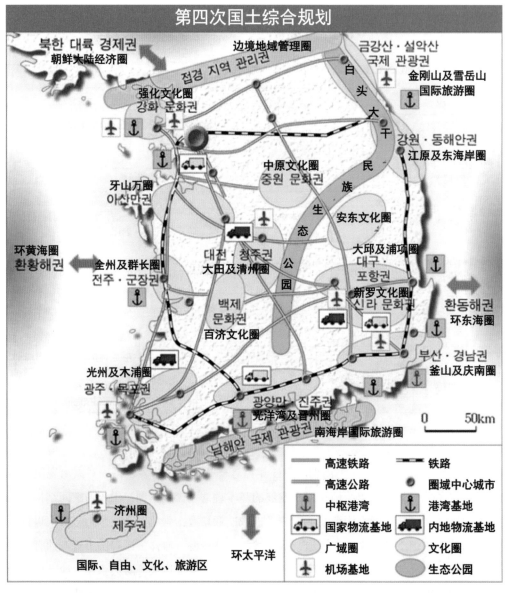

图 6-3　第四次国土综合规划

资料来源：参考文献 [7]

国土综合规划通常由中央政府的国土交通部部长负责组织编制，指引道综合开发规划及市郡综合规划的开展。国土综合规划由总统批准，公示后生效。规划的制定过程及审批程序为：国土交通部部长负责组织编制规划议案→召开听证会，并与相关中央行政机关协商→通过国土政策委员会的审议及国务会议的审议→总统审批并予以告知公民→审批的规划议案颁发给市长及郡守后，规划案生效。规划审批中，作为法律机构的"国土政策委员会"由包括委员长及副委员长在内的42名委员构成，委员长由国务总理担任，副委员长由国土交通部委员长官和民间委员担任。由总统担任委员长的"国务会议"是依宪法规定设置在行政部的最高决策机关，主要决定国家的重要政策。

6.3.2 道综合规划

道综合规划是根据《国土基本法》，以20年为周期制定的法制规划。其主要目的是为有效开发及保护道管辖区域内的人文、物质资源而设定政策方向及指南。道综合规划是针对道所管辖区域提出的长期发展综合规划，也是管辖区内的市长或郡守编制市/郡综合规划的基础，主要内容包括（图6-4）：分析地区现况及特征；内外条件变

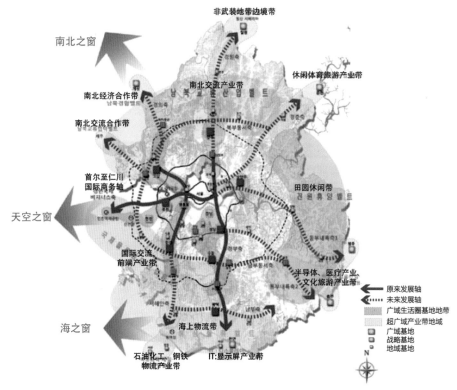

图6-4 京畿道综合规划图

资料来源：参考文献［9］

化及展望；地区发展目标及战略；地域空间结构的整顿及地区间功能分工方向；构建交通／物流／情报通信等基础设施；地域内资源及环境的开发及保护／管理；土地各用途的使用及规划管理。道综合规划的规划议案由道知事组织编制，在通过听证会及与相关中央行政机关长官协商后，由国土政策委员会审议，经国土交通部部长批准并予以公布，寄发给管辖市长及郡守后生效。

6.3.3 地域规划：首都圈整备规划

地域规划是当需要用规划指引特定地域的整顿及开发时，由中央行政机关长官或地方自治团体长官负责编制的空间规划。例如，为了分散首都圈内过度集聚的人口和产业，并引导其合理布局的首都圈发展规划；为了让具有生长潜力的贫困地区、重点地域及其附近区域实现综合性、体系性发展而制定的地域开发规划。下面重点阐述的首都圈整备规划便属于这种规划类型。

在《首都圈整备规划法》（Seoul Metropolitan Area Readjustment Planning Act）的指导下，韩国政府编制了首都圈整备规划。据《首都圈整备规划法》第 2 条，第一首都圈是指首尔特别市及其周边地区，周边地区的范围包括仁川广域市及京畿道地区（同法执行令第 2 条）。规划的主要目标是实现首都圈人口或产业的分散和合理布局，主要规划内容包括：首都圈整顿目标及基本方向；人口及产业分布；次区域划分及各区域整治；人口集聚诱发设施及开发项目管理；广域交通设施及上下水道设施等整治；环境保护；支援首都圈整顿的事项；规划执行及管理。核心工作是划分圈域（次区域），通过法律规定各圈域的行政限制。

《首都圈整备规划法》执行令第 9 条指出，首尔圈可划分为过密抑制圈域（Overpopulated Constraint District）、生长管理圈域（Growth Management District）、自然保护圈域（Nature Conservation District）等三个区域（图 6-5）。其中，划定的过密抑制圈域是人口及产业过度集聚或有集聚可能，需要对其进行迁移或整顿的地域；生长管理圈域是需要对从过密抑制圈域内迁移出的人口及产业进行规划布局，产业选址及城市开发需要合理管理的地域；自然保护圈域是汉江水系及绿地等自然环境需要保护的地域。

首都圈整备规划按照各圈域特性实施了相应的限制规定。例如，在过密抑制圈域内严格限制建设引发人口集中的设施，如大学、大规模行政楼、培训基地、新建或增建工厂、工业区等；如果商务办公设施要建在此地，则需要缴纳相应的过密负担款等。具体来看：

①院校：禁止新建综合、教育大学设施；专科、技术大学可新建在首尔以外其他地区；可新建研究生大学、护理大学；可以迁移迁入首都圈范围内（但禁止往首尔转移）；可在总量平衡中增加人员。②行政大楼：经由中央行政机关审核之后可以新建、扩建、

图6-5 首都圈整备规划圈域划分图

资料来源: 参考文献 [10]

变更用途（建在首尔则需缴纳过密负担款）。③大型建筑物：一定规模以上的办公、商务、综合建筑（建在首尔则需缴纳过密负担款）。④研修设施：禁止建设 3000 平方米以上设施（地方自治的设施除外）；⑤工业地域、工厂等：在原来面积范围内允许变更位置（审议对象）；人口集聚诱发设施面积在 10 000 平方米（工业地域为 20 000 平方米）以上进行建筑许可时需审议；划分为产业区、工业区、其他地区，通过各个大企业/中小企业的工厂新建总建筑面积及工厂类型来控制选址，工厂的总建筑面积总和按各个年度规定。

第三次首都圈整备规划的规划期限是 2006—2020 年（15 年），由国土交通部部长组织编制。规划需听取首都圈内广域自治团体长官（Head of Local Government）（首尔特别市长、仁川广域市长、京畿道知事）的意见，经过首都圈整顿委员会及国务会议的审议，由总统批准并公告，在告知中央行政机关长官及该地方自治团体长官后规划生效。

6.4 城市 / 片区规划

市 / 郡综合规划分为城市基本规划和城市管理规划。广域城市规划作为市 / 郡城市规划的上位规划，主要是将两个以上行政区域（特别市、广域市、市 / 郡等）的整体或一部分指定为广域规划圈进行跨区规划，通过连接跨地域的空间结构与功能整合、环境保护来系统地优化广域设施。

6.4.1 广域城市规划

广域城市规划是为了提出两个以上相邻的特别市、广域市、市或郡（以下称为"市 / 郡"）所在地域（即"广域规划圈"）的二十年长期发展方向，或通过市 / 郡间的功能连接实现合理增长管理而制定的空间规划。随着市 / 郡在范围及功能上的外扩，编制广域城市规划有利于将关联市 / 郡作为一个规划圈通过有效的管理来防止其无序扩张，并借助地方自治团体之间的相互合作合理布局区域设施以确保区域经济的规模、提高投资效率、防止重复投资风险，从而最终实现广域规划圈的可持续发展，提高居民生活品质。

广域城市规划将整个广域规划圈视为一个规划单位，提出地区的长期发展方向及战略路径，是广域规划圈内各个市 / 郡制定城市基本规划及城市管理规划的重要指南。城市基本规划和城市管理规划等作为下位规划，在提出一些重要的战略构想时，也可以通过影响、反馈和调整广域规划来实现突破。广域城市规划在分担各市（郡）在功能定位、环境保护、广域设施布局[1]等方面的规划任务的同时，可以作为广域规划圈内的特定部门编制的内容覆盖面更加广阔的规划。综合性的广域城市规划如果在编制时涵盖了城市基本规划包含的所有内容，则广域规划圈管辖区域内的所有市（郡）均可以不再编制城市基本规划。

国土交通部部长（Minister of Land, Infrastructure, and Transport）可以将两个以上的特别市、广域市、道、市 / 郡所管辖的全部区域或部分区域指定为广域规划圈。广域规划圈如果由道管辖时，则经由道知事（相当于我国的省长）来指定。中央行政机关[2]长官、市 / 道知事、市长或郡守可以向国土交通部部长或道知事申请广域规划圈的划定或变更。

---

1. 广域设施是指两个以上的地方自治团体管辖区域重合或共同使用的设施，据《国土规划及利用法》第三条，其具体内容包括：道路、铁路、运河、广场、绿地、水、电/煤气/供热系统、广播/通信设施、共同沟、油类储藏及输油设备、河道、下水道、港口、机场、汽车站、公园、游乐园、流通业务设备、运动场、文化设施、得到认证的体育设施、社会福利设施、公共职业培训设施、青少年培训设施、蓄水池、火葬场、公墓、停尸设施、屠宰场、污水处理设施、垃圾处理设施、水质污染防治设施、报废汽车场等。
2. 中央行政机关是韩国最高行政机构，是指由韩国总统所领导的政府部门，并由国务总理统筹各部门的运作。

认定广域规划圈时，需听取中央行政机关长官及相关地方自治团体长官（Chief of Local Government）的意见，再经由中央城市规划委员会加以审议。

1. 广域城市规划的编制组织及主要内容

当广域规划圈的范围隶属一个道时，由地方上的管辖市长或郡守共同组织编制广域城市规划；如果两个以上的市 / 道在管辖地区上有交织的话，原则上一般由管辖市长或道知事共同组织编制。在广域规划圈认定 3 年后，如果仍没有被批复的广域城市规划，则道知事指定的广域规划圈由交通部长官负责组织编制出台广域城市规划；市长或郡守上报指定的广域规划圈由道知事组织编制广域城市规划。

广域城市规划的主要内容包括：广域规划圈内的城市体系结构和功能分工；绿地管理体系和环境保护；广域设施的规模、类型与布局；景观规划；广域规划圈内的特别市、广域市、特别自治道、特别自治市、市或郡的相互功能联系、交通及物流体系；广域规划圈的文化、休闲空间；防灾事项等。

规划编制需要遵循国土交通部部长设定的如下标准：①提出广域规划圈的未来蓝图及其可实现的体系化战略，与国土综合规划等相联系；②明确特别市、广域市、特别自治道、特别自治市、市或郡间的功能分工，防止城市无秩序扩张，保护环境，提出广域设施的合理布局；③规划制定应该全面概略，以灵活应对条件的变化。以特定部门为主进行编制时，为了成为"城市基本规划"或"城市管理规划"的详细指南而应当内容具体；④规划应充分考虑保护绿地轴、生态界、山林、景观等良好自然环境、优良耕地、具有保护目的的用途地区等；⑤整合衔接各部门规划；⑥为了安全管理及减少气象灾害，应充分考虑国土综合规划。

2. 广域城市规划的审批程序

广域城市规划以广域规划圈的人口、经济、社会、文化、土地使用、环境、交通、住宅、气候、地形、资源、生态等自然条件、基础设施、气象、地震等灾害发生现况等基础调查为依据编制规划，召开听证会征求公众和相关专家的意见，并采纳得当的意见将其反映到规划中（表6-2）。

规划案的听证会召开完后，还要听取该规划所属的地方自治团体的地方议会和相关地方自治团体长官的意见。管辖区内自治团体的意见也应反映给规划编制者。在征求听证会、相关地方议会、地方自治团体长官的意见之后，部分广域规划依程序还应听取中央行政机关的意见，经中央城市规划委员会审议，由国土交通部部长审批；由市长或郡守负责编制、道知事作为审批者的广域城市规划案，经地方城市规划委员会审议，由道知事审批（图6-6）。

表 6-2　广域城市规划基础调查要素及调查内容

类目	要　　素	调查内容	备　　注
自然环境	地形及坡度	高度分析、坡度分析	原始地形图
	地质、土壤	—	原始地质图
	资源	地下资源、水资源、森林地貌资源	地质图，GIS 数据
	地下水	地下水容量、开发现况、地下水质、地下水污染	原始资料
	水利/水闸/水质	水系分析、各河流水量、水边条件	原始资料
	气候	气温、降水量、日照、主导风向、风速、大雾天数	气象局资料
	气象灾害记录、可行性	过去 50 年间气象灾害记录	气象局资料
	地震记录、可行性	附近地域过去 50 年间地震发生记录	原始资料
	生态/植被	生态敏感地域、树林带、保护植物、生态单元	生态自然图、现场调查
	动植物栖息地	动植物群体栖息地、主要野生动物、迁徙路径	现场调查、原始资料
人文环境	市/郡的历史	市/郡的起源、生长过程、发展沿革	原始资料
	行政	行政区域变迁、城市规划区域变迁、行政组织	原始资料
	文化遗产、传统建筑等	指定文化遗产、传统样式建筑、历史建筑物、历史场所及道路	原始资料、现场调查
	其他文化资源	有/无形文化资源、村落信仰及象征物	现场调查
	各种相关规划	上位规划、相关规划的相关内容	原始资料
土地使用	各用途地域面积、分布	各用途地域分布、面积；各种地区、区域分布	原始资料
	土地所有权	公共土地、私有土地	原始资料
	地价	公告地价分布（各区域比较），市价和成交价	原始资料、现场调查
	各土地使用类别面积、分布	各土地使用类别面积、分布	原始资料
	农业振兴区域	农业振兴区域的面积及分布	原始资料
	森林地貌	保护林地、公益林地	原始资料、现场调查
	城市化动向	过去 10 年间的用途地域分布、面积变化状况	原始资料
	GIS 资料	市/郡关于土地使用及建筑的 GIS 资料	原始资料
	主要开发项目	获得允许的 10 万平方米以上土地面积的开发项目、政府促进的主要开发项目	现场调查
	灾害危险要素	灾害危险地域的判断	原始资料、现场调查
人口	人口总数的变化	过去 20 年间的人口趋势	原始资料
	人口密度	规划对象区域内整体或各地区的人口密度	原始资料
	人口构成	各年龄的人口、不同性别人口、老龄人口、残疾人	原始资料

类目	要 素	调查内容	备 注
人口	白昼人口	白天居住人口、活动人口的划分	原始资料
	产业人口	一、二、三类产业的人口、主要产业的人口、雇佣现况、各雇佣类型的人口、各雇佣年龄的人口	原始资料
	家庭	家庭数变化、普通家庭、独户	原始资料
	各生活圈的人口	各行政区域的人口情况	原始资料
	人口迁移现况	迁出、迁入人口的现况及变动趋势	原始资料

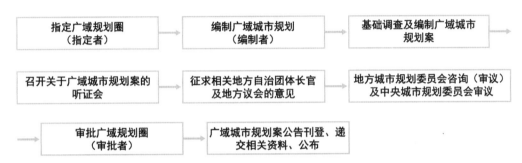

图 6-6　广域城市规划的审批程序

6.4.2 市/郡基本规划

　　韩国的市/郡基本规划在1981年修编《城市规划法》之后开始具备法律效力，据《国土规划及利用法》，市/郡基本规划是为了有效且合理地使用国家有限的资源，提高居民的生活品质，构建可持续发展的城市环境而提出的市/郡长远发展的空间结构。市/郡基本规划是城市管理规划的基础，也是城市层面内编制的最上位空间规划。市/郡基本规划不仅关于城市利用、开发与保护，同时提出了下位规划的方向，主要扮演着统一协调作为下位规划的城市管理规划及依据其他法律编制的各领域专项政策及规划的角色。[1]

　　城市基本规划的主要特性包括：第一，综合规划。旨在实现经济产业、住宅、交通基础设施、环境能源、社会文化福利等各领域制定的政策及规划之间的相互协调；通过调整完善各部门的政策与规划，使之在环境、经济、社会影响等方面实现均衡与统一；通过具体的政策及战略在空间上推进国土管理的可持续性。第二，政策规划和战略规划。既包括引导地方自治团体的国土使用、开发和保护的空间"政策"，也包括地方自治组

---

1. 不可以根据各专项政策及规划等任意变更项目选址及土地使用规定。

织为了政策规划的实现所制定的集中"战略"。第三，以专题为中心的规划。根据空间政策目标与战略或政策的优先顺序，发掘并提出专项性规划课题，以此为中心制定规划。第四，内容多样。从城市特性出发，以各种规划课题及专题为中心形成丰富的内容构成。第五，灵活性。充分体现作为"政策规划"或"战略规划"的灵活性，设定规划区域内用地选址、土地使用等的原则及标准，通过概念图来表现规划意图，为城市管理规划部门在根据具体情况和条件做出详细规定时留下可灵活调整的空间。

1. 市／郡基本规划的编制内容及程序

编制市／郡基本规划应该对规划目标区域进行基础调查，其方法与广域城市规划编制类似。市／郡基本规划的主要内容涵盖：地域的特性及现况分析；规划目标及指标的设定；空间结构规划（开发轴及绿地轴的设定、生活圈的设定、人口分布）；土地使用规划（预测土地的需求及用途分配、用途地域管理方案及非城市地域生长管理方案）；基础设施规划（交通、物流体系、信息通信、其他基础设施规划等）；城市中心及住宅环境规划（市区整顿、居住环境规划及整顿）；环境的保护和管理；景观及美观；公园、绿地；防灾、安全及犯罪预防；经济、产业、社会、文化的开发及振兴（雇佣、产业、福利等）；规划实施（财政扩大、财源筹措、分阶段促进战略）等事项。

市／郡基本规划采用的主要编制原则包括：第一，提高规划的综合性。为灵活应对实施过程和条件的变化，规划应综合且概括，覆盖土地使用、交通、环境等物质空间结构和经济、社会、行政、财政等非物质领域；以专项调查结果为基础预测城市未来愿景；整体构想具有创意性。第二，实现与相关规划的协调与联系。遵循国土综合规划及广域城市规划等上位规划的指引；考虑城市管理规划及地区单位规划等下位规划的制定需求；划定用途地域，设定相关标准作为编制城市管理规划的土地用途分类指南。第三，注重环境的规划。为实现健全及可持续的国土使用及管理，规划应致力于自然环境、景观、生态系统、绿地空间等的整顿、改良、保护和扩充，并防止城市间无序扩张形成的连续城市化景观，预防环境污染。第四，实现差别化、分阶段的规划。根据城市的规模、地形、地理条件、产业结构等，综合考虑人口密度、土地使用的特征及周边环境，差别化地制定以地域特色为中心的规划提案，整合基础设施布局，协调土地用途与周边地区的关系。各专项规划按年度目标编制，并依照人口及周边环境的变化灵活反映到城市管理规划中。第五，维持规划的统一性及连贯性。

依据基础调查编制的市／郡基本规划提案，需要召开听证会并征求地方议会的意见，在与相关行政机关长官协商后，经地方城市规划委员会审议获得审定或批准。由作为地方自治团体长官的市长或郡守编制的城市基本规划经道知事审批（图6-7）。以20年为目标制定的城市基本规划，每 5 年会对所辖地区的规划合理性进行重新评估及调整。

图 6-7 市 / 郡基本规划的确定及审批程序

2. 首尔市基本规划：《2030 首尔城市基本规划》

《2030 首尔城市基本规划》（以下简称"2030 首尔规划"）是将依据《国土规划及使用法》的市 / 郡基本规划按照首尔市的特性重组、与市民共同编制的首尔城市基本规划。2030 首尔规划在把握首尔市人口、产业、经济、环境、住宅等领域现况的基础上，提出展望首尔未来 20 年的"满载沟通与关怀的幸福城市"发展愿景，制定反映首尔城市发展方向的基本框架，并从空间层面落实首尔的愿景及相应的核心战略。

2030 首尔规划主要内容包括五个方面：城市愿景；核心主题、主要目标与战略；空间结构与土地利用规划；生活圈规划；城市实施。2030 首尔规划的城市愿景是打造"沟通与关怀"幸福市民城市。亦即通过"沟通与关怀"实现首尔城市发展的各项目标，包括生活质量、城市面貌、均衡发展、城市竞争力、可持续发展等，最终将首尔建设成为市民幸福的城市（图 6-8）。基于城市发展愿景，市民提出了截至 2030 年首尔市应该解决的问题，并形成五大核心主题：福利 / 教育 / 女性、产业 / 就业、历史 / 文化、环境 / 能源 / 安全、城市空间 / 交通 / 维护，并将其运用到各核心主题规划的具体目标与战略编制中。其中核心主题及目标如下：

① "平等和谐、以人为本的城市"（5 个目标，17 个战略）。主要目标是构建超老龄化社会福利体系；建设人人可以健康生活的幸福家园；打造消除两极分化与不平等的社会体系；建立终身学习的教育体系；实现男女平等与社会性赡养。

② "就业机会多且具有活力的国际化共同发展的城市"（3 个目标，10 个战略）。主要目标是实现基于创新与革新的国际化经济城市；谋求经济主体之间的共同成长及地

区共同发展；实现以人及工作岗位为导向的经济环境。

③"历史源远流长的快乐文化城市"（3个目标，11个战略）。主要目标是打造在生活中玩味悠久的首尔历史；用心感悟的城市景观管理；共创大家共享的丰富城市文化。

④"充满生机与活力的放心城市"（3个目标，11个战略）。主要目标是建设公园引导的生态城市；实现高效利用能源的资源循环利用城市；创建共同协作维护的安全城市。

⑤"居住稳定、交通便捷的居民协作体城市"（3个目标，11个战略）。开展融合生活及工作的城市再生；打造无须依靠小型机动车也可以生活便利的绿色交通环境；扩大选择自由且舒适的居住空间。

2030首尔规划中提出了生活品质、福利及教育、均衡发展等市民可以体验的内容。从空间结构上来看不仅包括了加强城市竞争力及设置区域基础设施等物质层面，同时也提出了市民可以体验的空间政策。规划设定的空间结构基本方向是：①积极维护管理首尔的固有自然及历史文化遗产；②通过中心城区重组提高城市竞争力及促进地域均衡发展；③通过营建大都市圈发展轴实现沟通及共同发展等。

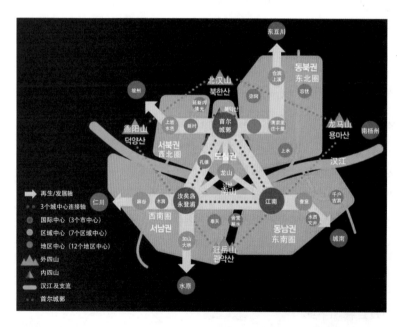

图6-8　沟通与关怀的空间结构

资料来源：参考文献［8］

空间结构构想包括中心区体系重组、广域交通轴、公园/绿地轴，概况如下：

①中心区体系重组（图6-9）。打造"3个市中心、7个区域中心、12个地区中心"的多核功能体系，改造中心区体系；通过强化不同中心区之间的功能联系，实现城市中心区的协调发展与共同繁荣。

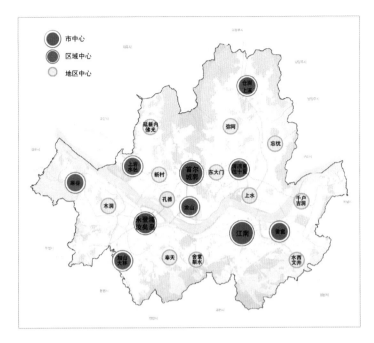

图 6-9 2030 首尔规划
中心区体系

资料来源：参考文献［8］

②广域交通轴（图 6-10）。为了提升首尔大都市圈的竞争力及打造节能型城市结构，根据大都市圈的需求，扩充和延长内部铁路网，整合连接中心区体系，构建地区之间良性沟通与共享的空间结构。

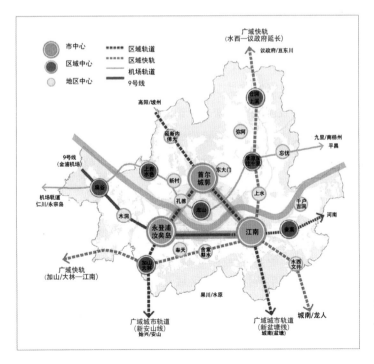

图 6-10 2030 首尔规划
广域交通轴构想

资料来源：参考文献［8］

③公园 / 绿地轴（图6-11）。为了凸显首尔坐落在山水之间的地形和特色，在保留内四山、外四山、汉江等自然资源以及首尔城郭等历史文化资源的同时，充分考虑龙山公园、世运商街、韩屋密集区等首尔独有的特色地区，开展城市建设和环境保育。

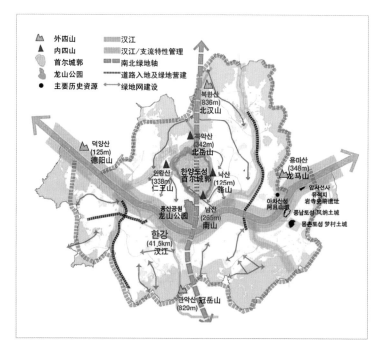

图 6-11　2030 首尔规划
绿地轴构想

资料来源：参考文献 [8]

土地利用规划主要体现在：①现有市区的土地利用。引导轨道交通站点周边地区[1]土地的立体及综合利用；结合中心区特性进行功能与密度管理；对首尔城郭内地区进行特别管理；结合周边地区具体情况开展整顿项目；结合城市空间结构进行高度管理。②保护生态景观用地。最大限度保护开发限制区，防止无谓的破坏；通过持续扩充公园及绿地增加市民的使用率及公共的便利性；通过强化管理确保汉江沿岸及主要支流的公共性。③开发可用地。实现对可用地的前瞻且系统的管理，通过地上轨道路段及道路入地有计划地利用其上部空间，明确主要大规模可用地的管理方向。

生活圈规划是以生活圈为单位，对 2030 首尔规划中的愿景、核心目标与战略、空间结构等内容进行具体化落地，并为城市管理规划等下级规划提出指引及方向。生活圈的空间范围划定依据包括考虑地形地势、河流、道路等自然及物质环境；城市的生长过程及影响范围；中心地区的功能及土地利用特性；行政区域及学区圈；居住地及居住人

---

1. 韩国轨道交通站点周边地区以被称为驿势圈。

口特性等。规划将首尔市划分为五个生活圈[1]：①"强化历史文化中心地位与国际竞争力"的城中圈；②"强化自足功能，创造就业机会，为地区注入活力"的东北圈；③"具有特色的文化创意产业及活化良好的地区共同体"的西北圈；④"通过准工业区创新，培育新兴产业，改善居民生活基础设施"的西南圈；⑤"强化国际商务与商业功能，对现有居住区进行规划管理"的东南圈等（图6-12）。

图6-12　2030首尔规划
五个生活圈划分

资料来源：参考文献 [8]

　　规划的实施主要是通过：①调整及完善规划体系。确立2030首尔规划作为最高级别规划的地位，强化生活圈规划及城市管理规划的角色，并制定重要地区的基本管理规划；②构建及实施日常监测体系。发布并公开年度监测报告，建立首尔市、首尔研究院、专家、市民等各阶层协作的监测体系；③强化市民参与管理（市民、专家等各界人士参与到规划中）及广域合作管理（设立广域规划机构及引入新的广域管理体系）；④确定资金投入的原则与方向。按照首尔要实现的愿景、核心主题、空间管理政策方向等，分阶段开展实施战略。考虑与上级规划、相关规划之间的整合性，以及正在实施的中长期政策等，设定优先顺序。通过各年度监测，定期审核和调整战略与政策资金投入的规模及优先顺序。

---

1. 据2010年的首尔统计年报，首尔市面积为605.96平方公里（人口为10 575 447人）、城中圈面积为5575平方公里（577 705人）、城北圈面积为17 108 平方公里（人口为3 351 170人）、西北圈面积为7119 平方公里（人口为1 227 260人）、西南圈面积为16 278 平方公里（人口为3 212 138人）、东南圈面积为14 516 平方公里（人口为2 207 174人）。

6.4.3 城市管理规划

城市管理规划是为开发、整顿及保护所管辖区域而制定的实施性规划，城市管理规划作为城市土地使用、建筑等开发行为的具体标准，具有约束居民财产权的功能，其主要内容包括：关于土地使用、交通、环境、景观、安全、产业、情报通信、福利保健、安保、文化等用地性质的用途地域、用途地区、用途区域[1]的分区规划；关于基础设施设置、整顿、改良的规划；与城市开发项目或整顿项目相关的规划；地区规划单位的指定、变更及地区单位规划；选址限制最小区域的指定、变更及规划等。

城市管理规划是广域城市规划及城市基本规划中提出的市/郡长期发展目标在空间上的具体化，属于为期10年的中期规划。制定城市管理规划是为了实现特别市、广域市、特别自治市、特别自治道、市或郡各种功能的和谐，创造舒适、安全的居民生活，实现市/郡的年度可持续发展目标。

1. 城市管理规划的制定标准

第一，规划编制需充分考量广域城市规划及城市基本规划提出的各项内容，考虑与其他个别项目规划的关系及城市的成长趋势。对于没有制定城市基本规划的市/郡，需要将年度市/郡长期发展构想及城市基本规划的相关内容包含在城市管理规划中。为了城市管理规划的有效实施，必要时可以限定特定地区或特定部门进行整顿。

第二，综合考虑城市、农村、渔村、山村地域的人口密度、土地使用的特征及周边环境等，根据地域特色设置不同的规划内容，基础设施布局规划、土地用途规划等应该将城市和农村、渔村、山村紧密联系起来。

第三，制定土地使用规划时，应考虑白天及晚上活动人口的规模、城市生长趋势等，从而设定与其相符的合理开发密度。以生活圈为单位合理划分空间单元，使各生活圈具备均衡的生活和便利设施。当首都圈内的人口集聚诱发设施迁到首都圈外地域时，要制定原来土地功能变迁后的使用规划。

第四，设施规划应考虑城市执行能力，配以适当的水平和标准。对于一些原有的城市设施应检查其设置现况及管理运行状况，审查规模不合理或不可行的设施以及没有必要保留的设施，通过设施的拆除或调整来激活土地的再次使用。

第五，事先探讨城市开发或基础设施设置等对环境的影响，提高规划与环境的有机联系，实现城市的健康和可持续发展。考虑绿地轴、生态界、山林、景观等自然环境及

---

1. 在韩国，根据《国土规划及利用法》，土地利用体系可以分为用途地域、用途地区、用途区域三类。具体定义和内容可参见第7章第1节"土地利用分类与空间类型划定"。

优良耕地等的保护。依据《灾难及安全管理基本法》提出市、道安全管理规划及市、郡、区安全管理规划，依据《自然灾害措施法》提出减少市、郡、区的气象灾害综合规划，使灾害发生可能造成的损失最小化。

2. 城市管理规划的编制及审批

城市管理规划是按照一定的法律程序和规定内容编制的规划类型。城市管理规划的负责人是首尔特别市市长、广域市市长、世宗特别自治市市长、济州特别自治道知事、市长及郡守等，按中央行政机关法律组织规划编制。居民可以向规划组织者提出城市管理规划中基础设施及地区单位规划等的相关意见，规划负责人在决定规划提案时需公布对这些意见的处理结果。

编制城市管理规划，要完成相应的规划图（比例通常为1:5000）和规划调查报告，并配以辅助性的规划说明书（基础调查结果、资金筹措方案、景观规划等）。制定的规划提案要进行14天以上的公示（在两家日报上刊登等），以征求公众和地方议会的意见，然后向审批者申请城市管理规划的批准（图6-13）。

城市管理规划一般由市、道知事或市长、郡守审批，除首尔特别市和广域市以外，人口在50万以上的大城市（以下称"大城市"）由该市市长（以下称"大城市市长"）直接批复。当市长或郡守负责地区单位规划区域的指定、变更和地区单位规划的制定、变更时，城市管理规划由该市市长或郡守直接决策。

此外，城市管理规划属于下述情况时，规划提案需交由国土交通部部长批复：①因国家行政干预的需要，由国土交通部部长负责组织的城市／郡管理规划；②涉及限制开发区域的指定及变更的城市管理规划；③涉及市街调整区域的指定及变更的城市管理规划；④涉及水产资源保护区域的指定及变更的城市管理规划；⑤涉及选址限制最小区域的城市管理规划，选址限制最小区域的指定及变更。

城市管理规划的决策者与相关行政机关协商决定提交的规划议案，由决策者所属城市规划委员会（地区单位规划是由城市规划委员会和建筑委员会的委员共同组成）通过审查公布城市管理规划的批复决定。城市管理规划的效力从规划图正式公布后开始生效。可见，城市管理规划的决策以合法的程序执行为基础，城市规划委员会对其进行审议以提高规划成果的合理性。城市规划委员包括隶属中央政府国土交通部的中央城市规划委员会和隶属广域及地方自治团体的地方城市规划委员会（图6-14、图6-15）。

对国土交通部部长负责的事项进行审议的中央城市规划委员会，由包括1名委员长、1名副委员长在内的25～30名成员组成。委员长、副委员长由国土交通部部长任命，审议会议需保证在职委员实际参加会议的人数超过一半以上，出席委员半数以上表决赞成时决议通过。

地方城市规划委员是属于广域地方自治团体的市 / 道城市规划委员会，通常由 25 人以上 30 人以下的委员组成。基层地方自治团体市 / 郡 / 区城市规划委员会则由 15 人以上 25 人以下的委员组成。会议组织召开及表决法定人数与中央城市规划委员会一致。

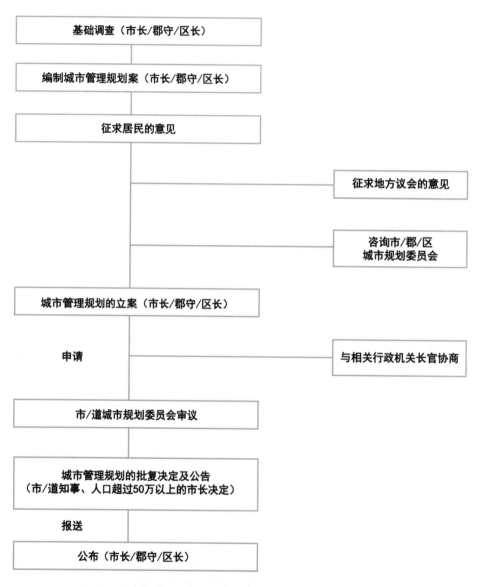

图 6-13　城市管理规划的立案及决定程序（基层政府[1] 长官负责立案）

1. 基层政府是指韩国的市、郡、区的政府机关。

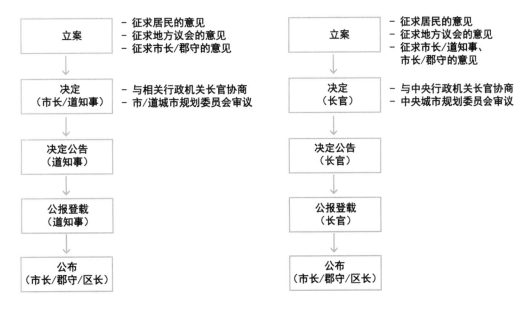

图 6-14　城市管理规划的组织及决定程序
（广域团体长官负责立案）

图 6-15　城市管理规划的组织及决定程序
（长官立案）

参考文献

[1] 大韩国土城市规划学会 . 城市规划论 [M]. 首尔：宝城阁，2009.

[2] 大韩国土城市规划学会 . 城市规划的理解 [M]. 首尔：宝城阁，2014.

[3] 大韩国土城市规划学会 . 土地使用规划论 [M]. 首尔：宝城阁，2008.

[4] 首尔特别市城市规划局 . 城市规划工作手册 [R]. 首尔：首尔市，2014.

[5] 首尔特别市城市规划局 . 地区单位规划编制标准 [R]. 首尔：首尔市，2014.

[6] 李正中 . 关于城市规划委员会的审议观点的研究 [D]. 首尔：首尔市立大学，2007.

[7] 首尔市 . 首尔城市规划沿革 [M]. 首尔：首尔市，2016.

[8] 首尔市 .2030 首尔城市基本规划：2030 首尔总体规划 [R]. 首尔：首尔市，2014.

[9] http://blog.naver.com/eunhae/130140467731.

[10] 韩国国土交通部 [EB/OL].http://www.molit.go.kr/portal.do.

[11] 韩国法制处 [EB/OL].http://www.moleg.go.kr/main.html.

城市管理规划

7.1 土地利用分类与空间类型划定

在韩国，根据《国土规划及利用法》，土地利用体系可以分为用途地域、用途地区和用途区域三类。

7.1.1 用途地域

用途地域制度是为了控制或规范土地利用，划分城市的土地用途，通过限制不符合使用目的的建筑行为及引导相符的建筑行为将城市内土地使用朝合理的方向引导。《国土规划及利用法》将用途地域划分为住宅地域、商业地域、工业地域、绿地地域四类，并对用途地域的详细划分及指定目的作出了规定（表 7-1）。其中，居住地域可以细分为专用居住地域、一般居住地域、准居住地域，而商业地域、工业地域、绿地地域不做详细细分，仅按照指定目的进行用途地域的划定。

以首尔市为例，2015 年首尔市 605.96 平方公里整体面积中，用途地域所占面积依次为居住地域 325.70 平方公里（53.8%）、绿地地域 234.61 平方公里（38.7%）、商业地域 25.31 平方公里（4.2%）、工业地域 19.98 平方公里（3.3%）。具体来看，居住地域 325.70 平方公里（53.8%）占整体用途地域的一半以上，一般居住地域为 307.02 平方公里，占居住地域的 94.3%，其中第 1 种一般居住地域 67.51 平方公里，第 2 种一般居住地域（7 层以下，包括 7 层）85.41 平方公里，第 2 种一般居住地域（7 层以上，不包括 7 层）[1]55.71 平方公里，

---

1. 根据《首尔特别市城市规划条例》，第2种一般居住地域建筑高度应低于7层（独立住宅小区）或12层（公寓小区）。

表 7-1　用途地域的分类及指定目的

种　　类		指定目的
居住地域	专用居住区地域	保护良好的居住环境
	第 1 种专用居住地域	保护以独立住宅为中心的良好居住环境
	第 2 种专用居住地域	保护以共同住宅为中心的良好居住环境
	一般居住地域	营建便利的居住环境
	第 1 种一般居住地域	营建低层住宅为中心的居住环境
	第 2 种一般居住地域	营建中层住宅为中心的居住环境
	第 3 种一般居住地域	营建中、高层住宅为中心的居住环境
	准居住地域	以居住功能为主，完善部分商业及办公功能
商业地域	中心商业地域	扩大城市中心 / 副中心的商业、办公功能
	一般商业地域	负责一般商业及办公功能
	邻里商业地域	供给邻里地区的日用品及服务
	流通商业地域	增进城市内及地区间流通功能
工业地域	专用工业地域	兼容重化工业、污染性工业等
	一般工业地域	不危害环境的工业的布置
	准工业地域	兼容轻工业及居住 / 商业 / 办公功能的完善
绿地地域	保护绿地地域	保护自然环境 / 景观 / 山林 / 绿地空间
	生产绿地地域	为了农业生产保留开发
	自然绿地地域	有必要保护的地域允许限制性开发

资料来源：《国土规划及利用法》施行令第 30 条。

第 3 种一般居住地域 98.39 平方公里。准居住地域占居住整体面积的 3.9%（12.94 平方公里）。商业地域 25.31 平方公里（4.2%）中一般商业地域占 89.3%（22.59 平方公里），流通商业地域占 6.1%（1.54 平方公里）、邻里商业地域占 3.2%（0.82 平方公里）、中心商业地域占 1.4%（0.3 平方公里）。准工业地域占首尔整体面积的约 3.3%（19.98 平方公里）。绿地地域为 234.61 平方公里，占首尔整体面积的 38.7%。其中大部分是自然绿地地域（约 233.48 平方公里，占整体绿地地域的 99.5%，生产绿地地域占 0.5%（1.06 平方公里），保护绿地地域为 0.07 平方公里（图 7-1）。

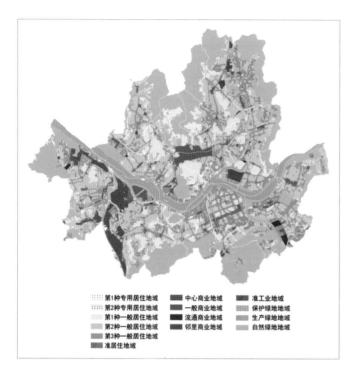

第1种专用居住地域　　　中心商业地域　　　准工业地域
第2种专用居住地域　　　一般商业地域　　　保护绿地地域
第1种一般居住地域　　　流通商业地域　　　生产绿地地域
第2种一般居住地域　　　邻里商业地域　　　自然绿地地域
第3种一般居住地域
准居住地域

图 7-1　首尔市用途地域指定现况

资料来源：参考文献 [7]

　　在划定用地类型之后，各地区会有相应的建筑标准，即诸如建筑用途、建筑覆盖率、容积率、层数等方面的规定。在《首尔特别市城市规划条例》中规定，这些建筑标准在法定许可范围内，可按地方自治团体的地域特色及环境条件灵活采用。土地利用规划需要考虑与空间结构、交通规划、基础设施布局规划、居住环境保护及景观塑造等相互之间的关系。需要基于市/郡的规模或市区特色进行编制，从而实现城市功能的高效运行、交通的高效处理、生活环境品质的提高等目标。

7.1.2 用途地区

　　为了积极反映地区特性，根据《国土规划及利用法》及其他相关法令，用途地区的类型包括景观地区、美观地区、高度地区、防火地区、防灾地区、保护地区、设施保护地区、村落地区、开发振兴地区和特定用途限制地区等（表 7-2）。其中景观地区、美观地区、高度地区、保护地区、设施保护地区、村落地区及开发振兴地区等按照其指定目的还可以细化。此外，《首尔特别市城市规划条例》中另外指定划分了"市界景观地区""景观视廊美观地区""文化地区"。防火地区、一部分美观地区等控制分区由《建筑法施行令》规定，其他大部分用途地区由城市规划条例规定，用途地区的大部分管理实施由地方自治团体负责。

表 7-2　用途地区分类及指定目的

类别	细 分	指 定 目 的	首尔市指定现况
景观地区	自然	自然景观的保护、城市自然风景的维持	
	水边	主要水系的水边自然景观的保护和维持	未指定
	市区	居住地域良好环境的营造和市区景观的保护	未指定
	市界	防止无秩序扩展及保护城市外围的良好住宅环境	
美观地区	市区	土地可用性较高地域的美观维持和管理	
	历史文化	文化遗产、保存价值较高建筑的美观维持和管理	
	景观视廊	确保城市形象及周边自然景观眺望及道路空间的开放感	
	一般	中心美观及历史文化美观以外地区的美观维持	
高度地区	最高	为保护城市环境和景观、防止过度密集规定最高限度	公共设施及城郭、北汉山、南山周边
	最低	为保护土地使用高度、城市景观规定最低限度	未指定
防火地区	—	预防火灾危险	市场、商业地区的干线道路旁
防灾地区	—	预防风灾、水灾、山体滑坡、坍塌及其他灾害	
保护地区	历史文化资源	保护和保存文化遗产或文化保护价值高的地域	未指定
	重要设施	保护和保存国防或安保上重要的设施	军事设施（金浦机场周边）相关地区
	生态界	保护和保存动植物栖息地生态保存价值高的地域	未指定
设施保护地区	学校	保护、维持学校教育环境	首尔大学及韩国陆军士官学校附近
	公用	保护公用设施、高效的公共办公功能	完善公共办公功能（汝矣岛）
	港口	高效的港口功能、港口设施的管理、运营	未指定
	机场	保护机场设施、飞机的安全航运	金浦国际机场
村落地区	自然村落	为了整顿绿地地域等的村落的地区	未指定
	村落群	为了整顿限制开发地域内的村落的地区	江东、钟路、城北、江南、瑞草、九老
开发振兴地区	居住区开发	以居住功能为中心的开发、整顿	未指定
	产业、流通开发	以工业及流通、物流功能为中心的开发、整顿	城东区
	观光、休闲开发	以观光、休闲功能为中心的开发、整顿	未指定
	综合开发	以上述两个以上功能为中心的开发、整顿	未指定
	特定开发	为了居住、工业、流通、物流及观光、休闲以外其他功能为中心的特定目的开发、整顿	钟路、麻浦、中区、中浪、永登浦区、瑞草区、东大门
特定用途限制地区	—	居住功能、以青少年保护为目的，限制特定设施选址	未指定
文化地区	—	历史文化资源的管理及保护、文化环境营建	仁寺洞、大学路附近

资料来源：参考文献 [7]。

现在首尔市共有 10 种用途地区，共指定 506 处，其中美观地区 324 处，数量最多
（图 7-2），其次是防火地区 107 处、村落地区 23 处、景观地区 22 处（图 7-3）、
高度地区 10 处、开发振兴地区 8 处、防灾地区 5 处、设施保护地区 4 处、文化地区 2 处、
保护地区 1 处。

图 7-2　首尔市美观地区指定现况
资料来源：参考文献 [7]

图 7-3　首尔市景观地区指定现况
资料来源：参考文献 [7]

7.1.3 用途区域

用途区域的类型包括限制开发地域、城市自然公园区域、城市化控制地域
（Urbanization Control Area）、水产资源保护区域、选址限制最小区域，各个地域中的

建筑标准等开发行为需遵循相关法律的规定。

各用途区域的指定具有不同的目的，限制开发地域是为了防止城市的无秩序扩散和保护城市周边地区自然环境；城市化控制地域是为了防止无秩序的城市化、规划阶段性城市开发；水产资源保护区域是为了保护、培育水产资源；城市自然公园区域是为了保护城市的自然环境及景观、为市民提供健全的休闲空间；选址限制最小区域是为了增进土地使用的综合性。

需要特别说明的是，在当前韩国城市规划模式转向"城市再生"和"城市综合开发"的特殊时期，指定"选址限制最小区域"主要是为了活化地区的开发建设，重点针对以下地域：①城市基本规划中确定的城市中心、城市副中心或生活圈中心等地域；②以火车站、客运站、港口、行政办公楼、文化设施等具有开发潜力的基础设施为中心，对其周边地域划定的需要集中整顿开发的地域；③位于拥有三个以上大众交通路线的交通节点 1000 米范围以内的地域；④依据《城市及居住环境整顿法》，老旧/不良建筑密集的居住地域或亟待整顿为工业地域的地域；⑤依据《激活及支援城市再生的特别法》，城市再生激活地域中确定为城市经济基础激活区的地域。

7.2 地区单位规划

地区单位规划（District Unit Planning）是以城市设计概念为依托的城市管理规划。虽然城市规划用长远的视角综合探讨城市整体发展，提出各地区的特性用途及密度等发展框架，但这并不是决定各地块而是关于街区单位管理的框架。这样一来，如果没有提出具体的地区环境营建指南，大部分地区只是在城市规划中提出了量化标准，没有充分考虑到建设的质量方面。微观的建筑规划是民间、公共等个别主体独立针对建筑功能、经济规模、建筑美观等开展的规划，如果该规划导致与周边地区不和谐的话，则会影响到地区的整体发展目标。因此，地区单位规划作为联系城市规划和建筑规划的中间规划，以法律上确立的特定区域为对象制定详细规划，是营造最佳城市环境和与该区域特性相符的建筑及景观规划指南的具体规划。

地区单位规划是为了城市规划及建筑规划的和谐衔接、土地使用的合理化及营建舒适便利的城市环境，其规划内容包括：用途地域或用途地区细化或变更事项；废除原来的用途地区，利用地区单位规划代替用途地区对建筑及用地类别和规模等的限制；基础设施的布置及其规模；被道路环绕的地域，为了有计划地开发整顿而划分的一部分土地的规模及营建规划；建筑物的用途限制，建筑物的建筑密度、容积率、高度的最高限度及最低限度；建筑的布置、形态、颜色、建筑红线等的规划；环境管理规划或景观规划；

交通处理规划；地下或空中空间内设置设施物的高度、深度、布置或规模；大门、墙或栅栏的形态或颜色；招牌的大小、形态、颜色或材质；无障碍设施等规划的服务设施；能源及资源节约和再利用的规划；生物栖息空间的保护、营建、连接，以及水和空气循环等的规划；文化遗产及历史文化环境保护的规划。

用途地域变更原则上可以变更居住地域、商业地域、工业地域、绿地地域内详细的内容，部分需要综合增进土地利用的地域和需要集中整顿的闲置土地等用途地域之间可以变更。此外，用途地区单位规划内决定的基础设施是有限的，城市层面的大规模或主要设施需要通过市／郡管理规划来决定。如果在编制地区单位规划中需要决定对城市整体有影响的设施时，在编制地区单位规划的同时市／郡管理规划也一起进行决定。关于用途地域、用途地区及基础设施的事项虽然由市／郡管理规划来决定，但是城市家具及建设用地地段的规模及营建规划、建筑物的用途限制、容积率、建筑密度、高度、布置、形态、色彩、建筑线、景观规划、交通处理规划等都由地区单位规划决定。而地区单位规划区域指定目的不同，其包括的规划事项也不同，按各个地区的实际情况增加或排除规划中包括的事项。

地区单位规划的一个主要内容是为维护与该地域的各种条件及特性相符的城市环境而提出各种建筑标准，例如，完善建筑物的用途、建筑密度、容积率、高度等以强化建筑标准（表 7-3）。在放宽建筑标准时，通常是为了在该用地内设置公共设施，并规划提出该用地或地区单位内公共设施设置所需的费用。具体的放宽量要根据法令规定给出的固定公式进行计算，这也适用于用地内私人营建的公共空间数量超过法令规定的义务营建面积时予以的建筑标准放宽。

表 7-3　各区域指定目的对应的地区单位规划的内容

区域类别	内　容
老城区整顿	基础设施；交通处理；建筑物的用途、建筑密度、容积率、高度等建筑物的规模；共同开发及合墙建筑；建筑物的布置及建筑线；景观
老城区管理	用途地域及用途地区；基础设施；交通处理；建筑物的用途、建筑密度、容积率、高度等建筑物的规模；共同开发及合墙建筑；建筑物的布置及建筑线；景观
老城区保护	建筑物的用途、建筑密度、容积率、高度等建筑物的规模；建筑物的布置及建筑线；建筑形态及色彩；景观
新市区开发	用途地域及用途地区；环境管理；基础设施；交通处理；城市家具及建设用地地段；建筑物的用途、建筑密度、容积率、高度等建筑物的规模；建筑物的布置及建筑线；建筑形态及色彩；景观
综合区域	各目的有对应的规划事项，其余的事项按照地区特性选择需要的事项

以 2015 年为准，首尔市指定的地区单位规划区域共 335 处，合计 77.15 平方公里（首尔整体面积为 605.96 平方公里，约占首尔整体面积的 12.8%），占市区面积（362 平方公里，绿地面积除外）的 21.3%。基于韩国全国划分的地区单位规划类型的同时考虑首尔市特性，通过事先协商、公共住宅首尔市地区单位规划类型可以划分为一般老城区管理、老城区再生、住宅开发地区管理、独立住宅保护及整顿、特色道路保护、准工业地域、轨道交通站点长期传贳房[1]、事前协商、建设公共住宅、住宅法议题、住宅开发促进法议题（表 7-4）。其中，一般老城区管理有 156 个区域，共 26.16 平方公里，在整个地区单位规划区域中所占比例最大（约占 34%），住宅开发促进法议题（约占 20%）从面积上来看所占比例排第二。从数量上来看，住宅法议题区域为 47 处，排名第二，但是因为大部分是通过居民提案建设的小规模共同住宅区，所以面积较小。

表 7-4　首尔市地区单位规划区域指定现况（截至 2015 年 12 月 31 日）

类　　型		区域数	面积（平方公里）
总数		335	77.15
老城区管理	合计	180	53.81
	一般管理	156	26.16
	老城区再生	12	14.10
	住宅开发地区管理	12	13.55
地区特性保护	合计	49	6.62
	独立住宅保护及整顿	32	2.41
	特色道路保护	17	4.21
规划开发	合计	106	16.72
	准工业地域	5	0.32
	轨道交通站点长期传贳房	2	0.03
	事前协商	1	0.02
	建设公共住宅	21	0.40
	住宅法议题	47	0.85
	住宅开发促进法议题	30	15.10

资料来源：参考文献［2］。

---

1. 参见第 19 章 "韩国 '传贳房' 运作机制"。

7.3 基础设施规划

7.3.1 基础设施规划的概念及设施分类

　　基础设施是指城市活动和日常生活中所需要的道路、公园、学校、垃圾处理设施等。依据《国土规划及利用法》，城市管理规划需要规划法律法规规定的各种基础设施（表7-5）。

　　城市规划设施的存在是为了营造舒适、便利的城市环境，它作为物质性设施，同时具有社会间接资本（Social Overhead Capital，SOC）的特性，是城市规划中必不可少的规划要素。城市规划设施作为个别设施或建筑位于特定区域内时，不仅关乎该地域的发展，也会对整个城市的发展产生极大的影响（表7-6）。《国土规划及利用法》决定的各项城市规划设施，依据《城市规划设施的决定结构及设置标准的条例》和《道路法》等个别法律进行设置及管理（表7-7）。

表 7-5　城市规划设施的分类（53 类设施）

类　　别	范　　围
交通设施（10类）	道路、铁道、港口、机场、（停车场）、汽车站、轨道、运河、汽车及建筑机械检验设备、汽车及建筑机械驾校
空间设施（5类）	广场、公园、绿地、游览地、公共空地
流通 / 供给设施（9类）	流通业务设备、供水设备、供电设备、供气设备、供热设备、广播通信设施、共同沟、市场、储油及输油设备
公共 / 文化体育设备（10类）	学校、（运动场）、政府办公大楼、文化设施、获得公共需求认可的体育设施、科研设施、公共职业培训设施、图书馆、社会福利设施、青少年培训设施
防灾设施（8类）	河流、水库、（坑塘），防火设备、防风设备、防水设备、防沙设备、防潮设备
保健卫生设施（7类）	（火化设施、公墓、骨灰堂设施），自然葬地、屠宰场、殡仪馆、综合医疗设施
环境基础设施（4类）	下水道、垃圾处理设施、水质污染防治设施、报废车场

表 7-6 城市规划设施与用地性质兼容关系

设施		专用居住		一般居住			准居住	商业地域				工业地域			绿地地域			管理地域			农林地域	自然环境
		1种	2种	1种	2种	3种	准居住	中心	一般	临近	流通	专用	一般	准	保护	生产	自然	规划	生产	保护	农林地域	自然环境
交通设施	铁道（火车站）	×	O	O	O	O	O	O	O	O	O	O	O	O	×	O	O	O	O	×	O	O
	汽车客运站/汽车运输业用公共停车场	×	×	×	×	×	O	O	O	×	O	×	×	O	×	×	O	×	×	×	×	×
	市内公交车运输业用汽车客运站	×	×	×	O	×	O	O	O	O	O	×	×	O	×	×	×	×	×	×	×	×
	市外/租赁公交车公共停车场（公交车）	×	×	×	×	×	O	O	O	O	O	×	×	O	×	×	×	×	×	×	×	×
	货运站/公用停车场（货运）	×	×	×	×	×	×	×	×	×	×	×	×	O	×	×	◑	×	×	×	×	×
	汽车及建筑机械检验设备	×	×	×	×	×	O	O	O	×	O	×	O	O	×	×	×	×	×	×	×	×
	汽车及建筑机械驾校	×	×	×	×	×	×	×	×	×	O	×	O	O	×	×	O	×	×	×	×	×
	综合换乘中心	×	O	×	×	×	O	O	O	O	O	O	O	O	×	O	O	×	×	×	O	O
空间设施	游览地	×	×	×	×	×	×	×	×	×	×	×	×	×	×	×	×	×	×	×	×	×
流通及供给设施	流通业务设备	×	×	×	×	×	O	O	O	O	O	×	O	O	×	×	◑	O	×	×	×	×
	供电设备	×	×	×	×	×	×	×	×	×	×	×	×	×	×	×	×	×	×	×	×	×
	供气设备	×	×	×	×	×	×	×	×	×	×	×	×	×	×	×	×	×	×	×	×	×
	市场（大型店铺除外）	×	×	×	×	×	O	O	O	O	O	×	×	×	×	×	O	×	×	×	×	×
	市场（大型店铺包含在内）	×	×	×	×	×	×	O	O	O	×	×	×	×	×	×	×	×	×	×	×	×
	储油及输油设备（管道除外）	×	×	×	×	×	×	×	×	×	×	×	×	×	×	×	×	×	×	×	×	×
	供热设备(热源设施)	×	O	×	O	×	×	×	×	×	×	×	×	×	×	×	×	×	×	×	×	×
公共文化设施	运动场	×	O	O	O	O	O	O	O	O	×	×	×	O	×	O	O	×	×	×	×	×
	青少年培训设施	×	O	O	O	O	O	O	O	O	×	×	×	×	×	×	O	×	×	×	×	×
	体育设施	◑	O	O	O	O	O	O	O	O	×	×	×	O	×	O	O	O	×	×	×	×

↘ 续表

设施		专用居住		一般居住			准居住	商业地域				工业地域			绿地地域			管理地域			农林地域	自然环境
		1种	2种	1种	2种	3种	居住	中心	一般	临近	流通	专用	一般	准	保护	生产	自然	规划	生产	保护		
保健卫生设施	殡仪馆	×	×	×	×	×	○	×	○	○	×	×	○	○	○	×	○	○	×	×	×	×
	屠宰场	×	×	×	×	×	×	×	×	×	×	○	○	×	×	×	○	○	×	×	×	×
	综合医疗设施	×	×	○	○	○	○	○	○	○	○	×	×	×	○	○	○	○	×	○	×	×
环境基础设施	垃圾处理设施	×	×	◐	◐	◐	○	×	◐	×	×	○	○	○	○	○	○	○	○	○	◐	○
	水质污染防治设施	×	×	×	×	×	×	×	×	×	×	○	○	○	○	○	○	○	○	○	×	○
	报废车场	×	×	×	×	×	×	×	×	○	○	○	○	○	○	×	○	○	○	○	×	×

注：×：不允许；◐：例外允许；○：选址允许。

表 7-7　与城市规划设施相关的个别法

市 / 郡规划设施（53类）		相 关 法 律
交通设施（10类）	道路	《高速国道法》《道路法》《城市交通整顿促进法》《激活自行车使用的法律》
	停车场	《停车场法》
	汽车站	《旅客汽车运输业法》《物流设施的开发及运营的法律》《货物汽车运输业法》《海运法》《国家整体交通系统有效化法》
	铁道	《铁道建设法》《城市铁道法》《韩国铁道设施工业区法》《韩国铁道工程法》
	轨道	《轨道运输法》
	运河	—
	港口	《港口法》《渔村 / 渔港法》《码头的营建及管理的法律》
	机场	《航空法》
	汽车及建设机械检验装置	《汽车管理法》《建设机械管理法》
	场（厂）内专用机动车辆驾校	《道路交通法》《驾校的设立、运营及业余补习的法律》
空间设施（5类）	广场	—
	公园、绿地	《城市公园及绿地等的法律》
	游览地	《振兴观光法》
	公共空地	—
流通 / 供给设施（9类）	市场	《流通产业发展法》《农水产品流通及价格稳定法》《畜产法》
	流通业务设备	《流通产业发展法》《汽车管理法》《物流设施的开发及运营的法律》《畜产物卫生处理法》《农水产品流通及价格安全的法律》《旅客汽车运输产业法》《铁道法》《港口法》
	供水设施	《上下水道法》

市/郡规划设施（53类）		相关法律
流通/供给设施（9类）	共同沟	《消防设施设置维持及安全管理的法律》
	供电设备	《电力产业法》《新能源及再生能源开发使用普及促进法》
	供气设备	《压缩煤气安全管理法》《城市煤气产业法》《液化石油气的安全管理法及产业法》
	油料储备及输油设施	《石油及石油替代燃料产业法》《输油管安全管理法》《危险物安全管理法》
	供热设备	《集体能源项目法》
	广播通信设施	《电力通信项目法》《传播法》《广播法》
公共/文化体育设施（10类）	运动场	《体育设施的设置使用的法律》
	政府办公大楼	—
	学校	《幼儿教育法》《初/中等教育法》《高等教育法》《经济自由区域及济州国际自由城市的外国教育机关的创办及运营特别法》
	图书馆	《图书馆法》
	科研设施	—
	文化设施	《公演法》《博物馆及美术馆振兴法》《地方文化源振兴法》《文化艺术振兴法》《文化产业振兴基本法》《科技馆支助法》
	社会福利设施	《社会福利产业法》
	公共职业培训设施	《劳动者职业技能开发法》
	青少年培训设施	《青少年活动振兴法》
	体育设施	《体育设施的设置使用的法律》
防灾设施（8类）	河流	《河流法》《小河流整顿法》
	水库	《河流法》《建设堤坝及周边地区支援等的法律》
	防风设备	—
	防水设备	《河流法》《小河流整顿法》《下水道法》
	防火设备	《消防设施设置维持及安全管理法》
	防沙设备	《防沙项目法》
	防潮设备	《港口法》《渔村及渔港法》《防潮堤管理法》
	坑塘	—
保健卫生设施（7类）	屠宰场	《畜产品卫生管理法》
	公墓、火化设施、殡仪馆、骨灰堂设施、自然葬地	《安葬等的法律》
环境基础设施（4类）	下水道	《下水道法》
	垃圾处理设施	《垃圾管理法》《促进资源节约及再利用的法律》《促进建筑垃圾再利用的法律》
	水质污染防治设施	《保护水质及水生态系统的法律》《下水道法》《家畜粪便的使用及管理的法律》《矿山灾害防止及恢复的法律》《煤炭产业法》
	报废车场	《机动车管理法》

7.3.2 城市规划设施用地的混合开发

在地上、水上、空中、水中或地下设基础设施时，设施的种类、名称、位置、规模等要经城市管理规划事先决定。对于绝大部分城市规划设施用地，用地内禁止各种不属于城市规划设施的开发行为（如建造其他建筑物、构造物等）。但是，依据以下情况综合确定的城市规划设施用地，可同时设置城市规划设施及非城市规划设施（表 7-8）。

①叠加决定：为了土地的合理使用，在必要的情况下，两个以上的城市规划设施可以批准建设在同一片用地上。在这种情况下，必须确保各种城市规划设施的使用不会相互排斥和影响，并考虑未来设施扩张的可能性。

②立体决定：为了保证城市规划设施所在地域的合理使用，必要时可以只将城市规划设施用地的一部分划分出来建设城市规划设施。在这种情况下，需要充分考虑该城市规划设施的保护、未来扩张的可能性、周边的城市规划设施建设等，以确保所需空间满足需要。建设的城市规划设施若为立体式设施时，应事先与土地所有人、土地所有权之外的权利所有人，以及土地上物体所有权之外的权利所有人，共同协商地上权利划分的办法或搬迁策略等。

③空间范围决定：划定一定的地上、水上、空中、水中或地下空间范围，并决定其中的城市规划设施建设。在不影响其城市规划设施的建设、使用或未来扩张的基础上，可以将不属于城市规划设施的建筑物或构造物设在该城市规划设施的用地内。城市规划设施用地的综合使用是为了提高城市土地利用的效率，同时促使城市规划设施建设在用地征用中，投入的公共预算及私有财产最小化而采取的法律措施。

根据《国土规划及利用法》，如果在设置经城市管理规划决定的城市规划设施时需要征用个人所有的私有土地，规划编制者应在规划说明书内附加资金筹集方案，并在设施设置的过程中和编制预算的各阶段执行规划。需征用土地的所有权在原所有者得到合理赔偿的前提下归政府或项目执行者所有。

表 7-8　城市规划设施用地的综合使用

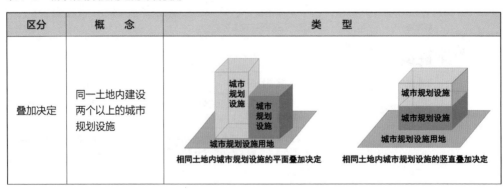

区分	概　念	类　型
立体决定	只划分出城市规划设施内的一部分空间来建设城市规划设施	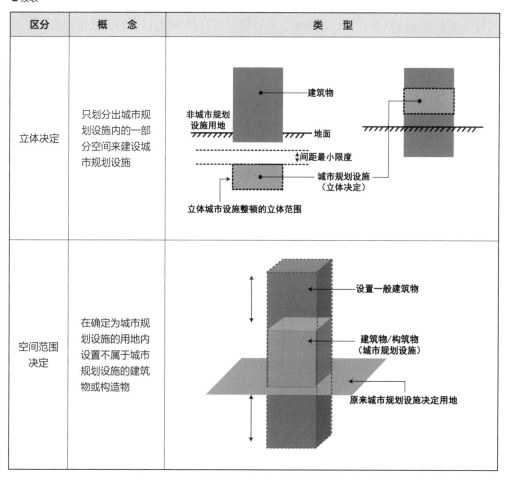
空间范围决定	在确定为城市规划设施的用地内设置不属于城市规划设施的建筑物或构造物	

7.4 城市开发项目和整顿项目规划

　　城市开发和整顿针对特定的地区，可以划分为新市区开发营造和老城区不良环境改善整备两类。在韩国，新市区的城市开发项目和老城区的整顿项目是十分具有代表性的城市规划项目类型。《国土规划及利用法》对城市开发项目和整顿项目进行了具体的定义。城市开发项目适用《城市开发法》，整顿项目适用《城市及住宅环境整顿法》——包括整顿新市区的城市环境整顿项目、改造不良住宅地域的住宅再开发整顿项目、整顿原公寓等共同住宅的住宅重建整顿项目。

7.4.1 城市开发项目（Urban Development Project）

　　城市开发项目是指依据《城市开发法》，为了营建具有住宅、商业、产业、流通、信息通信、生态、文化、保健及福利等功能的小区或市区而施行的项目。城市开发区域的指定者是首尔特别市长、广域市长、道知事、人口在 50 万以上的大城市市长。开发区域的指定面积如下：在城市地域内时，住宅地域及商业地域大于 1 万平方米、工业地域大于 3 万平方米、自然绿地地域大于 1 万平方米、生产绿地地域（只适用于生产绿地地域小于城市开发区域指定面积 30% 时）大于 1 万平方米；城市地域外的其他地域大于 30 万平方米，在规划建设《建筑法施行令》附录上共同住宅中的公寓或低层住宅时，要大于 20 万平方米。

城市开发区域的指定者应编制城市开发项目的开发规划，主要内容包括：城市开发区域的名称、位置及面积；城市开发区域的指定目的及城市开发项目的实施期限；城市开发区域划分为两个以上项目实施区，或将不在一起的两个以上地区合并为一个区域，在实施城市开发项目时，关于其划分或合并的事项；关于城市开发项目执行者的事项；城市开发项目的施行方式；人口容量规划；土地使用规划；原始土地作为供应对象的土地及开发方向；交通处理规划；环境保护规划；保健医疗设施及福利设施的设施规划；道路、上下水道等主要基础设施的设置规划；筹资规划；应在城市开发区域外的地域内设置基础设施的情况，设置设施所需费用承担的情况；关于征用、使用的土地／建筑或土地上物体的所有权以外的权利、采矿权、捕捞权、水使用权的详细列表；租赁住宅建筑规划等承租方等的住宅及生活安全对策；需要循环开发等分阶段促进项目中的项目促进规划；学校设施规划；文化遗产保护规划；宽带信息通信网规划；共同沟等地下设施物规划；原有建筑物及构筑物等保留规划；产业招商及行业布置规划；城市开发区域外的基础设施规划；集体能源供给规划；展馆／剧场等文化设施规划；幼儿园规划；营建低碳绿色城市的规划；有关容积率及人口容量等的开发密度规划。

城市开发区域的指定者或提案者可以对所指定的项目地区进行调查，调查内容包括土地、建筑物、构筑物、住宅及生活实况、住房需求、人口变动情况及趋势、土地使用、障碍物及各种开发项目现况、周边地域的交通现况、风水灾害、泥石流、地面崩塌及其他灾害发生的频次及现况、城市基本规划／广域城市规划等上位规划等，其中也包括了城市开发区域的名称、位置及面积、城市开发区域的指定目的、城市开发项目的施行方式、关于执行人的事项、大致的人口容量规划、大致的土地使用规划。

在已经制定广域城市规划或城市基本规划的地域内编制城市开发规划时，开发规划的内容应与相关广域城市规划或城市基本规划相符；编制面积规模大于 330 万平方米的城市开发区域的开发规划时，应该尽量实现该区域内的住宅、生产、教育、流通、娱乐等功能之间的和谐（图 7-4）。

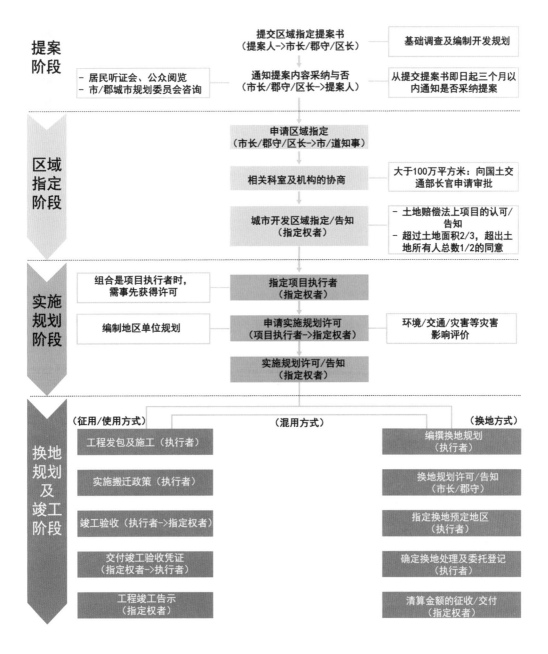

图 7-4　城市开发项目施行程序

　　指定者在指定城市开发区域时，应通过公示或听证会来征求公众或相关专家等的意见，在认可他们提出的意见之后应予以采纳。城市开发区域在与相关机关协商后，经指定者所属的城市规划委员会审查后应予以证实认定。经法律程序指定的城市开发区域，如从其公布日开始三年以内未申请实施规划许可或区域指定后两年（面积大于330万平方米时五年）以内未编制开发规划时，其区域可视为自动解除。

7.4.2 城市整顿项目（Urban Renewal Project）

城市整顿项目是指为了恢复城市功能、有计划地整顿不良居住区、有效改善老旧/不良的建筑物，将一定领域依据《城市及住宅环境整顿法》指定为整顿区域，通过规划来优化城市功能、完善基础设施、改良或建设住宅等建筑物来提高居民生活品质的项目，包括：①居住环境改善项目：为了改善城市低收入居民的集体居住地域中极度恶劣的基础设施，或老化/不良建筑物过度密集地域的居住环境而施行的项目；②住宅再开发项目：为了改善极度恶劣的基础设施或老化/不良建筑物密集地域内的居住环境而施行的项目；③住宅重建项目：为了改善基础设施良好，但老化/不良建筑物过度密集地域而施行的项目；④城市环境整顿项目：商业地域/工业地域等需要有效使用土地、恢复城市中心或副城心等城市功能，或激活商圈等地域内城市环境改善而施行的项目；⑤居住环境管理项目：单独住宅及多户型住宅等密集的地域内，为保护、整顿或改良居住环境，通过整顿基础设施及扩充公用设施而施行的项目；⑥街道住宅整顿项目：老化/不良建筑物密集的街道区域内，为了在维持原有道路的同时小规模改善居住环境而施行的项目。

上述项目中，实施最多的项目主要有住宅再开发、住宅重建整顿项目和城市环境整顿项目。国土交通部部长为了改善城市及住宅环境，应每十年发布一次城市及住宅环境整顿基本方针，每五年探讨一次其可行性，并将其结果反映到基本方针内。城市及居住环境基本方针包括了城市及居住环境整顿的国家政策方向、城市及居住环境整顿基本规划的发展方向、老化/不良居住区调查及规划的修编、城市及居住环境改善所需要的财政支援规划等。

为了整顿项目可以按照《城市及居住环境整顿法》实施，该整顿区域所在地区的地方自治小组组长（道知事、郡守除外）应为整顿项目用地编制相应的《城市及居住环境整顿基本规划》。地方自治团体的最高领导人在编制基本规划时应通过14天的公示，或听取地方议会的意见和通过地方城市规划委员会审议[1]（图7-5）。

《整顿基本规划》的编制以十年为一期，每五年探讨一次其可行性。规划的主要内容包括：整顿项目的基本方向、整顿项目的规划期限、人口/建筑物/土地使用/整顿基础设施/地形及环境等现况、居住区管理规划、土地使用规划/整顿基础设施

---

1. 如果不是人口在50万以上的大城市，而是"市"时，应由道知事审批。

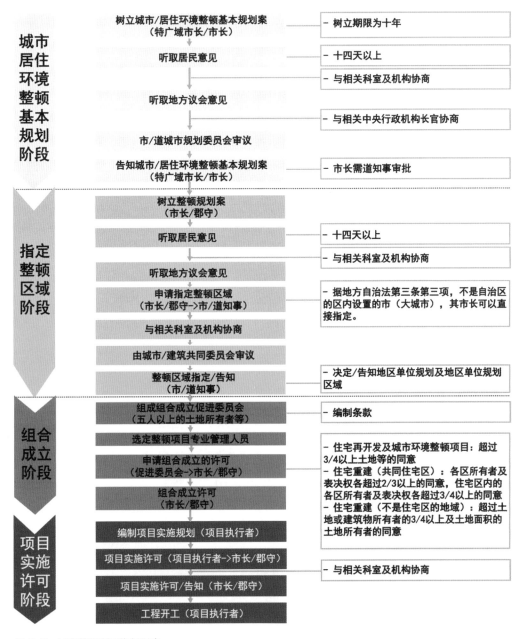

图7-5 城市整顿项目施行程序

规划／公用设施设置规划及交通规划、关于绿地／造景／能源供给／垃圾处理等的环境规划、社会福利设施及居民文化设施等的设置规划、提出城市空间结构重整的基本方向、预期整顿区域的大致范围、各阶段整顿项目促进规划（各预期整顿区域整顿规划的编制时期包含在内）、建筑密度／容积率等建筑物的密度规划、承租方的住房安全对策、与城市管理/住宅/交通政策等城市管理规划相关的城市整顿基本方向、城市整顿的目标、激活城市中心的功能及防止城市中心扩张的方案、历史遗迹及传统建筑物的保存规划、各类型整顿项目中公共及私营部门的角色、为了整顿项目施行所需资金的筹措等。

　　整顿规划中的"整顿基础设施"包括道路、上下水道、公园、公共停车场、共同沟、绿地、河流、公共空地、消防用水设施、紧急疏散设施、供气设施等;"公用使用设施"包括共同使用的商店、洗衣店、卫生间、管道、托儿所、幼儿园、敬老院、老幼设施等。居民也可以向市长、郡守、区长提议指定整顿区域。该情况在得到土地等所有者的同意后,提交建议书,其中需附上整顿规划书、规划说明书等文件。整顿区域通过地方城市规划委员会审议指定,履行法律程序指定公告的整顿区域(包括决定整顿规划)被视为是地区单位规划区域,由地区单位规划引导开发。原则上整顿区域的最小面积应大于1万平方米,限制整顿区域内的建筑物建设、构筑物设施、土地形态和性质变更、土石开采、土地分管、物体堆放等行为。

| 参考文献 |

[1] http://urban.seoul.go.kr/4DUPIS/sub1/sub1_2_1.jsp.

[2] 首尔市.首尔城市规划沿革[M].首尔:首尔市,2016.

[3] 大韩国土城市规划学会.城市规划论[M].首尔:宝城阁,2009.

[4] 大韩国土城市规划学会.城市规划的理解[M].首尔:宝城阁,2014.

[5] 大韩国土城市规划学会.土地使用规划论[M].首尔:宝城阁,2008.

[6] 首尔市城市规划局.城市规划工作手册[R].首尔:首尔市,2014.

[7] 首尔市城市规划局.地区单位规划编制标准[R].首尔:首尔市,2014.

[8] 李正中.关于城市规划委员会的审议观点的研究[D].首尔:首尔市立大学,2007.

景观法规与景观规划

第 8 章

8.1《景观法》的编制背景

当前，旨在提高生活水平和实现人生价值的城市规划模式备受关注，与此同时市民对美丽舒适的环境的关心和需求也日渐增加。为了应对这样的时代发展趋势和社会的要求，结合各城市固有的特性，利用景观资源创造城市景观变得尤为重要，此举在确保城市竞争力的同时，起到了激活地区经济的作用。韩国在 2000 年之后为了对景观进行体系化的管理，不仅编制了相关的法规制度，同时开展了各种与景观相关的项目。2007 年 5 月提出了对整体的国土景观进行体系化管理的综合性制度《景观法》。在编制《景观法》之前，涉及城市景观的法律主要有《国土规划及利用法》《建筑法》《自然环境保护法》《户外广告物等管理法》《农渔业 / 农渔村及食品产业基本法》《提高农林渔从业人员的生活品质及促进农村、山村、渔村地域的开发的特别法》等（图 8-1）。这也反映出城市景观一直由国土海洋部、文化体育观光部、环境部、行政安全部、农林水产食品部等多个部门分别管理。

2000 年之后，政府开始出台政策以管理景观，并在 2000 年修订《城市规划法》和 2002 年编制《国土规划及利用法》的过程中，新设了包括基本原则和城市规划内容在内的项目和编制管理方案，提高了景观的价值及地位。《国土规划及利用法》包含了广域城市规划、城市基本规划、城市管理规划所涉及的景观规划，指定了景观地区并对其进行管理。

在 2004 年 3 月 5 日编制的《提高农林渔从业人员的生活品质及促进农村、山村、渔村地域的开发的特别法》中，政府提出了

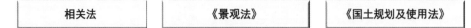

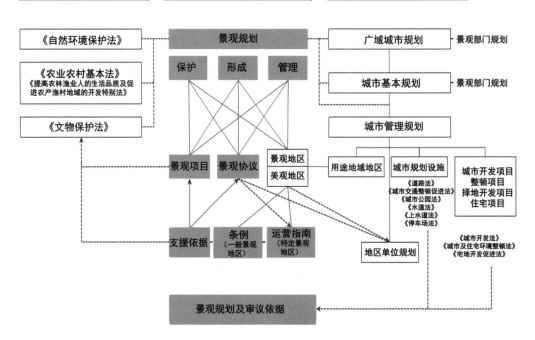

图 8-1 《景观法》与相关法律体系之间的关系

资料来源：参考文献［2］

要增加农林渔从业人员的福利，改善农村、山村、渔村的教育条件并促进地区开发，要求每五年编制提高农林渔从业人员的生活品质及促进农村、山村、渔村地区开发的基本规划，其中也包含了自然环境及景观保护的事项。为了提高自然环境的重要性及更好地保护自然环境，2004 年 12 月 31 日修订的《自然环境保护法》完善了相关制度并引入了自然景观影响审议制度。这一时期还制定了关于景观的指南及条例并重新梳理了有关景观管理的相关制度。

但是，此类法规制度的法律地位相对较弱，所以很难确保对景观项目及活动的支援及实施，不能完全凸显景观的价值及重要性。在这样的背景下，建设交通部（现国土交通部）于 2007 年 5 月颁布了《景观法》，同年 11 月 18 日起正式生效。《景观法》实施后，韩国国内各地纷纷开始建立并编制包括景观规划在内，涉及景观项目实施、景观条例制定的规划和政策，人们对景观管理的认识和关注都有所增加。

结合《景观法》制定及实施期间积累的众多经验和案例，政府于 2014 年对该法进行了修订。新修订的《景观法》回应了景观政策执行中出现的问题。《景观法》的主要内容包括：编制"景观政策基本规划"，实现景观系统的管理；市/道或人口超过10万的市/郡必须编制景观规划，扩大景观管理的范围并确保其实效性。为了实现更有效且体系化的景观管理，政府在制定和修订与景观相关的法律及管理政策的同时，协助相关专家、地方自治团体、研究机关、市民团体组织与该主题相关的研究和活动，鼓励市民参与其中，努力探索长期且可持续的景观管理方案。

作为城市管理的重要对象，景观管理涉及的内容和范围更广、种类更多，并且伴随时代的发展趋势和地域特性而变化，因此过去相对传统的管理手段和硬性的运营方式已经过时。景观管理应该结合景观政策执行主体和参与者的特性和标准，不仅做到符合项目目的与地区特性，而且能与实施过程和方法相协调。此外，可持续的监督管理、信息共享及方案修订等方式也十分重要。

8.2 《景观法》的内容与特性

2013年8月6日政府修订了《景观法》，自2014年2月7日开始实施。《景观法》由7章34条组成。基于《景观法》及施行令，结合各地方自治团体的条件和特性，也出台了相关地方条例[1]。在《景观法》制定之前，多数地方按其所需自发编制及实施相关条例。但是因为缺乏法律依据，项目的实施情况很难得到保证。

《景观法》及施行令决定了景观规划的指导方向、规划体系等事项。地方自治团体在具体编制景观规划时需要参考景观规划相关指南。编制指南详细提出了各类景观规划编制过程中应考虑的内容、程序、事项等。其中，第7章对实施规划的具体内容有所涉及，包括：指定提案地域、地区、区域等，编制及修订景观条例，依据地区单位规划等相关规划进行管理，实施景观项目，使用及实施景观协议方案，实施与景观管理执行组织及行政体系相关的事宜，编制各阶段项目规划及预算、财政规划等（表8-1）。

---

1. 通过地方条例委任的事项包含第2章景观规划内关于景观规划编制计划书处理程序（法第7条，令第2条），关于景观保护、管理、形成的事项（法第8条，令第6条）。第3章在景观项目内委任为条例的内容包括：景观项目项目计划书内容（法第13条，令第8条）、关于景观项目促进委员会各自运营及业务等所需要的事项（法第14条）、关于景观项目财政支援及监督的详细事项（法第15条，令第9条）。第4章景观协定内委任为条例的事项包括：景观协定缔结者对象（法第16条，令第10条）、景观协定书内容（法第16条，令第11条）、景观协定运营会申报事项（法第17条，令第12条）。第5章景观委员会内委任为条例的内容包括：景观协定项目规划书内容（法第22条，令第15条）、与景观相关的委员会（法第23条，令第16条）、共同委员会运营所需事项（法第23条，令第17条）、景观委员会审议对象（法第24条，令第18条）、景观委员会委任委员（法第25条，令第19条）、关于景观委员会构成及运营的事项（法第25条，令第19条）。

表 8-1 《景观法》规划编制指南的构成及内容

章	节
第一章　总则	第一节　指南的目的 第二节　景观规划的地位及特性 第三节　法律依据 第四节　规划编制对象地域及编制程序 第五节　景观规划的类型
第二章　景观规划的内容及编制原则	第一节　景观规划的内容 第二节　景观规划编制的基本原则
第三章　景观规划的编制程序	第一节　景观规划的立案 第二节　听取居民等意见
第四章　道的景观规划	第一节　景观规划的概要 第二节　景观现况调查及分析 第三节　景观基本构想 第四节　景观基本规划 第五节　景观各部门规划 第六节　实施规划
第五章　市 / 郡的景观规划	第一节　景观规划的概要 第二节　景观现况调查及分析 第三节　景观基本构想 第四节　景观基本规划 第五节　景观方针 第六节　实施规划
第六章　特定景观规划	第一节　特定景观规划的概要 第二节　特定景观规划的景观资源调查及分析 第三节　特定景观规划的基本构想 第四节　特定景观规划的编制 第五节　特定景观规划的景观设计指南 第六节　实施规划
第七章　实施规划	第一节　实施规划的特性及内容范围 第二节　景观相关地域、地区、区域等的适用方案 第三节　景观条例的制定及修订提案 第四节　与地区单位规划等相关规划相关的方案 第五节　关于景观项目促进的事项 第六节　关于景观协议的适用及运营的事项 第七节　关于景观咨询及审议的事项 第八节　制定各阶段促进规划 第九节　制定预算规划 第十节　关于景观管理实施组织及实施体系的事项
第八章　编制图册	第一节　规格及编制标准 第二节　图纸的编制水准
第九章　行政事项	—

　　针对过去各地方个别法律各自为政的情况，《景观法》旨在实现整体性及体系化的景观资源管理。相比过去以强制性规定为主导的法律，《景观法》更强调注重不同类型

的景观资源的内容及特性，实现高效管理。正如《景观法》中的目标所述，要摆脱整齐划一及强制性的管理方式，充分考虑地域环境特性和不同类型的城市景观管理、形成及运用情况。依据景观相关法，现在韩国的景观管理方式可划分为六类（表8-2）。

表8-2 依据景观相关法律的景观管理类型

	类　　型	相关法律及内容
1	依据规划的景观管理	据《国土规划及利用法》编制的《广域城市规划》《城市基本规划》《城市管理规划》等有关景观事项的规划；据《自然环境保护法》中关于各市/道条例编制的与景观相关的规划；依据《景观法》编制的景观规划等
2	依据地域/地区指定的景观管理	依据《国土规划及利用法》《文物保护法》《自然环境保护法》以及与景观相关的地区/地域等规定，对建筑物选址及行为的规定
3	依据审议的景观管理	部分地方自治团体通过建筑审议等对有关景观的内容进行审议，依据《自然环境保护法》实施自然景观影响磋商制度
4	与开发项目相关的景观管理	在实施城市开发项目、宅地开发项目、城市环境整顿项目、河流整顿项目、历史地区环境整顿项目等中，考虑与景观相关的内容
5	依据支持/引导进行景观管理	农林水产食品部的景观保护补偿制度，对与景观保护或景观形成相关项目施行各种财政补助及支持
6	与个别设施相关的景观管理	依据《建筑法》《户外广告物等管理法》，对建筑和户外广告牌等组成景观的主要要素进行管理

资料来源：参考文献[2]。

从《景观法》的特性来看，第一，《国土规划及利用法》规定了将涉及景观的规划分别纳入广域城市规划、城市基本规划、城市管理规划等，通过美观地区、景观地区、高度地区等用途地区的指定来管理景观的相关事宜。关于自然景观，《自然环境保护法》中的自然环境保护基本规划包含了有关自然景观的保护及管理事宜，并且规定了影响自然景观的开发项目及保护方案等的审议事宜。《自然公园法》《城市公园及绿地等的法律》也为了对各公园及景观进行管理而编制了相关规划，并采取指定地域及地区等方式加以管理。《提高农林渔从业人员的生活品质及促进农村、山村、渔村地域的开发的特别法》也规定了在编制规划时，应考虑农村、山村、渔村的自然景观及景观保护的事宜。

第二，在建筑物的景观管理方面，根据《建筑基本法》编制的建筑政策基本规划规定了通过统一的建筑设计提高城市景观。《建筑法》则指定了特别建筑区域，提出建设和谐及具有创意的建筑物。

第三，编制或成立景观规划、景观项目、景观协议、景观委员会等。其中，《国土规划及利用法》规定了实施景观地区及美观地区。为确保实质有效的景观管理，政府结合各种法律中已提出的或在施行中的相关规划，调整了审议等级的设定和关系。

第四，《国土规划及利用法》规定可以按照规划的目的、内容范围、规划水准，自主编制基本景观规划或特定景观规划。各地方自治团体可以根据地域内存在的景观资源类型和特性，选择性地制定地方自治团体的运营目标及与战略相符的景观规划。

第五，相对于以往强制性的规定来说，景观管理更侧重于鼓励。景观资源管理方式如果完全统一或制约性过强时，可能会对市民财产权构成侵害或引发纠纷，所以在提出最佳方向之后，应通过鼓励的方式实现自治规划的编制及项目活动的开展。对于需要制约的部分，应避免与原有的法律体系发生冲突，应结合其他法律规定实现景观政策的统一。

最后，鼓励地域居民自发积极地参与。在相关项目方案编制阶段，为了汇聚每个人的力量，提出关于缔结景观协议和成立、开展及支援景观协议运营会等事项。这是施行景观项目及景观营建中最重要和必要的环节，也是事后维护管理的重要工具。

8.3 城市景观规划的类型

景观规划作为地方自治团体的自治法定规划，一方面提出保护地域自然景观及历史文化景观、城市、农村、山村、渔村景观，完善及恢复受损景观；另一方面为了创建具有特色的新景观，编制具体的政策方向、基本构想及规划并提出相应的实施方案等。根据国土交通部制定的景观规划编制指南，此类景观规划作为景观保护、管理及形成的手段，包含了景观项目、景观协议、景观审议、景观条例以及行政、技术、财政支援等内容，也包含了以鼓励为主的景观管理办法等内容。景观规划根据规划目的、内容范围、规划水准、编制主体，可以划分为道景观规划、市/郡景观规划、特定景观规划三类（表8-3）。

表8-3　景观规划的类型

区分	类　　型	内　　容
1	道景观规划	提出道管辖区域整体景观规划的目标；明确主要景观区域、景观轴、景观中心等；通过编制景观规划的基本方向和方针，实现景观的有效保护与管理
2	市/郡景观规划	提出关于市（特别市/广域市及特别自治市包含在内）/道管辖区域整体景观规划的基本方向；针对具体场所提出落实景观保护、管理及形成的规划
3	特定景观规划	针对管辖地域的特定景观类型（山林、滨水、道路、农村、山村、渔村、历史文化遗迹、城市等）或针对特定的景观要素（夜景、色彩、户外广告物、公共设施等）提出景观的保护/管理，形成有关规划及实施方案

8.4 案例研究：首尔特别市景观规划

首尔市是一座四面环山、怀抱河川的自然与历史共存的城市，也是一个充满活力的现代化城市（图 8-2）。为了恢复在首尔城市化及产业化过程中受损的自然、历史、文化城市景观，使具有首尔特色的城市景观得到持续性的保护，首尔市政府于 20 世纪 90 年代中期编制了管理城市整体景观和汉江周边景观的规划。进入 2000 年后又编制了关于城市内主要山脉、河流、汉江等景观要素的规划和《首尔市景观管理基本规划》（2005）。包括《城市基本规划》在内的相关规划大多涉及景观规划的具体内容，但是具体的实施方案存在局限性。以 2007 年编制的《景观法》为依据，首尔市编制的景观规划包括《首尔特别市基本景观规划》（2009），及其指导下的《市区景观规划》（2009）、《夜间景观规划》（2009）、《自然绿地景观规划》（2010）、《滨水景观规划》（2010）、《历史文化景观规划》（2010）五个特定规划。

图 8-2　首尔特别市的城市夜景

资料来源：参考文献［11］

《首尔特别市基本景观规划》（图 8-3）是依据《景观法》编制的法定规划，综合探讨了与景观相关的各种规划要点，内容包含规划的实施方案及实施综合规划。

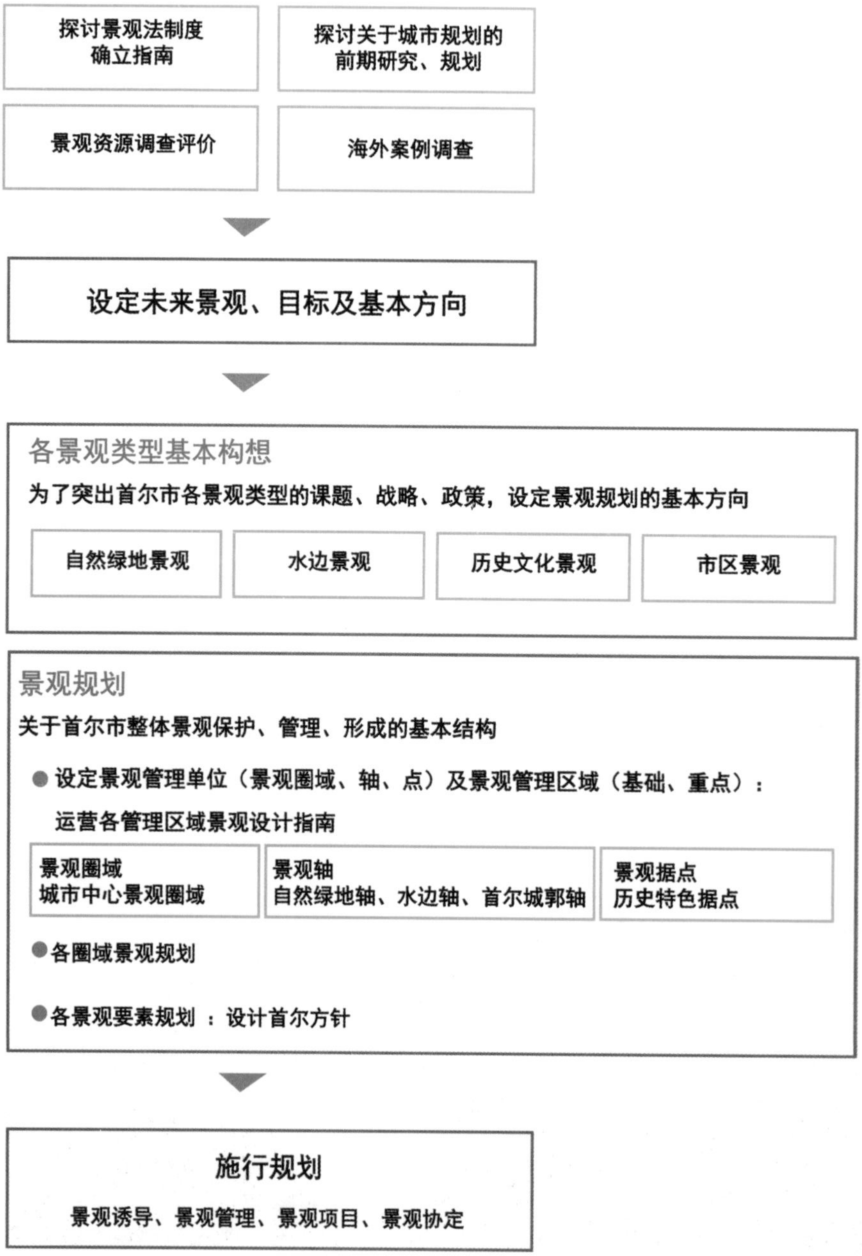

探讨景观法制度 确立指南	探讨关于城市规划的 前期研究、规划
景观资源调查评价	海外案例调查

设定未来景观、目标及基本方向

各景观类型基本构想

为了突出首尔市各景观类型的课题、战略、政策，设定景观规划的基本方向

自然绿地景观	水边景观	历史文化景观	市区景观

景观规划

关于首尔市整体景观保护、管理、形成的基本结构

● 设定景观管理单位（景观圈域、轴、点）及景观管理区域（基础、重点）：

　运营各管理区域景观设计指南

景观圈域 城市中心景观圈域	景观轴 自然绿地轴、水边轴、首尔城郭轴	景观据点 历史特色据点

●各圈域景观规划

●各景观要素规划：设计首尔方针

施行规划

景观诱导、景观管理、景观项目、景观协定

图 8-3　《首尔特别市基本景观规划》的框架

资料来源：参考文献 [3]

　　在基本景观规划中，首尔市将其未来景观定位为"散发 600 年古都气息，与自然和谐共存，美丽且富有魅力的首尔"，其主要目标是"环境友好城市、历史文化城市、设计城市"（表 8-4）。

表 8-4 《首尔特别市基本景观规划》的未来景观及目标

目的		—— 实现美丽的首尔，编制基本景观规划及实践规划； —— 依据景观相关法律制度制定景观管理体系； —— 编制可持续的运作体系，更好地落实首尔景观的保护、管理与形成
范围	空间	首尔特别市行政区域：总面积约 605 平方公里
	时间	城市基本规划完成的时间节点为 2020 年
	内容	制定以保护、管理及形成首尔景观为目标的基本原则； 设定景观管理区域及提出景观设计指南； 提出各区域景观的基本构想； 编制实践景观规划的实施方案
未来景观		散发 600 年古都气息，与自然和谐共存，美丽且富有魅力的首尔
目标	环境友好城市	营建、保护、分享首尔独有的自然景观
	历史文化城市	营建可以体验 600 年古都首尔历史文化特色的景观
	设计城市	创建富有魅力的城市景观，打造面向未来的世界城市

资料来源：参考文献［3］。

首尔市的景观管理采用了划分景观区、景观轴、景观点等方式（图 8-4、图 8-5），为了强化首尔市的景观特色，将具备相关景观资源的区域及其周边地区设定为景观基本管理区域（表 8-5、图 8-6），将需要着重保护、管理、形成的地域设定为景观重点管理区域（图 8-7、表 8-6）。各区域的空间范围划定要充分考虑该区域的景观资源特色和景观影响的范围。景观基本管理区域面积约为 350 平方公里，约占首尔市总面积的 58%，除山体、河川等以外的市区面积约为 130 平方公里，约占首尔市总面积的 21%，该区域范围内包含了首尔景观干线中重要的景观资源及周边地域。景观重点管理区域则是对需要着重保护、管理的景观地域范围的划定，面积约为 37 平方公里，约占首尔市面积的 6%。

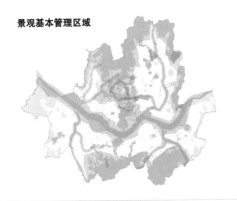

景观基本管理区域

面积：约350平方公里 (首尔市面积的58%)
除山体、河川等之外的城市化地区面积：约130平方公里 (21%)

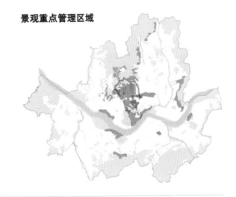

景观重点管理区域

面积：约37平方公里 (首尔市面积的6%)

图 8-4 首尔特别市景观管理区域

资料来源：参考文献［3］

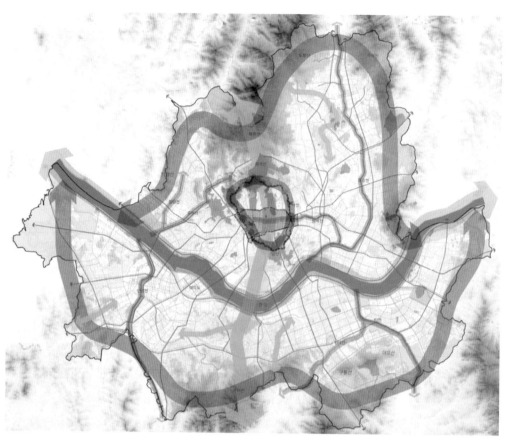

景观轴	城市中心景观圈域	市中心	具有 600 年历史城市首尔原来特色的景观圈域
景观圈域	自然绿地轴	内四山轴 外四山轴 南北绿地轴 其他绿地轴	首尔固有的自然地形是修筑汉阳的基础地形地势 围绕首尔市中心视野形成的景观轴 连接北岳山和冠岳山的南北绿景轴 市区各种各样的地形地势及自然生态环境
	水边轴	汉江轴 支流轴	象征首尔的代表性水景轴 5 大生活圈域的代表性亲水空间
	首尔城郭轴	首尔城郭轴 城郭建筑	过去形成首尔汉阳地界的城墙 连接城市中心和外部市区的城门——四大门和四小门
景观据点	历史特色据点	面据点 点据点	像过去的宫、遗迹等一样具有面范围的据点 建筑物、园池等具有点范围的，或位于山、园等的内部，周边地区城市化程度相对较低

图 8-5 首尔特别市景观综合图

资料来源：参考文献 [3]

表 8-5 首尔特别市景观基本管理区域及划定标准

景观管理单位			景观基本管理区域	区域划定标准
景观区域	城市中心景观区域		城市中心	《首尔特别市城市规划条例实施规则》中划分的四大门(首尔南大门、东大门、西大门、肃清门)范围
景观轴	自然绿地轴	内四山轴	北岳山－乐山轴、北岳山－仁王山轴、仁王山－安山轴、南山－梅峰山轴	以自然绿地地域边界向外扩展500米左右范围,以道路、用途地区、地形为地界
		外四山轴	北汉山－道峰山轴、水落山－佛岩山轴、龙马山－峨嵯山轴、九龙山－大母山轴、冠岳山－三圣山－牛眠山轴、德阳山轴	
		南北绿地轴	北岳山－宗庙－世运商街－南山－显忠院－冠岳山	根据有关规划的范围设定(公园绿地的有效连接规划,2004;为了形成首尔市绿网的绿色扩张方案,1997)
		其他绿地轴	江北城市中心、瑞草区、铜雀区绿墙等	
	河流轴	汉江轴	汉江轴	以汉江边界向外扩展500米左右范围,以道路、地形及公共住宅小区、大规模规划区域边界为地界(有关规划标准:首尔主要河川边的景观改善方案,2003;汉江相连地域景观管理方案研究,1994)
		支流轴	清溪川轴、中浪川轴、滩川轴、良才轴、佛光川轴、弘济川轴、安养川轴	法定河川边界向外扩展200米范围(有关规划标准:首尔主要河川边的景观改善方案,2003)
	首尔城郭轴		首尔城郭	以首尔城郭保护区域边界向内外扩展100米范围(根据《首尔市文化遗产保护条例》,工程建设时文化遗产的保护范围)
			城郭建筑(崇礼门、兴仁之门、肃靖门、敦义门、惠化门、光化门、彰义门、昭义门)	以城郭建筑边界(或保护区域边界)向外扩展100米范围(根据《首尔市文化遗产保护条例》,工程建设时文化遗产的保护范围)
景观据点	历史特色据点	面据点	国家指定的文化遗产中故宫、王陵、寺庙、遗址等	以文化遗产边界(或保护区域边界)向外扩展500米左右范围,以道路、用途地区、地形为地界(根据《首尔市文化遗产保护条例》,工程建设时文化遗产的保护范围)
		点据点	除面据点以外的国家指定的文化遗产(首尔站、韩国银行等)	以文化遗产边界(或保护区域边界)向外扩展100米范围(根据《首尔市文化遗产保护条例》,工程建设时文化遗产保护范围)

资料来源:参考文献[3]。

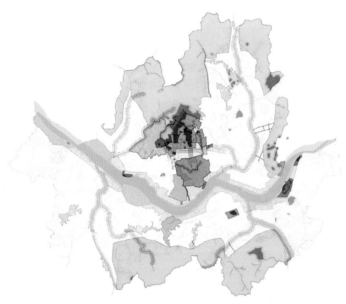

景观圈域		城市中心景观圈域			
景观轴	自然绿地轴	内四山轴	外四山轴	南北绿地轴	其他绿地轴
	水边轴	汉江轴	支流轴		
	首尔城郭轴	首尔城郭轴			
景观据点	历史特色据点	面据点	点据点		

图 8-6　首尔特别市景观基本管理区域

资料来源：参考文献 [3]

景观圈域		城市中心景观圈域		
景观轴	自然绿地轴	内四山轴	外四山轴	南北绿地轴
	水边轴	汉江轴	支流轴	
	首尔城郭轴	首尔城郭轴		
景观据点	历史特色据点	面据点		

图 8-7　首尔特别市景观重点管理区域

资料来源：参考文献 [3]

表 8-6　首尔特别市景观重点管理区域及划定标准

景观管理单位			景观重点管理区域	划定标准
景观区域	城市中心景观区域	城市中心	世宗路、北仓洞/南大门市场、明洞、世运地区、东大门地区	具有独特的文化特性，需要另行着重景观管理的地域
景观轴	自然绿地轴	内四山轴	南山周边	·为了保护山脉周边良好的景观，需要着重进行景观管理的地域。 ·在连接市和主要山脉的景观视线通廊范围内，需要重点进行景观管理的地域。 ·位于主要山脉的关门，包含规模相对较大的登山路入口等人们使用的地域。 ·自然景观地区及眺望道路美观地区[1]
		外四山轴	道峰山周边、北汉山周边、龙马山/峨嵯山周边、冠岳山周边	
		南北绿地轴	笔洞一带、龙山洞一带	为了连接南北绿地轴，需要积极营建绿地的地域
		其他绿地轴	—	—
	河流轴	汉江轴	西江/麻布、汉南/玉水、鹭梁津、黑石	·为了保护良好的汉江景观，需要着重进行景观管理的地域。 ·在影响汉江两侧地形认知及视野的坡地（标高 40 米以上）中，需要重点进行景观管理的地域
		支流轴	清溪川周边	为了保护良好的支流景观，需要重点进行景观管理的地域
	首尔城郭轴	首尔城郭	首尔城郭周边	凸显古都首尔历史原貌的首尔城郭及城郭建筑的周边地域（与景观基本管理规划区域一致）
景观节点	历史特色节点	面	景福宫等北村一带、宣陵一带、光州风纳土城一带	为了更好地凸显首尔市历史文化遗产周边地域或密集地域的历史性并加以保护，需要着重进行景观管理的地域
		点	—	—

资料来源：参考文献 [3]。

---

1. 眺望道路美观地区是指需要保障城市景象及周边自然景观全景及道路空间开敞感等的地区。

《首尔特别市基本景观规划》实施方案由景观引导、景观管理、景观协议、景观项目四大部分组成。其中，景观引导是在景观管理区域范围内参考景观设计指南，各类型、各要素、各地域的特定景观规划；对景观地区及美观地区实施景观管理，景观委员会对其进行相应的审议；落实营建城市景观所需的景观项目，对项目周边地区进行统一管理；市民自主缔结关于城市景观的协议，城市相关机构对其进行维护管理。

在《首尔特别市基本景观规划》划定的景观重点管理区域内，为了有效改善各区域的景观，规划提出了关于各区域的景观设计指南。设计指南包含了保护及营建景观资源的最基础原则，这些原则并不是以定量性的指标达到制约效果，而是对恰当的综合性方向提出了一些阐述方针。在景观重点管理区域内，《首尔特别市基本景观规划》实施方案注重景观的引导作用，规定在各种大型建筑物和大规模开发的审议中，开发者应提交以现场照片为基础模拟的 3D 建成场景，以便事先预估开发后景观发生的变化。景观设计指南一方面促进了市民自主的检查及运营，另一方面采取事先咨询并对项目实施后的1～2 年进行监管的运营方式，提出了阶段性的实施方案。

指定及运营景观地区[1]和美观地区[2]是景观管理方案中的重要内容。这些地区范围及用途、密度、高度等标准的划定，依据《国土规划及利用法》施行。但是，如果只依据简单的规定内容及地区内统一的标准的话，很难有效应对种类繁多且不停变化的城市景观问题，同时也会导致地域景观特色的体现存在局限性，因此基本景观规划提出了景观地区和美观地区的管理方案——结合原有规定标准和内容，增加景观引导的管理方式，在必要时指定景观地区。为了实现景观地区和美观地区的合理运营并对类似地区起到示范作用，在景观审议及咨询方面，景观委员会明确了景观规划中项目审议的顺序及批准财政支援的项目用地；在景观项目方面，依据《景观法》第十三条和《首尔特别市景观条例实施规则》第四条，景观规划扩大了涉及的景观项目范围（图 8-8），对首尔市提出了十类景观项目，并详述了项目的具体内容和实施战略（表 8-7、表 8-8）。

---

1. 景观地区是为了景观的保护及形成所划定的地区，根据《国土规划及利用法》及《首尔特别市城市规划条例》划分了6个地区（自然景观地区、滨水景观地区、市区景观地区、视野景观地区、文化遗产周边景观地区、眺望景观地区），其中首尔市指定了自然景观地区和视野景观地区。
2. 美观地区是出于维护美观所划定的地区，根据《国土规划及利用法》及《首尔特别市城市规划条例》划分了4个地区（中心地美观地区、历史文化美观地区、一般美观地区、视野道路美观地区），首尔市将大部分宽度超过20米的干线道路周边指定为美观地区。

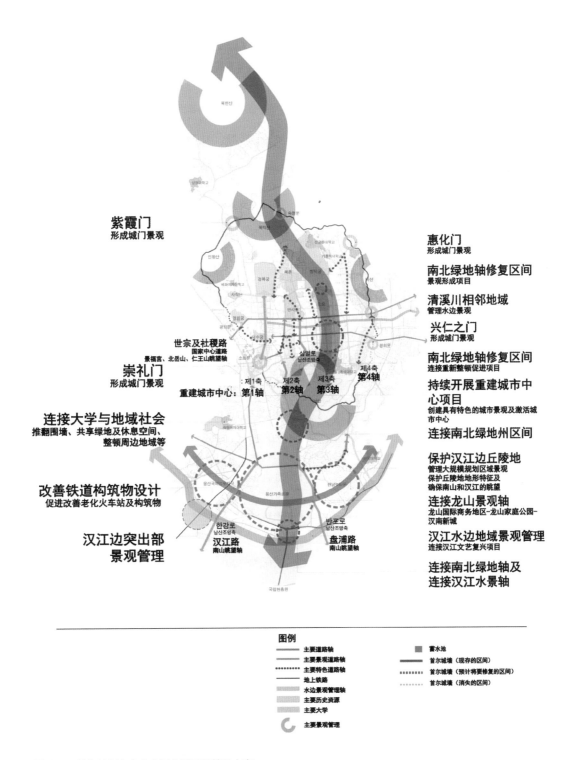

紫霞门
形成城门景观

惠化门
形成城门景观

南北绿地轴修复区间
景观形成项目

清溪川相邻地域
管理水边景观

兴仁之门
形成城门景观

世宗及社稷路
国家中心道路
景福宫、北岳山、仁王山眺望轴

崇礼门
形成城门景观

重建城市中心：第1轴 第2轴 第3轴 第4轴

南北绿地轴修复区间
连接重新整顿促进项目

持续开展重建城市中
心项目
创建具有特色的城市景观及激活城
市中心

连接大学与地域社会
推翻围墙、共享绿地及休息空间、
整顿周边地域等

连接南北绿地州区间

保护汉江边丘陵地
管理大规模规划区域景观
保护丘陵地地形特征及
确保南山和汉江的眺望

改善铁道构筑物设计
促进改善老化火车站及构筑物

连接龙山景观轴
龙山国际商务地区-龙山家庭公园-
汉南新城

汉江水边地域景观管理
连接汉江文艺复兴项目

汉江边突出部
景观管理

汉江路
南山眺望轴

盘浦路
南山眺望轴

连接南北绿地轴及
连接汉江水景轴

图例
—— 主要道路轴
—— 主要景观道路轴
········ 主要特色道路轴
—— 地上铁路
主要历史资源
主要大学
主要景观管理

蓄水池
首尔城墙（现存的区间）
首尔城墙（预计将要修复的区间）
首尔城墙（消失的区间）

图 8-8　首尔特别市市中心区主要景观管理方案

资料来源：参考文献 [3]

表 8-7　景观项目范围

《景观法》	项目示例（首尔市）	《首尔特别市基本景观规划》	项目示例（首尔市）
整顿改善道路环境项目	建设首尔市道路、主题道路、首尔市道路振兴、整顿非法路边摊位等道路设施项目	整顿构建滨水景观项目	振兴汉江、河流及湿地的生态恢复项目等
与地域绿化相关的项目	龙山公园、世运绿地轴、学校公园化、开放绿化公寓围墙等	出于改善景观考虑的城市构筑物整顿项目	改善天桥桥下通行环境、绿化城市构筑物墙面、地下人行道人性化设计等
管理及构建夜景项目	首尔市城郭景观照明改善项目、汉江桥梁景观照明改善项目等	管理及构建良好视野等项目	整顿乐园商街等
恢复地域的历史、文化特性的景观项目	营建东大门运动场/公园、光化门广场、韩屋村落、开发首尔象征等		

表 8-8　首尔市景观项目案例

项目名称	主要对象	主要内容	备　注
轻轨新设地段绿化项目	地面区段	对轻轨线的地上营建区间实施绿化，增加城市绿地	
闲置铁路用地再生项目	京义线及京春线区段	不作为开发项目，改造为城市的开放空间	
地下车道上绿地带营建项目	京仁地下车道区段	地铁线路地上绿化，形成连接地域的绿带	
首尔城郭城门构建项目	崇礼门、兴仁之门、惠化门、肃靖门	打造凸显600年古都历史文化积淀的城门	优先促进对象
凸显大规模历史文化遗产特色项目	宣陵、风纳土城、岩寺洞史前遗址	强化文化遗产周边一定区域的历史性	
轨道交通站点周边地区景观改善项目	南营、始兴、放鹤等	统一整顿与历史改善项目相关的周边地域	优先促进对象
高架桥拆除及改造项目	阿岘、西大门、岘底、弘济	拆除效率低的老化高架桥	
改善轨道交通的地上构筑物	纛岛、圣水、建大入口、九宜、江边	改善地铁站地上出入口的外观，创建标志性节点	优先促进对象
特色道路营建项目	德黑兰路、贯铁东路、汉江路、兴仁门路	以各地域文化特色作为道路整顿的重要元素	优先促进对象
城门景观营造项目	议政府、河南、始兴的边界处	对城市边界区域的空间认识及凸显其象征性	优先促进对象

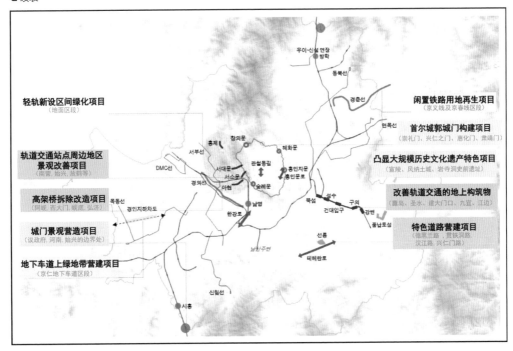

资料来源：参考文献[3]。

    景观协议是指通过当地居民与地区相关人员协商的方式，引导居民自发参与到由政府和专家规划管理的各种城市规划工作中（表8-9）。首尔市通过行政、财政、技术支援的方式协助景观协议缔结及运营经验不足的居民，为其提供与公共项目相联系的运营途径，努力扩大景观协议的效果。

表8-9　景观协议相关内容

《景观法》	《景观法施行令》	《首尔特别市景观条例》	《首尔特别市景观条例实施规则》
• 建筑物装潢、色彩及户外广告物； • 建造物及建筑设备的位置； • 建筑物及构筑物等的外部空间； • 土地的保护及使用； • 历史文化环境的管理及营建	• 绿地、道路、滨水空间及夜间灯光的管理及营建； • 具有景观价值的树木或结构等的管理及营建	• 依据地区单位规划等其他法令提出的与景观相关的规划事项	• 公共私有空间的营建及管理； • 美观地区内建筑线后退部分的营建及管理； • 市长对所需要的景观保护、管理及形成的认证事项

首尔市政府在实施景观协议的初期，担心由于市民认识不足无法顺利推进景观协议制度。为了提高市民的认识水平，政府主导开展了景观协议的示范项目，此外还编制了与首尔市条件相符的具体标准。鉴于此，首尔市遴选相对来说地域居民自发参与意识较强的三个地区，在2009年完成了可行性调查与设计，2010年正式编制了协定促进规划（表8-10）。

表8-10　首尔市景观协议示范项目（2009年）

	广津区	江北区	阳川区
名称	景观美丽的夕阳路社区营造	建设人与自然、人与人和谐发展的"幸福村落"	美丽的社区营造
位置	中谷四洞夕阳路附近（297户）	江北区、水逾洞(85个地块，77栋建筑)	阳川区新月二洞
主要内容	·改善招牌设计； ·学校学生及居民参与的美术馆社区营造（改造围墙、壁画及台阶等）； ·蕴藏历史文化的社区营造（营造胡同壁画、自然公园等）； ·正在消失的故乡风景社区营造（营造胡同壁画等）	·鼓励地区空地造景、屋顶造景、设置墙面绿化、渗水型地面等； ·鼓励与绿色停车场项目相关的围墙推翻工作，通过造景或石材构建自然生态型的美丽围墙； ·拆除围墙，重建邻里间的共同庭院及休息空间	·拆除邻里间的围墙：扩大共同住宅及单独住宅地域的开放空间（拆除围墙、绿色停车场扩大停车范围）； ·寻找未利用的空间：改善村落小公园及周边景观（利用各个部分、小公园等）； ·通过公共设计实现焕然一新：改造公寓小区围墙及学校周边景观、环境友好型停车场、上学路花坛、完善公共设施及外墙设计等、完善居民服务设施和周边环境（改造敬老院外观及新设游乐场）

综上所述，《景观法》的编制让韩国政府认识到景观共享的价值，并在认识及提升景观价值重要性方面取得了鼓舞人心的成果。实际上，在编制及实施《景观法》之外，韩国政府在编制与景观相关的法律方面也作出了各种各样的尝试。各地方也依据地方性的《景观条例》及《景观条例实施规划》等，积极推进政策落地和项目管理以保护地区内的景观。《景观法》实施过程中，出现了一些编制阶段没有预想到的问题及无法充分解决的问题，为此，政府持续修订《景观法》及相关法律，通过对各规划及项目开展情况的管理及监控，提出相应的改善方案和事后管理方案。《景观法》的编制是为了营造美丽舒适且具有地域特色的城市环境，颁布实施之后，韩国景观价值的重要性随即受到普遍关注。《景观法》提出的相关研究和多种管理方案在景观管理中一直扮演着主导角色，基于法律编制相关的规划及指南，通过政府的支援实施相关项目。今后，为了创建更美好的城市景观，韩国还需要不断地省思并研究更为系统、和谐的景观管理方式。《景观法》未来的开展及实施方案方向为：第一，2007年法律制定之后，中央政府及各地地

方以《景观法》为依据，为编制及实施与景观规划相关项目及协议等作出了各种努力。今后应该持续对其进行监督管理将其改善为符合韩国和各地区条件及特色的方案。第二，景观规划基于对地区景观资源的详细调查和记录，从长远角度上考虑了其地域性和整体性的特点，编制了具体的实施规划及符合各阶段的内容。相对于依据死板的标准和规则制定的管理方案，景观规划更应考虑各地域的特性并鼓励有创意的、灵活的管理方式。第三，开展与各种景观资源和类型有关的景观项目并积极推进景观协议的落实。落实景观协议的关键是实现景观协议本来的宗旨，鼓励地域居民的自发参与，通过构建安全的政府和相关机关支援体系来认真听取居民的意见，并将其反应到实处。第四，在依据《景观法》编制相关规划的同时，还应对作为公共财产的景观概念进行定义。在实现地域景观的未来景象和目标的过程中，注重与地区居民的交流及共享，不断提高地区居民对景观管理重要性及必要性的认知水平。

| 参考文献 |

[1] 韩国国土海洋部. 景观协议的编制方向及鼓励居民参与的研究 [R]. 世宗：国土海洋部，2008.

[2] 韩国建设技术研究院. 关于制定景观法的研究 [R]. 晋州：韩国土地住宅公司，2006.

[3] 首尔市. 首尔特别市基本景观规划 [R]. 首尔：首尔市，2009.

[4] 首尔市. 首尔特别市市区景观规划 [R]. 首尔：首尔市，2009.

[5] 首尔市. 首尔特别市夜景规划 [R]. 首尔：首尔市，2009.

[6] 首尔市. 首尔特别市历史文化景观规划 [R]. 首尔：首尔市，2010.

[7] 首尔市. 首尔特别市水边景观规划 [R]. 首尔：首尔市，2010.

[8] 首尔市. 首尔特别市自然绿地景观规划 [R]. 首尔：首尔市，2010.

[9] 首尔市. 首尔城市规划沿革 [M]. 首尔：首尔市，2016.

[10] 韩国国家法令情报中心 [EB/OL]. http://www.law.go.kr.

[11] http://photo.naver.com/view/2010072622330716507.

第9章

9.1 建筑政策的概念

对于一般人来说，"建筑政策"是一个相当生疏或从本质上容易产生误解的概念。"建筑"在韩国国内一般指私有建筑。如果说"政策"的编制可以理解为通过采取基本方针的形式实现人们的理想社会，那么"建筑政策"则是指国家为提高建筑文化所提出的目标和基本方针。这一定义也可以延伸到体现建筑公共价值、实现建筑文化的进步、改善城市景观和提高国家竞争力等层面。

伴随时代变化，建筑领域也在发生变化，"建筑政策"这一概念开始受到关注。韩国国家方面编制了解决品质相对较低的建筑环境的相关方案，体现了对现代社会生活品质和文化生长形态的重视，这一举措的必要性也引发了社会的反响。在日本殖民统治时期和"六二五"[1]战争中，韩国的城市基础设施和居住环境遭到了很大程度的毁坏。但是经过持续的努力，韩国经济实现了"汉江奇迹"[2]。国民收入的增加和城市的发展虽然有目共睹，但也出现了盲目开发和城市快速膨胀等问题，尤其是城市内出现了很多不同于原有建筑形态、缺乏特色、来历不明的建筑物。于是，韩国政府开始认识到以城市开发和发展为主的经济政策无法适应未来社会发展的要求。为此，"建筑政策"从长期和整体的角度，综合探讨了构成城市的建筑物和周边空间以及历史性和地域性等要素。

韩国政府开始努力通过差别化的设计、建筑文化的提升等方

---

1. "六二五"战争指1950年6月25日凌晨爆发于朝鲜半岛的军事冲突，历时三年。
2. 汉江奇迹是指从1953年到1996年之间韩国首尔经济的迅速发展。

式，让城市摆脱因为大规模开发建设及供给而导致的城市景观单一现象。为了实现该目标，首先应摒除建筑物是私有空间或个人所有物的偏见。其次，在建设建筑的时候不仅要体现功能和经济两方面的公共属性，同时要提高国民生活品质。建筑之所以在国家政策中具有相当重要的地位，是因为建筑是衡量国家竞争力的重要指标之一。国外优秀城市也采取了将城市内的建筑及城市环境作为城市资产来提高国家竞争力的方法，所以在促进建筑政策时也应该从这一点出发，提倡通过"建筑政策"的实施来实现优秀的建筑设计、多元城市形象及整体文化产业的发展。

从国外发展趋势来看，建筑政策的实施对象具有极强的综合性，不仅包括了建筑，还包括了与建筑相关的城市环境、设计、产业、技术、建筑服务、建筑文化等领域。韩国建筑政策的实施对象与范围也与上述领域类似，主要包含有公共建筑、空间环境和公共空间。

9.2 建筑政策的类型及特征

大多数的欧洲国家都积极制定与建筑相关的政策，2011 年欧洲建筑政策博览（European Forum for Architectural Policies, EFAP）调查了成员国的建筑政策执行效果及影响程度，结果显示这一政策的实施普及提高了大众对建筑文化的认识、完善了公共建筑设计标准、提升了可持续建筑技术水平等，这证明建筑政策是提高国民生活品质和加强城市竞争力的主要途径。欧洲建筑政策博览调查了 37 个欧洲国家的建筑政策，大体可以分为三类：第一类是制定关于建筑的公共性和建筑文化价值的法律，成立支援机构并开展可行的项目以及相关法律的编制；第二类通过编制综合规划促进建筑政策实施。欧洲很多国家都在使用这种方式，国家通过编制基本规划对建筑进行运营及管理，提出关于建筑物及空间的蓝图、目标、战略、实践要求，该规划调整及完善的周期一般是 3～5年；第三类是成立政策支援机构并调整相关部门的角色，如设立建筑委员会或负责建筑政策发展的支援机构。

韩国为了推进建筑政策不仅构建了《建筑基本法》，同时还制定了与其相关的各种法律法规。其中，建筑政策的实施主要通过建筑政策基本规划（以未来蓝图与目标为中心），以及设立专项负责或支援建筑政策的机构，逐步推行建筑政策的实施范围。

9.3 建筑政策管理法规与规划

《建筑基本法》出台之后，建筑政策正式登上舞台。同时，韩国政府陆续出台了相关法律，使建筑政策的实施具备了相应的依据和基本框架。在《建筑基本法》编制之前，各地大多使用的是由地域地方自治团体促进的与建筑相关的临时政策。下文重点探讨《建筑基本法》和《建筑服务产业振兴法》，并结合"建筑政策基本规划"对其进行补充说明。

9.3.1 《建筑基本法》

2007 年编制的《建筑基本法》（图 9-1）的基本概念是体现建筑的公共价值并提出建筑政策的基本方向。其主要目的是规定与建筑相关的国家、地方自治团体、国民的责任和有关建筑政策的构建及实施等内容，从而振兴建筑文化，为提高国民健康的生活和福利做贡献。第 5 章的第 24 条明确了建筑政策的基本概念和方向、建筑政策基本规划的制定、振兴建筑文化的财政支援、建筑设计标准编制，建筑设计示范项目等。

建筑政策基本规划主要依据法律进行编制，通过明确指出示范项目实现建筑政策的具体化。此外，考虑到各地区的不同条件，制定了既遵循建筑政策基本规划又能反映地区特点的地域建筑基本规划，这种将各个地域的固有特征反映到建筑政策中的尝试获得了高度评价。

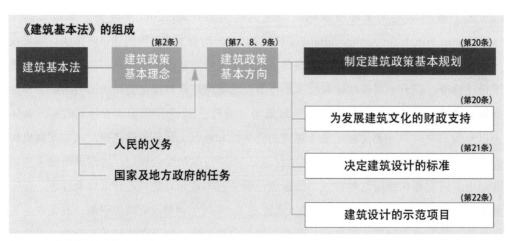

图 9-1 《建筑基本法》的组成

9.3.2 《建筑服务产业振兴法》

2013 年编制的《建筑服务产业振兴法》主要目的是明确建筑服务产业的支援及培育项目，构建建筑服务产业的发展基础，振兴建筑服务产业，增加国民的便利并促进国民经济的发展。第 7 章第 3 条规定：每五年编制一版国家建筑服务产业振兴基本规划；以现场调查和营建信息体系的方式来打造建筑服务产业基础；培育专业人才和指定振兴设施；成立公共建筑支援中心和建筑振兴院等。《建筑服务产业振兴法》同《建筑基本法》一样，为建筑政策的有效实施打下了基础，其中，建筑领域专业人才的培育和公共建筑支援中心的设立为提高建筑产业质量构筑了平台，采用数据管理方式来管理建筑资产，为实现建筑文化的先进化奠定了基础。

9.3.3 建筑政策基本规划及地域建筑基本规划

2010 年的第一版建筑政策基本规划是依据《建筑基本法》编制的基本规划，提出了建筑政策的中长期展望和目标、具体的战略和实践项目。建筑政策的中长期愿景是实现"美丽的国土，舒适的生活空间"，三大主要目标分别是营造舒适的生活空间、构建建筑及城市层面的绿色基础设施、实现具有创意性的建筑文化，据此得到六大战略以及十八个详细的实践项目（图 9-2）。

愿景	美丽的国土，舒适的生活环境		
目标	营造舒适的生活空间	构筑建筑及城市层面的绿色基础设施	实现具有创意性的建筑文化
战略	1. 提高国土环境设计水平	3. 实现绿色建筑与城市	5. 提升固有的建筑文化
实施事项	1) 提升地域及城市景观 2) 提高SOC国家基础设施设计 3) 为了提高公共部门的设施加强基础	1) 建设低碳城市建筑环境 2) 提高建筑的能源效率 3) 激活环保住宅的建设及供应 4) 促进绿色建筑先驱项目	1) 建筑文化遗产的保护与使用 2) 利用地域建筑资产创造建筑文化 3) 营建各地域具有代表性的街道
战略	2. 改善建筑与城市环境	4. 建筑与城市产业的尖端化	6. 建筑文化的国际化
实施事项	1) 更新公共建筑设计 2) 民政共同努力重建城市中心	1) 为了建筑产业的发展打下基础 2) 事先应对未来技术环境的变化 3) 开发建筑与城市核心技术及设计方法	1) 与国民共同实现的建筑文化 2) 提高建筑文化的国际竞争力 3) 构筑加强建筑文化力量的基础

图 9-2　第一版建筑政策基本规划的展望和目标（2010—2014 年）

《建筑基本法》第 12 条规定：各地方地域建筑政策基本规划的编制不仅要符合国家层面的建筑政策要求，同时还要结合地域的现况和社会、经济、文化方面的实际情况。为此，大部分的广域市／道主要依据各自编制的地域建筑基本规划开展与地域现况相符的项目。2010年首尔市最先编制了地域建筑基本规划，随后2011年京畿道，2012年釜山市、全罗北道、大田市，2013年庆尚南道、大邱市、济州岛、仁川市，2014年庆尚北道各地域也陆续制定了地域建筑基本规划，目前忠清南道、广州市、蔚山市、世宗市也正在编制该规划（图9-3）。

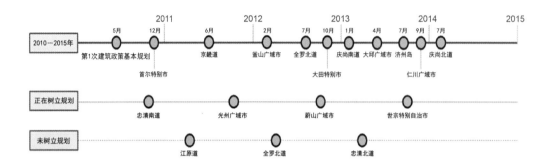

图9-3　地域建筑基本规划编制现况

9.3.4 第二版建筑政策基本规划

根据《建筑基本法》第10条（每五年编制/执行）的规定，在第一版建筑政策基本规划出台之后，2014年开始编制第二版建筑政策基本规划并组建了特别工作小组，最近通过听证会发表了第二版建筑政策基本规划（案）。

第二版建筑政策基本规划（案）首先对过去五年间的成果和问题进行了客观的评价，主要成果是编制了《绿色建筑物营建支援法》《建筑服务产业振兴法》《振兴韩屋等建筑资产的法律》《激活及支援城市再生的法律》等，这些法律保障了建筑政策的有序开展。另外，为了提高地域建筑设计水平还成立了建筑振兴院、公共建筑支援中心、城市再生支援中心等支援机构。第一版建筑政策基本规划提出的113个项目到现在为止共实施及完成了92个，为韩国跃升为国际领先的建筑政策国家奠定了基础。但是，在建筑政策实施方面，本应该是各部门共同合作开展相关工作，但实际上政策实施的主体却只有国土交通部。另外，对于最近出现的安全、灾难、灾害、健康、教育及福利等社会问题，缺少相应的解决政策，包括地域建筑政策在内的综合性成果管理体系也不够完善。

第二版建筑政策基本规划（案）为更好地实现第一版建筑政策基本规划提出的"美丽的国土，舒适的生活环境"的愿景，将"创建安全及幸福的生活环境，创立独特的建筑文化"作为新一版基本规划的愿景，提出建设幸福的建筑、创建富有创造性的建筑产业、实现建筑文化繁荣的三大目标，以及九个促进战略和二十四个实践项目。考虑建筑条件、城市条件、政策需求的变化及现政府的行政运营方向，建筑政策的基本原则是实现国民幸福、经济复兴、文化繁荣，具体措施为改善国民日常使用的空间以实现国民幸福，构建建筑服务产业体系以创造新的经济动力，梳理建筑政策和建筑／城市设计体系以培育地域文化。

9.4 建筑政策促进支援机构及项目

韩国开始探讨建筑政策也不过七八年的时间，可以说仍处于起步的阶段。

9.4.1 国家建筑政策委员会

国家建筑政策委员会于 2008 年 12 月依照《建筑基本法》（第 13 条）设立，直属于总统，其主要业务是对建筑领域重要政策进行审议，并对相关部门建筑政策进行调整。第三届国家建筑政策委员会主要是由 13 名民间委员（建筑、城市领域的专家）和 10 名政府委员（相关部门长官）组成，内部设立 3 个下属委员会（图 9-4）。其中，政策调整委员会负责建筑政策基本规划的审议、部门之间建筑政策的调整以及建筑制度的完善；国土环境设计委员会管理建筑设计示范项目和推荐民间专家[1]；建筑文化振兴委员会的主要任务则是建筑教育项目和专业人才的支援及培养。

2011 年到 2012 年，国家建筑政策委员会共举办了六次全国巡回建筑城市政策博览，主要是对各地域建筑城市政策以及各地域建筑文化价值挖掘的探讨。2014 年以政策论坛

图 9-4　国家建筑政策委员会的组织构成及主要业务

资料来源：基于参考文献 [21] 绘制

---

1. 民间专家是指与此领域相关的公司。

平台提出了多项住宅供给体系调整方案和应对地震及气候变化的建筑防灾方案等。2015年5月为了开拓建筑领域新的市场和创造新的就业岗位，由29名产学研[1]结合的相关人士共同发起了"活化建筑产业的研讨会"，提出了活化建筑产业的核心课题并组建了专家小组探讨了具体的方案。由于总统直属，国家建筑政策委员会是实施建筑政策的最高机构，在今后推进韩国国内建筑行业发展的过程中将继续发挥中枢的作用。

9.4.2 国家公共建筑支援中心

2010年11月国家建筑政策委员会通过"提高公共建筑的质量及有效管理的方案"，提出了公共建筑综合管理机构的重要性。国土交通部下设公共建筑支援中心，部分地方自治团体也开始探讨有关建设公共建筑支援中心的问题。此外，建筑城市空间研究所从2011年开始，持续两年对公共建筑支援中心的成立和运营方案进行了研究。2013年6月出台的《振兴建筑服务产业法》为支援中心的成立提供了相关的法律依据。2014年支援中心正式成立，并于同年6月被指定为国家级的公共建筑支援中心。国家公共建筑支援中心的主要职责有四个方面：

第一，事先探讨关于公共建筑的项目规划书，设定与营建目的相符的规划方向，制定规模及预算规划以及构建设计管理体系。

第二，负责公共建筑的整体咨询工作。依据《建筑服务产业振兴法》和提高公共建筑营建和管理专业性的目标，负责"企划—招标—设计—施工—维护及管理"的咨询工作。

第三，培训公共建筑相关人士，其中对相关公务员及专家的培训主要包含开发及运营教育项目、编制及发放相关手册等；构建基础数据，通过收集和分析统计资料、收集空间情报基础数据、编制与公共建筑营建相关的法令及各种指南，从而实现对公共建筑的有效管理，其中也包括对优秀公共建筑案例的宣传工作。

最后，为了完善与公共建筑相关的制度，不断进行实例应用的研究，标准、案例和指南的推广。国家公共建筑支援中心可以说是制定建筑产业政策、管理及其具体运营方案的代表机构。

9.4.3 国土环境设计示范项目

依据《建筑基本法》第22条的建筑设计示范项目实施规定，国家开展了国土环境设计试点，此项目是具有代表性的建筑政策项目之一。为了加强建筑设计的竞争力和提高国土环境设计的质量，地方自治团体采取公募的方式为总体规划、基本规划、设计等编制提

---

1. 产学研是指企业与教育机构合作促进项目的工作方式。

供所需要的预算，并让民间专家参与其中，示范项目的主要目标是提高设计能力并形成和谐的城市景观。其中，在提高设计能力方面，提倡在设计管理体系内引入项目总体规划、编制设计管理的方法，同时鼓励各种专家参与其中、运营促进委员会，共同探讨促进体系和手段。在构建和谐的城市景观方面，强调总体规划内基础调查的准确性以及与相关项目的联系，依规划实施项目，确保规划的执行能力，及以建设公共空间和公共建筑为中心。

在试点项目的实施过程中，广域及基础自治团体在提交项目申请书时，应该一同提交反映地域特性的景观改善方案，其中也应该包括总体规划。为了确保公平性和专业性，组建5人左右的专家团作为评审，综合评选候选地，最后经由国家建筑政策委员会评审，指定试点项目地域。在项目实施的过程中，通过民间专家的支援，保证景观改善规划的统一性，并赋予参与编制公募计划书的专家执行总体规划的机会。在公募计划书里，地方自治团体如果没有指定总体规划师的话，由国土交通部指定并委托专业人士进行支援。

在选定试点项目之后，国家按照各项目的内容以财政补贴的方式支援设计费用。如果在过程中出现不按照项目规划实施，或不经过事先协议变更规划方案的现象，则应立即返还援助资金。其中，具有代表性的试点项目地区有2014年指定的庆尚北道金泉市和2015年指定的京畿道高阳市。庆尚北道金泉市的"营建金泉商业文化特色道路项目"根据项目地区的道路分类（大致可以分为金泉路、小区步行街、胡同文化特色路、金泉商业特色街五类），结合各道路特征，采取了与地区相符的主题及相应的激活方案，从而实现了以金泉站和平和市场为中心的125 000平方米特色道路建设（图9-5）。京畿道

图9-5　庆尚北道"金泉商业文化特色道路营建项目"基本规划

高阳市则"利用地区资产激活市区边界地区的活力"（图 9-6），该项目面积为 504 402 平方米。主要项目包括了营建文化空间环境道路、营建融合文化注册平台、营建花井文化站及香气壁画村庆典、打造花井洞文化胡同等。

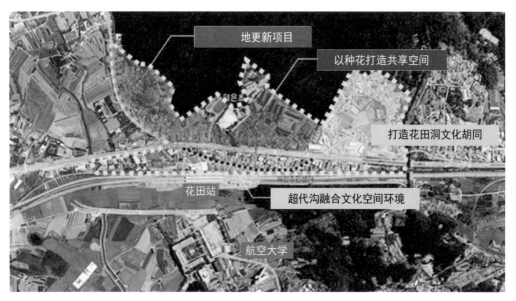

图 9-6　京畿道高阳市"利用地域资产营建激活市境界的网"主要项目规划（案）

国土环境设计试点项目从 2009 年至 2014 年共实施了 32 个，支援资金共计 195.76 亿韩元，2015 年包括京畿道高阳市在内共实施了 6 个试点项目。这些考虑地域特性和历史的试点项目得到了各界较高的评价。项目中，通过支援可以统一标准，并强化地方自治团体设计的能力。在保持地域特性的基础上营建和谐景观是项目主要特征之一。

9.4.4 特别建筑区域

2007 年的《建筑基本法》引入了"特别建筑区域"概念，指定特别区域的主要目的是通过建设和谐且具有独创性的建筑物来创建城市景观、提高建筑基础水平及完善相关建筑制度。在特别建筑区域内可以进行自由设计，通过审议决定适用特别条例的建筑物并依据特别条例调整建筑物的建筑密度、建筑高度、采光权等相关指标，同时开展创意性的综合小区及地域地标的建设。

截至目前，已指定特别建筑区域的地域有世宗市、首尔市、京畿道和城南市，釜山市预计会成为新一批特别建筑区域所在地。其中，首尔市在 2012 年指定恩平韩屋为特别建筑区域之后，为了进一步保护韩屋的形态，将具有代表性的韩屋密集地域钟路区北村一带和景福宫西侧也指定为特别建筑区域。

　　釜山作为一个港口城市于 2014 年被指定为国土交通部城市再生领先地域，城市再生项目主要集中在北港地区。2015 年 9 月以北港的民间托管设施为中心指定 4 个地域为特别建筑区域，分别是将要建设歌剧院和赌场的海洋文化地区、供一般办公室选址的商务地区、以电视台和报社为中心的 IT、影像、展览地区，以及以商住两用为主的综合城市中心地区，从而创造具有釜山特色的城市景观（图 9-7）。

图 9-7　釜山市北港特别建筑区域（效果图）

9.4.5 公共建筑师制度

　　公共建筑师制度是指让与建筑相关的专家（教授及建筑师等）以企划或设计咨询的方式参与到公共建筑物及其整治项目中，从而提高公共建筑的质量和水平。首尔市 2012 年选定了 77 名民间建筑设计专家任命为公共建筑师（包含新锐建筑师 35 名、总体规划建筑师 17 名、优秀设计师 25 名），任期为两年。该制度保障了公共建筑师能在各种公共建筑物和空间环境领域内更好地发挥其能力。

　　公共建筑师的参与方式呈多样化，由总体规划建筑师组成的小组主要负责大规模的城市治理项目和均衡促进规划的咨询。小规模（项目经费不足 1 亿韩元）的公共项目可以通过两种方式参与，优秀设计师和新锐建筑师从企划阶段主要以咨询的方式参与其中，劳务服务先由新锐建筑师参与，必要时优秀设计师再加入其中。从 2012 年到 2013 年的两年时间内，公共建筑师参与的公共项目从 21 个增长到了 138 个，2014 年又选定了第二期的公共建筑师。

公寓小区一直被认为是民间主导供给的，所以公共建筑师制度的主要目的是发动公共建筑师参与大规模的公寓小区重建，同时大规模重建因为会改变城市形象或对周边地区影响较大所以具有一定的公共性。公共建筑师基于公共性的参与是建筑政策中非常重要的一部分。

荣州市从 2007 年开始研究如何激活中小城市发展的问题，2009 年引入了公共建筑师制度。荣州市公共建筑师制度是依据《建筑基本法》编制的，对个别项目从企划到竣工阶段施行统筹管理。首先，在城市再生方案中，荣州市编制了以公共建筑为中心的城市—建筑和谐再生的总体规划，公共建筑师对各专项进行系统的运营。公共建筑师从 2011 年起的 4 年时间共设计了 11 个试点项目（包含邑 / 面办事处、保健诊所、敬老院等），主要采取政府、居民、建筑师、施工队等多元主体共同合作的方式（图 9-8）。荣州市的公共建筑师制度不同于以往只采取咨询的方式，允许公共建筑师设计试点项目或进行企划研究等，这种新的尝试提高了公共建筑师的参与积极性。此外，韩国建筑文化奖、大韩民国公共设计奖等各个领域的奖励对中小城市公共建筑的发展也做出了相当大的贡献。

图 9-8 荣州市公共建筑师设计试点项目案例

综上所述，相对于世界先进国家来说，韩国的发展起步相对较晚，但在急速变化的社会大背景下，韩国已经构建了法律、规划、支援机构等各种建筑政策基础。目前，韩国对建筑政策仍然没有形成统一的社会共识，即使建筑和城市领域统一到了空间规划的层面，但是城市政策的空间适用范围对建筑和城市领域的解读却有所不同。此外，对于建筑基本法内定义的空间环境和公共空间应该从建筑角度还是从城市角度出发仍未达成一致。

从城市层面来看，建筑虽然是下属概念，但是规划公共建筑时应考虑地域环境的因素，这对保障城市的固有特性及竞争力有着重要的意义。落实到行政规划层面，建筑政策基本规划也应该解决依据《国土基本法》和《国土规划及利用法》编制的规划之间存在的等级问题。另外，对于一般市民来说，"建筑政策"还是相对比较生疏的概念，甚至某些豪华政府办公大楼的建设还引起了市民对这一政策的负面看法，这同样是以后建筑政策应该解决的问题。

今后的建筑政策应该随时代的变化而做出相应的调整，构建应对 1～2 人家庭及老龄化社会的住宅供给体系，打造与其技术水平相符的建筑基础设施。经济发展的变化也是不容忽视的要素，长期的经济萧条使得建筑市场开始持续萎缩，地方中小城市的衰退也会随之加速，建筑服务产业整体面临着瓦解的危机。此外，在环境问题日益突出的现代社会，建造绿色建筑、减排等是持续到下一代一直需要关注的重点。

| 参考文献 |

[1] 金相浩 . 建筑基本法和建筑政策基本规划 [J]. 建筑城市空间研究所，AURI BRIE 创刊号，2009.

[2] 金相浩，等 . 建筑政策基本规划研究 [R]. 世宗：国土交通部，2009.

[3] 金相浩，等 . 公共建筑设计品质管理系统示范适用及制度化研究 [R]. 建筑城市空间研究所，2012.

[4] 金相浩，等 . 第 2 次建筑政策基本规划（案）[R]. 世宗：国土交通部，2015.

[5] 金英贤 . 欧洲建筑政策动向及启示 [J]. 世宗：建筑城市空间研究所，AURI BRIEF 6 月号，2014.

[6] 李相闵，等 . 有效营建公共建筑物的运营方案 [R]. 世宗：建筑城市空间研究所，2009.

[7] 林贤成，等 . 增大使用公共建筑的管理政策研究 [R]. 世宗：建筑城市空间研究所，2013.

[8] 徐石英，等 . 为了提高公共建筑的价值的政策方向和促进方案 [R]. 世宗：建筑城市空间研究所，2007.

[9] 徐石英，等 . 设立国家公共建筑支援中心及运营方案研究（1）[R]. 世宗：建筑城市空间研究所，2011.

[10] 徐石英，等 . 设立国家公共建筑支援中心及运营方案研究（2）[R]. 世宗：建筑城市空间研究所，2012.

[11] 徐石英，等 . 特别建筑区域的有效运营方案研究 [R]. 世宗：建筑城市空间研究所，2010.

[12] 严千号，等 . 国土环境设计试点项目管理运营及改善方案研究 [R]. 世宗：国土海洋部，2010.

[13] 严千号，等 . 通过改善建筑流程及提高能源效率的方案实现公共建筑质量的提高 [R]. 首尔：国家建筑政策委员会，2010.

[14] 刘光鑫，等 . 关于编制建筑服务产业振兴法的研究 [R]. 世宗：建筑城市空间研究所，2011.

[15] 曹上君，等 . 关于编制建筑政策成果报告的研究 [R]. 世宗：国土交通部，2012.

[16] 曹上君，等 . 关于应对国家社会条件变化的建筑政策发展方案研究 [R]. 世宗：建筑城市空间研究所，2013.

[17] 车周英，等 . 关于振兴建筑服务产业的制度基础研究 [R]. 世宗：建筑城市空间研究所，2013.

[18] http://www.pcap.go.kr/v2/intro/plan_team.jsp.

釜山市甘川洞文化村 釜山市沙下区文化观光科摄于 2019 年

第 3 部分

城市再生、文化艺术
与社区营造

韩国的城市再生

第 10 章

　　韩国为城市再生而确定的目标多不胜数，不过大致可划分为"增加人口（或增加流动人口）""恢复社区"及"市民参与"三大范畴。三者之中，"增加人口"是重中之重。因为人口的增加与地区活力的激活之间存在直接的因果关系，所以韩国把建设"自生型城市"置于首要地位。然而"人口"毕竟是一场零和博弈，因此近来对"城市再生究竟是不是一个真正恰当的理论"的质疑，也是不无道理。总体上，目前的大趋势是规避以"全部老化城市"为对象的再生项目，倾向于选择性地对部分地区进行投资和重建。韩国城市再生的第二大目标是恢复逐渐褪色的社区交流文化。这是因为在拥有氏族社会历史和大家族文化、崇尚儒教的韩国社会里，社区是一个非常重要的社会构成要素。但是，现代韩国却被称为"公寓共和国"，公寓居住人口比例极大，占总人口的61%之多。虽然公寓的好处不胜枚举，但是却有一个最致命的缺点，就是阻断了人与人之间的交流和导致了社区的瓦解。第三大目标是市民参与。市民参与早已成为世界城市规划的大趋势，韩国也别无二致。目前城市规划的大趋势是规避带有权威主义色彩的"自上而下"的传统方式，逐渐转向"自下而上"的新发展模式。

10.1 韩国城市再生的变迁过程

10.1.1 朝鲜战争以后至 20 世纪 90 年代

　　韩国于 1962 年编制了《城市规划法》，在政府主导下，城市再生项目开始拉开帷幕。20 世纪六七十年代城市再生项目主要是整顿战后那些为容纳大批涌入城市的人口而建的老旧危楼，以及修复城市破旧的基础设施。事实上，这个时期的城市工程还称不上是"城市再生"，应该称作"城市重建（Urban Reconstruction）"。因为其内容并不是逐步恢复老城，而是对战后城市的重建。到了20世纪八九十年代，城市再生项目的焦点变成以"再开发（Redevelopment）"和"重建（Reconstruction）"为代名词的住房整顿运动，其主要内容是全面拆迁老旧住房。当时正值首尔和首都圈的房地产热潮期，与此响应，城市再生项目的核心也在于"效益性"。事实上，该时期的城市工程与真正意义上的"城市再生"相距甚远，确切地说更加接近"城市开发"。因为当时首尔的市中心还未变得老旧，而那些早已破旧不堪的地方中小城市却无人问津。当时的"城市再生"主要通过供应大量的住宅用地，以便从根本上缓解住房不足的问题。虽然这种方法从结果上看算得上是行之有效的，但是由于过度侧重于效益性，导致利害关系人之间的矛盾加剧，而且拆迁原居民的安置率仅达到20%左右，甚至由此引发出社区瓦解的问题。

10.1.2 21世纪初至现在

直到进入21世纪，韩国社会才开始出现真正意义上的"城市再生"。21世纪的韩国为了解决"全面拆迁型城市再生"引起的社会问题，引入了"修复型再开发""韩屋村建设项目""建设宜居小区""人居城""居住环境管理项目"等全新的项目和方法，开始采用"对症下药"、地方政府自行投资、中央政府提供资源的新的再生模式。21世纪初城市再生项目的变化，意味着从开发到管理、从整顿到再生的政策变化。亦即，政府开始关注于环境、景观、历史文化、人文社区等与生活品质相关的层面。如果说过去的城市再生，是以对低收入阶层群居的老旧危楼区的拆迁和重建为重心的话，那么这个时期的城市再生则是涵盖了经济、社会、文化等多个领域的综合性的城市再生（图10-1）。相较于城市开发，更重视城市的保护与管理。曾经风靡一时的大规模重建

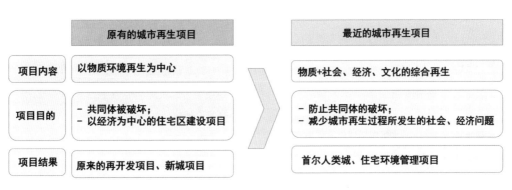

图10-1　韩国城市再生的变化

逐渐萎缩，对公共住宅进行翻新等折中型方法开始成为主流。如今，韩国为城市再生赋予了以下几项长远目标价值：首先，通过构建居民、地方政府、企业、市民社会之间的合作关系，实现健康治理目标；其次，在物质开发的基础上，追求涵盖经济、社会、文化等多个领域的"综合性城市再生"；再次，为各地挖掘机遇因素，追求在项目结束之后依然保持良好势头的"可持续性城市再生"。

10.2 韩国城市再生项目的分类

韩国的城市再生项目中，绝大部分项目的开展先由中央政府各部门编写项目预算，然后通过公开征集确定扶持项目对象，然后向地方政府提供支援，由地方政府负责自行筹备其余预算和执行项目。项目类型的一大显著特征是民间的自发参与。一般而言，在中央或地方政府提供项目支援，或者项目本身具有效益性的情况下，民间参与的积极性就会高涨。简单概括起来，韩国城市再生项目的类型可以按照牵头单位和预算编制的不同，分成地方政府主导项目、中央政府主导项目、民间主导项目三大类。下面将从项目单位、项目内容、项目效果、项目预算等方面入手，分析韩国城市再生的项目案例，指出其中存在的问题和意义所在，并在此基础上预测韩国城市再生的未来。

10.2.1 地方政府主导项目

① 仁川艺术平台

项目名称	仁川市艺术平台	
项目单位	仁川文化财团获仁川市支援，由仁川市及仁川中区的 7 个部门负责，拟订相关计划和推动项目的开展	
项目内容	将原本的工厂地带改造成文化艺术创作和交流的空间，是一项利用近代产业文化开展的文化城市再生项目	
项目效果	扩大地区旅游观光基础建设，将地区发展成代表仁川的艺术中心区	图 10-2　仁川艺术平台全景 资料来源：参考文献 [8]
项目预算	214.8 亿韩元	

② 永川市城市再生居民大学

项目名称	**庆北永川市，城市再生居民大学**
项目单位	永川市，大邱大学
项目内容	民间主导的城市再生项目；开展城市再生居民大学项目
项目效果	根据居民的提议，运用物质、社会、人文资源为地区共同体注入活力

图 10-3　永川城市再生居民大学
资料来源：参考文献 [9]

③ 大邱近代文化胡同

项目名称	**大邱市，近代文化胡同**
项目单位	大邱中区政府
项目内容	大邱中区政府号召和衔接零星散布于各处的文化场所，开展"城市胡同游"项目
项目效果	改善城市美观，保护和利用历史文化资源
项目预算	13.4 亿韩元

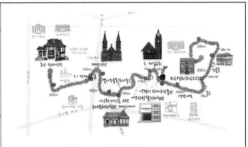

图 10-4　近代文化胡同地图
资料来源：参考文献 [10]

④ 釜山江东圈创新城市项目

项目名称	**釜山市，江东圈创新城市项目**
项目单位	促进委员会（包括区政府有关人士），居民协商组织，江东圈（3个区）组织
项目内容	为北区、沙下区、沙上区落后的工业区和住宅区改头换面，兴建创新城市；由政府及居民组成促进委员会，负责编制计划、提供预算支持、政策支持及编制管理方案
项目效果	构建文化创新城市的城市特色；构建旅游基础设施，改善老旧住房环境
项目预算	2454 亿韩元

〈 공사 전 〉

〈 공사 후 〉

图 10-5
蓄水池改造前后

资料来源：
参考文献 [11]

⑤ 水原市的老城区新活力项目

项目名称	**水原市，老城区新活力项目**
项目单位	水原市
项目内容	把"生态交通"的概念应用到八达区行宫洞的城市再生项目中，构建以步行街为主的村庄，对老城区进行重新整顿。以完善公路、壁画、胡同等基础建设为中心，从 2013 年 9 月 1 日至 30 日的一个月期间，斥资 25 亿韩元，成功举办了"水原世界生态交通节"
项目效果	改善旧市中心的外观，注入新活力，增加流动人口数
项目预算	包括国家经费在内共 130 亿韩元（包括世界生态交通节的 25 亿韩元）

图 10-6　水原市行宫洞壁画村

资料来源：参考文献［12］

⑥ 群山市的市中心再生项目（近代文化城市兴建项目）

项目名称	**群山市市中心再生项目（近代文化城市兴建项目）**
项目单位	群山市主导吸引民资为内港再开发项目投资
项目内容	以内港附近的近代历史博物馆为中心，复原近代建筑物及建设艺术创作空间的文化带项目。近代历史景观区项目，主要内容是：整顿市中心的近代建筑物，在周围建设观景路、浊流路和自行车道等主题道路
项目效果	为老城区注入新活力，构建群山旅游基础设施，保存群山近代文化遗产的价值
项目预算	11 个项目：共 7496 亿韩元；近代文化城市组建项目：1143 亿韩元

图 10-7　群山近代文化遗产兴建项目鸟瞰图

资料来源：参考文献［13］

10.2.2 中央政府主导项目

① 釜山市甘川文化村

项目名称	**釜山市，甘川文化村**
项目单位	以文化体育观光部公开招募为始拉开帷幕，协商组织（居民、专业艺术家、行政负责人）
项目内容	釜山山坡道路文艺复兴项目主要通过开展村庄美术项目，打造创意性的空间，恢复山间小区的朝气与活力，以甘川 2 洞山坡道路为中心，设置艺术作品
项目效果	构建旅游观光村，制造更多就业机会（以老年人为中心）
项目预算	100 亿韩元以上

↘ 续表

图 10-8　甘川文化村全景

资料来源：参考文献［14］

② 平泽市国际中央市场

项目名称	**平泽市，老城区新活力**
项目单位	平泽市
项目内容	整顿传统市场（西井市场、松北市场），建设停车场
项目效果	保护老城区的商业圈和实现均衡发展
项目预算	国家经费 252 亿韩元（建设停车场投入约 50 亿~60 亿韩元）

图 10-9　平泽市国际中央市场

资料来源：参考文献［15］

③ 釜山市中区光复洞

项目名称	**釜山市、中区光复洞**
项目单位	中区区政府、文化观光部、釜山市等
项目内容	光复路示范街组建项目（文化观光部和地方政府与居民联手打造的、全国最早的商店招牌文化改善案例）
项目效果	商业圈销售额增加 20%~25%，流动人口增加，开展丰富多彩的文化活动
项目预算	87 亿韩元

图 10-10　釜山市光复路

资料来源：参考文献［16］

④ 釜山市山坡道路文艺复兴

项目名称	**釜山市，山坡道路文艺复兴**
项目单位	山坡道路再生项目小组、居民组织、釜山市等
项目内容	环保小型公交车投入运行；扩建及新建绿色公用停车场；山地坡路安装自动扶梯；建设生态步行街；实施河流复原项目及屋顶绿化项目；利用废工厂建设公园和公共设施；开展山坡道路绿色台阶项目；设立社区营造聚会再生支援中心；建设独居老人生活空间和地区儿童中心；支援整修公厕；开展城市农业项目、居民艺术工坊建设项目、生活便利设施信息化项目、生活资料馆眺望台建设项目、山坡散步路建设项目；村庄咖啡厅建设项目、生活博物馆建设项目
项目效果	恢复社区共同体，地区旅游名胜及胡同商业活动活化
项目预算	在 2014 年地区产业振兴计划政府评估中荣获最优秀等级（153 亿韩元国家经费支援）

图 10-11 山地坡路单轨索道

资料来源：参考文献［17］

⑤ 安养市 1 号街支援政策

项目名称	**安养市，1 号街支援政策**	
项目单位	中小企业厅、市场经营振兴院、安养市等	
项目内容	以政府政策为主导，为小工商业者提供支援，促进传统市场和商店街繁荣发展等。开展停车场整顿项目、杆线入地工程、公路环境整顿、户外广告牌整顿等项目	
项目效果	激活商业圈，美化城市外观	图 10-12 安养 1 号街夜景
项目预算	安养市每年为"安养 1 号街庆典"提供 700 万韩元赞助	资料来源：参考文献［18］

10.2.3 民间主导项目

① 大邱市北城路工具胡同

项目名称	大邱市，北城路工具胡同
项目单位	民间（重新挖掘大邱）主导，大邱中区政府和中区创新城市支援中心赞助设计费
项目内容	维修翻新北、西城路1960年以前建造的日式木构建筑和韩屋
项目效果	通过与地区居民之间的沟通与合作，提升市民的参与意识
项目预算	为每座建筑物提供最多4000万韩元的补助金

图10-13　北城路工具博物馆
资料来源：参考文献[18]

② 清州市市中心再生项目

项目名称	清州市，市中心再生
项目单位	城市创造支援中心、创建宜居清州协会、绿色清州协会
项目内容	清州历史恢复和环境整顿；官衙址古路修缮；在西门市场和中央公园构建夜市和文化空间
项目效果	激活老商圈；为街道注入新活力；流动人口增加237%，空店铺由21%减少至13%
项目预算	157亿韩元（国家经费：41亿韩元）

图10-14　清州市中央大街
资料来源：参考文献[19]

综上所述，从韩国的城市再生项目运作中，可以获得如下启示：

（1）中央政府主导的项目。国土交通部开展的项目大多是以改善物质环境为主，有的是通过韩国土地住宅公司（LH）、市政公社等公共机关直接执行，有的是以向地方政府或民间组织提供预算支持的间接执行项目。文化体育观光部开展的是以文化为主题的项目，包括示范街道建设项目和住宅区艺术文化项目等。中小企业厅开展的主要是符合各部门特色的项目，如为支持小工商业者而开展的传统市场整顿项目。中央政府主导项目具有均衡开展、周期长、规模大的特点。由于项目周期长，所以分年度进行中期评估的情况较多。项目周期长的大问题在于，如果在项目执行期间政府政策发生变化的话，项目规模都有可能面临被强制缩小的危机。上述问题同样存在于地方政府主导的项目之中。可见，从项目的持续性、完成度、民间参与等角度来看，项目受政权的直接影响的层面需要相应的解决方案。

（2）地方政府主导的项目。地方政府主导项目的绝大多数，是通过与中央政府间的配比基金开展的。其中，特别市和广域市内基层自治团体的项目占比较多，这就意味着，比起地方中小城市，大多数城市再生项目是在大城市开展的。此外，这类项目还具有偏重物质层面完善，而创造就业机会或支持居民安居的项目却极其鲜见。其原因在于，后者主要是由中央政府部门（劳动部负责提供就业岗位，国土部负责提供住宅）负责开展的缘故。[1]

（3）民间主导的项目。大部分的民间主导项目是在政府的支持下通过构建相关组织（民间组织、政府、专家等）开展，以公益性项目为主。由于民间主导项目是赋予城市再生自生能力的主要手段，因此政府有必要为其提供更多的财政和顾问支持，挖掘各地项目主题和开发项目内容，并以此为基础策划和开展民间主导项目（表10-1）。

表10-1 项目及主体

项目效果和规模		地方政府主导项目	中央政府主导项目	民间主导项目
物质性项目	改善基础设施	○	○	
	增设旅游基础设施	○	○	
	改善居住环境	○	○	
	激活商圈	○	○	○
	美化城市外观	○	○	○
	保护历史文化资源	○		○
	均衡发展	○	○	
非物质性项目	创造就业机会		○	
	为社区共同体注入活力	○	○	○
	活化文化艺术	○	○	
	安居工程		○	
	开发庆典等	○	○	
预算规模 *		大 / 中 / 小规模	大 / 中 / 小规模	中 / 小规模

注：关于预算规模，小规模为100亿韩元以下；中规模为1000亿韩元以下；大规模为超过1000亿韩元。

---

1. 由于并未在韩国全国范围内开展相关的调查，因此不能断言地方政府完全没有开展上述项目，只能提出"比较鲜见"的保守看法。

| 参考文献 |

[1] 首尔韩屋网站 [EB/OL]. http://hanok.seoul.go.kr/front/kor/info/infoHanok.do?tab=1.2018.

[2] 沈静美 . 韩屋活化支援方案及法规制度改善研究 [R]. 世宗：建筑城市空间研究所，2011.

[3] 崔静媛 . 为了韩屋保护的居民参与活化制度研究 [D]. 忠清南道：韩国传统文化大学，2017.

[4] 闵贤哲 . 首尔市韩屋保护振兴政策评估及改善方向研究 [R]. 首尔：首尔研究院，2014.

[5] 首尔市 . 首尔韩屋宣言：历史文化城市首尔的韩屋居住区保护及振兴规划 [R]. 首尔：首尔市，2008.

[6] 郑哲 . 北村营造中期评估研究 [R]. 首尔：首尔市研究院，2005.

[7] 李英恩 . 城市再生法制的主要内容 [C]. 第一届城市再生活性化学术研讨会，2013.

[8] http://www.kyongbuk.co.kr/?mod=news&act=articleView&idxno=972070#09Sk.

[9] http://m.imaeil.com/view/m/?news_id=61791&yy=2013.

[10] http://www.jung.daegu.kr/new/culture/pages/tour/page.html?mc=0789.

[11] http://www.cnbnews.com/news/article.html?no=200974.

[12] https://minfo.hanatour.com/getabout/content/?contentID=1000050678101.

[13] http://www.yonhapnews.co.kr/society/2013/12/05/0701000000AKR20131205145400055.HTML.

[14] https://www.gamcheon.or.kr/?CE=about_01.

[15] http://sisa.pyeongtaek.go.kr/bbs/board.php?bo_table=ca14&wr_id=43.

[16] http://m.ypsori.com/news/articleView.html?idxno=12344.

[17] https://news.busan.go.kr/totalnews01/view?dataNo=55855.

[18] https://ko.wikipedia.org/wiki/%EC%95%88%EC%96%91%EC%9D%BC%EB%B2%88%EA%B0%80#/media/
File:20150206%EC%95%88%EC%96%911%EB%B2%88%EA%B0%8059.jpg.

[19] http://korean.visitkorea.or.kr/kor/bz15/travel/theme/recom_content/cms_view_1847602.jsp?gotoPage=&year=201
3&theme=1847603.

[20] https://m.blog.naver.com/PostView.nhn?blogId=aa4cards&logNo=220133286709&proxyReferer=https%3A%2F
%2Fwww.google.com%2F.

第11章

韩国首尔"居民参与型城市再生"项目演进[1]

进入 21 世纪以来，韩国大城市内部的基础设施及建筑老化问题十分突出，为此政府在编制相应的城市规划政策的同时，积极推进实施了改建、拆迁等大规模城市再开发项目。然而，这些大项目不仅破坏了城市内原有的自然景观、历史文化资源、道路体系等物质环境，同时导致开发过程中出现因房价上涨而引发的地区原居民回迁率较低、地方人文环境破坏严重等问题。针对这些教训和挑战，韩国从 20 世纪 90 年代中期开始引入"社区营造"理念，发展至今已有近 20 年历史，社区营造不仅带动了韩国社会各界的普遍关注及大范围的推广与实践，其运作手段和模式亦不断趋于稳定和成熟。

2012 年，韩国修订的《城市及居住环境整顿法》首次明确提出"居民参与型城市再生"的概念，从而成为韩国社区营造在新时期采用的新代名词——这标志着社区营造和城市更新在韩国迈入全新的发展阶段。基于此，本章以韩国最近新兴的"居民参与型城市再生"为对象，研究其定义、目标、特征和项目发展过程等，并以首尔市"城北区长寿村"的经典案例为依托，探究该项目在推进过程中各阶段的主要内容及各参与主体扮演的角色等。研究目的是汲取韩国居民参与型城市再生模式的经验，希冀能为我国城市更新过程中落实居民主导的工作机制及社区可持续发展提供模式借鉴。

---

1. 本章内容曾发于《规划师》，2016，32(8):141–147.

11.1 从"社区营造"到"居民参与型城市再生"

居民参与可以说是"社区营造"开展的核心手段之一。回顾居民参与在韩国的发展，其被正式列入城市规划程序中是在 20 世纪 80 年代。而韩国各领域的专家学者认为，居民参与正式开始结合"社区营造"应该追溯到 20 世纪 90 年代中期韩国对日本社区营造概念和案例的引入。这种新理念对韩国社区建设及广泛居民参与[1]的兴起产生了相当大的影响。这一时期的项目多由市民团体及地区居民组织主导，内容上围绕营建社区共同体[2]、打造安全的上学路、组织居民教育、举办庆典等活动展开。当时推行的社区营造虽然主要侧重于恢复地方共同体活力，但随着研究与实践的不断推进，社区营造理念逐渐演变成为一种整顿及管理城市空间的重要综合手段。

社区营造与传统实施的城市规划的差别在于：如果说后者是一种为改善地区物质环境而实施的城市开发，社区营造则是一种以保护和管理为中心的城市设计方式。传统城市规划项目主要由自治团体、民间企业、专家等"精英团体"进行规划设计，而社区营造是由市民及非营利组织（Non-Profit Organization，NPO）主导实施的包括地域再生、激活社区、自愿服务活动在内的共同体运动。社区营造倡导的城市设计方式于 2000 年之后，在韩国政府政策的支持下正式成为城市政策的重要组成内容，并被广泛运用到城市环境的各种改善活动中。由韩国中央政府发起的"想生活的城市 / 社区营造项目（2007）""营建生活美好的社区（2009）""首尔人类城（2010 年）"[3]等项目，是促使社区营造在韩国迅速扩散开来的重要诱发剂。这些由政府推出的以小规模城市整顿等为中心的开发方式助推着居民积极参与到城市建设中去，城市政策据此也逐渐调整到"居民主导、政府支援"等新规划开发模式上。由此，韩国从城市规划到建设实施的整个过程中有效实现了真正意义上的居民参与。

---

1. 韩国1981年修订的《城市规划法》规定居民可以通过听证会、城市规划立案时的公告及提交意见书的方式参与到城市规划中，这是韩国一般市民开始正式参与城市规划的契机。随后，1991年的基础议会选举（基础议会是指代表居民的，最终审议及决定各基础自治团体（市/郡/区）重要事项的决议机构）和1995年6月27日的地方选举推动了韩国居民的参与，其主要原因是居民可以自主地选拔广域/基础议会的议员及广域/基础团体之长。即，地区居民可以直接或间接地决定编制影响自己生活的规划及政策的主体。1989年经济正义实践市民联合的成立及1995年前后参与联合、绿色组合等各种市民团体的成立推动了居民参与发展。即20世纪90年代中期开始构建了可供居民表达自己意向的平台。
2. "共同体（Community）"是指聚居在一定空间内的人群，其在文化生活及心理上具有共识；而"社区营造"在韩国被称为"村庄创建"，所以在社区营造的过程中韩国国内所提到的"村子"亦即"社区"。
3. "想生活的城市/社区营造项目（2007）"的主要目的是利用地区的特色与资源，通过地方政府、居民团体、居民等的共同努力改善地区空间环境、提高居民生活品质及构建地区社区；"营建生活美好的社区（2009）"的主要目的是恢复地域社区、激活地域场所性的项目；"首尔人类城（Seoul Human Town）（2010）"的主要目的是实现住宅类型的多样化。2012年2月通过《城市及居住环境整顿法》的修订，将社会及经济再生包括在内并将"首尔人类城"项目重新命名为"居民参与型城市再生项目"。

"社区营造"换上"居民参与型再生"的名称重新登场的契机是 2012 年 2 月对《城市及居住环境整顿法》的修订（图 11-1）。此法在修订中新设了"居住环境管理项目"，为居住区的再生提供了实质上的法制依据，也首次正式提出了居民参与型再生的概念。这样做的目的是弥补原来城市整顿过程中的种种不足，发展和演进韩国城市再生的新范式。最近，伴随着部分示范项目的成功推进，居民参与型再生开始得到韩国社会各界的认可。

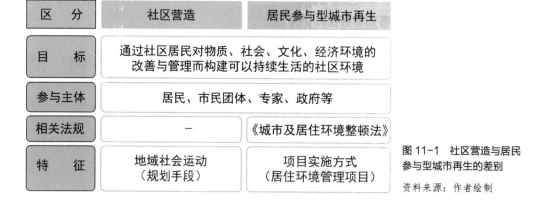

区 分	社区营造	居民参与型城市再生
目 标	通过社区居民对物质、社会、文化、经济环境的改善与管理而构建可以持续生活的社区环境	
参与主体	居民、市民团体、专家、政府等	
相关法规	—	《城市及居住环境整顿法》
特 征	地域社会运动（规划手段）	项目实施方式（居住环境管理项目）

图 11-1 社区营造与居民参与型城市再生的差别

资料来源：作者绘制

11.2 居民参与型城市再生的整体运作

作为现阶段韩国城市再生的新模式，居民参与型城市再生项目是一种有针对性的社区规划项目，主要针对独立式住宅 / 多家户住宅、多世代住宅 / 联立住宅[1]等密集小区，在充分反映居民要求的基础上改善生活环境、增建基础设施、支援住宅改建等，解决社区存在的物质环境及社会问题。

总体来看，首尔市推进的居民参与型城市再生项目不仅结合地区内的历史文化资源和地方特质改善了当地生活环境、恢复了地方社区、创造了就业机会；更重要的是，项目还打破了过去由政府主导的"自上而下"式城市规划编制及项目实施方式，尝试让居民作为主体从头到尾参与到整个规划的编制之中。通过发布相关指南，项目明确设定了各阶段居民、专家、政府、相关公司等参与主体的主要任务和角色。种种举措均使得居民参与型城市再生方式可以如期成功完成，并在短期内得到了韩国各界的广泛认可。

---

1. 多家户住宅：三层以下，建筑面积不超过660平方米，住宅所有权为一人；多世代住宅：四层以下，整栋楼的建筑面积小于660平方米，供19户以下居住的住宅，各户可以拥有房屋所有权；联立住宅：四层以下，整栋楼的建筑面积大于660平方米，供19户以下居住的住宅，各户可以拥有房屋所有权。

11.2.1 定义与内容

2013 年首尔特别市发行的《居民参与型城市再生项目手册》将居民参与型城市再生的定义表述为：让居民成为主体，自发地参与到社区物质、社会、文化、经济环境等综合性改善之中，从而营建适宜地区居民长久生活的社区再生项目，需要依据《城市及居住环境整顿法》实施居住环境升级管理。项目主要目的是形成居民共识平台、培育地域专家、构建支援体系、整顿相关制度体系以及分阶段促进项目实施。其中，居民参与型城市再生项目的五个目标远景是：居民主导的社区、保障居民生活权利的社区、可以放心生活的社区、具有特色的社区、想永久生活的社区（图 11-2）。

主要目标	详细内容
1. 居民主导的社区	项目主要以居民、场所、过程为中心，摆脱原来集中收集居民意见的方式，在居民自由参与的基础上，通过有效连接社区资源，激活社会共同体的居民主导型社区再生。
2. 保障居民生活权利的社区	通过营建诸多类型的住宅、提供住宅福利、构建基础设施等，在改善地区居民的居住环境同时为其提供可以负担得起的住宅。
3. 可以放心生活的社区	通过对地区灾害、火灾、犯罪的防范，改建/修缮老化的住宅及公共设施，恢复社会共同体，营建可以放心生活的社区。
4. 具有特色的社区	通过强化原来地区所具有的历史文化特性。构建社区人与人之间的关系网等，营建具有特色的社区。
5. 想永久生活的社区	通过构建人际关系网来激活社会共同体，并通过改善社会、经济、文化、环境等综合环境为社区居民提供工作岗位以及激活社区的商业活动，从而实现社区的经济再生。

图 11-2　居民参与型城市再生项目的远景

资料来源：参考文献 [7]

过去规划中由于缺乏居民意见，相关行政机关及专家无法核实项目的合理性及是否具有代表性，而居民的参与有助于政府和专家解决相应难题。居民参与型城市再生备受关注的原因可以归结为三个方面：①在项目促进的过程中如果出现各种利益冲突及对立的情况，可以通过对话及协调的方式使各矛盾主体达成意见共识；②在居民参与过程中，当居民获取了有关项目的相关知识及信息，或居民事先认识到其在项目中所拥有的相应权利和扮演的角色时，可以减少项目协商过程中所发生的利益冲突；③规划以行政机关及专家为中心推行时，通过居民参与得到提议有助于规划的具体化，以及保证规划可以切合地区实际情况落地。

11.2.2 特征与分类

　　根据 2015 年 2 月首尔特别市的报道，截至 2015 年 1 月，居民参与型城市再生项目在首尔共遴选了 55 处项目地（2011 年之前 7 处、2012 年 14 处、2013 年 22 处、2014 年 12 处），其中包括长寿村的 11 处项目已经竣工、6 处正在施工、24 处已经编制了相应整顿规划，另有 14 处候补地区被确认。居民参与型城市再生项目按照居民的意见及社区的自身条件可以划分为住宅环境管理项目、道路住宅整顿项目、激活改建项目、营建居民共同体项目四类。其中住宅环境管理项目主要是通过整顿基础设施、建设公共设施及居民自主改善住宅环境来实现低层住宅的保护、整顿和改善；道路住宅整顿项目是通过完善建筑标准及简化项目程序来实现维持原有道路的小规模整顿；激活改建项目主要是通过指定改建区域和完善建筑标准来激活市区；营建居民共同体项目是通过营建居民主导的共同体及行政、财政的支援来恢复及激活居民共同体凝聚力。

　　遴选的项目按照用地特征可划分为三类：①专用居住地区、第 1 种一般住宅地区、第 2 种一般住宅地区内独立式住宅、多家户住宅、多世代住宅等所密集的地区中，居住环境需要保护、整顿、改善的地区；②居住环境需要改善的社区，即相对来说地区停车场较小、胡同内犯罪常发、垃圾问题严重、社会福利等公共基础设施不足的社区；③预期将会进行住宅再开发或住宅重建的地区，即地区内超过 50% 以上的居民同意将此地区转换为居民参与型城市再生项目或同意解除预定的区域。

11.2.3 阶段与进程

　　在居民参与型城市再生项目推进过程中，主要原则是以社区居民为中心，由行政部门、专家、非营利民间团体进行支援及协助。其中，居民作为社区的主人来主导规划的编制及项目推进，是社区管理及运营中的实质性主体；专家及非营利民间团体作为居民助手，协助相关项目的顺利推进及协调各主体间的意见；行政部门的角色是对项目运营及管理上所需要的行政服务、经费和制度进行支援。整个项目促进过程分为以下七大阶段，包括事先企划、居民组织、构建社区、编制构想方案、编制规划、项目执行和激活共同体（图 11-3）。

　　《居民参与型城市再生项目手册》指出，可以将事先企划、居民组织及共同体、编制构想方案等视为是规划制定的准备阶段，此阶段主要是通过居民信访、与专家 / 非营利民间团体的合作、征集学生作品等的方式提出社区规划方案构想，首尔市会对规划方案进行评估并遴选出项目地，并编制与其相符的规划指引方向。同时，居民、专家、行政、相关公司会组成监督居民参与型城市再生项目的委员会。

　　在编制规划方案时，要通过居民研讨会收集居民意见，进行实地考察了解地区内存在的问题，专家在此基础上归纳居民提出的建议，总结其中相对来说比较重要的问题，决定共同体运营和改善居住环境的大致方案。在依据《城市及居住环境整顿法》编制完成具体的规划方案之后，通过居民说明会、公告等方式向居民公开规划的具体内容，收集居民意见并在居民意见的基础上修改规划方案，之后申请项目区域的指定。从区域指定到规划制定，需要专家与行政力量的帮助与引导[9]。

区分	各阶段促进的内容	各主体的角色			
		行政部门	居民	民间团体	专家
事先企划阶段	- 宣传社区营建； - 发掘项目地； - 事先企划研究	- 作品征集； - 事先企划研究； - 居民意见调查	- 关注社区； - 理解社区特色； - 改善规划参与意向	- 支援社区共同体的激活	- 事先企划研究(把握社区特色、支援共同体)
居民组织阶段	- 组建居民委员会； - 任命地域协调专员； - 组建小组和合作体系； - 组建实际工作委员会	- 实际工作委员会； - 审批工作委员会； - 任命专家(MP、公司)； - 组建居民委员会及运营的支援	- 组建居民参与委员会； - 居民作为实际工作委员会的成员	- 实际工作委员会的成员； - 支援居民委员会的组建	- 实际工作委员会的成员； - 支援实际工作委员会的组建； - 基础调查
构建社区阶段	- 构建社区共同体体系	- 审批居民代表会议； - 支援居民代表会议的组建及运营； - 教育居民代表	- 组建居民代表会议； - 选拔居民代表	- 支援组建居民代表会议	- 支援组建居民代表会议
编制构想方案阶段	- 召开社区研讨会； - 编制总体规划及公布结果	- 编制监督规划； - 编制改善规划及指定区域(公布结果)	- 提出当前方案内存在的热点问题； - 提出社区未来蓝图； - 调解社区内的利害关系	- 提出社区热点问题及未来蓝图； - 调解居民与专家之间的矛盾	- 编制总体规划案(总体规划+社区规划)
编制规划阶段	- 项目的具体化； - 提出住宅整顿方向； - 构建社区共同体运营体系	- 设计招标； - 编制规划(选定优先支援地区)； - 构建关于住宅改善的行政支援体系	- 编制激活共同体的规划； - 签订共同体协议同意书	- 发掘激活共同体的活动； - 支援编制激活共同体的规划	- 编制施工设计图； - 履行图册编制的程序； - 支援共同体协议的签订
执行项目阶段	- 改善公共环境； - 改善私有空间	- 选定施工公司； - 促进公共项目； - 编制设施维护管理方案； - 住宅改善的行政支援	- 监督、监理项目； - 调整居民利害关系； - 改善个别住宅； - 促进激活共同体的项目	- 激活共同体的活动	- 改善基础设施； - 公共设施的施工； - 住宅的改善； - 项目的执行及监管
激活社区阶段	- 宣传社区营建； - 发掘项目地； - 事先企划研究	- 共同体的行政支援； - 运营支援共同体设施	- 运营社区协议； - 运营激活共同体的规划及活动	- 运营及支援激活共同体的活动； - 促进居民共同体、地域活动家的相关活动	- 社区共同体的监管

图 11-3 项目促进各阶段中各主体的角色

资料来源：参考文献［8］

在执行项目时，为了社区共同体的可持续运营要正式组建以居民为中心的居民共同体运营协商小组。此外，为了管理社区整体的物质环境及对社区的运营，还需编制所有居民都应该遵守的"居民协议（案）"及"共同体管理规章"。行政部门要组织制定关于基础设施、居民公共设施设置等由公共部门负责和履行的相关规划，以及支援原有建筑的改建及社会经济再生。

激活共同体阶段,原则上是在项目竣工后,由地区居民直接对社区进行运营及管理。居民共同体运营委员会与居民应该推行与社区的实际情况相符的"居民协议"及共同体管理规章。同时,制度上应该构建专家支援、居民商谈及信息支援、行政／财政支援、居住环境改善、社区共同体激活等的支援体系,尤其是通过成立及运营社会企业及社区企业等给予居民创收的机会来激活共同体。

11.3 居民参与型城市再生项目在"长寿村"的实践

下文通过对首尔居民参与型城市再生项目中的典型案例"长寿村"的分析研究,来具体探讨居民参与型城市再生项目的实施过程、各主体的角色和成效。"长寿村"位于首尔市城北区三仙洞一街附近,住宅大多为超过 40 ～ 50 年的老化住宅,道路狭窄、胡同内台阶较多、城市煤气建设较难等原因造成了社区内基础设施不足及居住环境恶劣的现象。基于此,2004 年长寿村被指定为"住宅再开发整顿预备区域"[1],但是项目迟迟未能被推进。主要原因是这一时期韩国国内推行的多数再开发项目,开发权均属于民间建设公司,市场主导力过强。这些公司推行此类开发项目的主要目的是追求个人的经济利益,一旦开发商认为收益较低,即使是类似长寿村这样的建筑物老化严重、公共设施落后等这些迫切需要改善的地区,也不得不面临开发商逃避开发的状况。除此之外,开发商迟迟不愿开发长寿村的另一个原因是其所处的特殊地理环境——附近分布的首尔城墙和三军府总武堂等文化遗产及东北走向的丘陵等(长寿村概况见表 11-1)。伴随着长寿村住宅再开发项目的长期搁置,地区内基础设施及居住环境恶化、闲置房屋增加、人口减少等问题更趋严重。[2]

在 2012 年 6 月长寿村被指定为"居民参与型住宅再生项目"试点区域之前,相关专家及市民团体在 2008 年已开始认识到因再开发延期引发的各方面问题的严重性,并开始探寻可以取代再开发的其他方式。2013 年 5 月按地区居民的要求,长寿村被解除了"住宅再开发整顿预备区域",同年 11 月地区内推进的关于改善地区物理环境的项目竣工。

---

1. 住宅再开发整顿预备区域:住宅再开发项目是指为了改善基础设施恶劣及老化/不良建筑密集的住宅环境而实施的项目。整顿预备区域由市/郡/区指定,一定区域内20%的建筑物在超过20年以上时可以被指定为整顿预备区域。如果超过50%的居民不希望再开发时,拿到该区域51%的撤销同意书后可以向市/郡/区要求撤销整顿预备区域,通过市/郡/区调查之后可以被撤销。

2. 此地区即使被指定为整顿预备区域,也并不一定会被开发,但一旦被指定为整顿预备区域,此地区内便禁止一切开发行为,如增建及改建。

表 11-1　长寿村概况

区　分	主要内容
周边环境及地形	· 选址条件：遗址第 10 号首尔城墙、首尔市物质文化遗产第 37 号三军府总武堂等文化资源、骆山公园、三仙公园等公园及汉城大学等学校设施； · 丘陵地低层住宅区
人口	· 共 611 人、299 户（以 2012 年 5 月为准）； · 65 岁以上的人口占 34.5%（首尔市老年人口比例为 10.0%）
建筑	· 竣工时间超过 25 年的建筑占地区的 95.8%，一层住宅占 78.4%； · 大部分与建筑相邻的胡同宽约为 1~3 米； · 登记的违章建筑为 32 栋（19.2%）、未登记的违章建筑有 6 栋、闲置房屋 13 栋
图片	 长寿村位置　　　　　　　　　　长寿村全景

资料来源：左图为作者自绘，右图为参考文献 [11]。

按照前面提到的居民参与型城市再生项目的阶段划分，从长寿村"方案开发研究小组"开始活动的 2008 年到关于"居住环境管理"规划着手编制之前的 2012 年，可以归结为萌芽阶段，即准备及起步阶段；长寿村被遴选为首尔市居民参与型城市再生项目且多方主体开始正式探讨规划编制的 2012 年 6 月到项目竣工的 2013 年 6 月，可归结为发展阶段；从 2013 年 7 月至今，主要是对项目的运营管理及激活共同体，可归结为成熟阶段（图 11-4）。

11.3.1 萌芽阶段（2008 年 7 月—2012 年 5 月）

萌芽阶段即居民参与型城市再生项目准备及起步阶段，具体来看是事先企划、组建居民组织，构建社会共同体（Social Community）的阶段。在事先筹备企划的过程中，长寿村构建了由"居民主导、民间团体协作"的参与工作机制。为了探索在新城建设及重建的过程中出现的原居民回迁难的问题，2008 年 7 月由绿色社会研究所、城北居住福利中心、居住权运动网、韩国城市研究所等团体共同组建了"方案开发研究小组"。截至 2010 年，方案开发研究小组及城北区政府主要负责协助居民对社区现场进行调研，通过召开居民研讨会及说明会收集地区居民的意见、探析居民的需求。

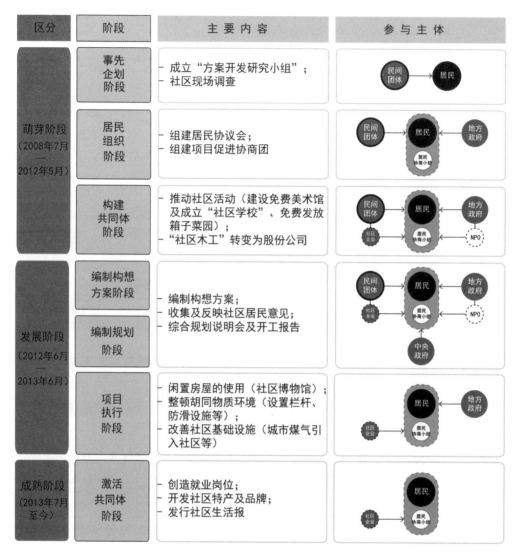

图 11-4 长寿村项目各阶段主体角色

资料来源：作者绘制

在构建共同体阶段中，通过构建"居民主导（包括由居民组建的协商小组）、民间团体（包含各领域专家）技术协助、城北区政府资金资助"的工作机制，以期推动社区共同体的形成。基于各主体的共同努力，地区内的空地建成了小型美术馆，并免费向地区居民开放。此外，项目还向社区居民免费发放了箱子菜园；开设由社区居民自己组织进行教育及学习的"社区学校"——在这里可以接受关于房屋修缮、盆栽、摄影、木工、除湿技术等方面的教育。2010年4月企划的"房屋修理互助"项目是社区居民参与社区治理的重要途径之一，其主要原因是居民不仅可以通过此方式直接参与到简单的住宅修缮之中，还可以让其通过自身所具备的技术来亲自整治社区的物质环境，在这样的过程中让地区居民亲身体会到互助及自食其力的重要性与必要性。除此之外，即使在项目结束之后，也可以实现居民自主改善社区物质环境的可持续管理体系。自2011年4月起，"房屋修理互助"演变成社区企业——"社区木工"。此转变的主要目的是希望调动地区居民的积极性，让其通过修理地区内的老化住宅参与到自己动手改善居住环境的社区建设中。"社区木工"的努力得到了城北区的肯定，城北区政府更是与其签订了关于支援长寿村房屋修建及增加就业的合约。城北区出资5000万韩元作为其启动资金，"社区木工"利用这笔资金购置了修理房屋时所需要的材料。

在"社区木工"的不懈努力之下，通过改建社区内老化房屋实现了地区居住环境的改善；为居民提供了直接参与到社区治理中的平台；通过为社区居民提供工作岗位实现了地区居民的创收；将社区内闲置的地下室改建为工作坊、将垃圾场改建成社区休息空间等，实现了社区内公共空间的有效利用。2012年"社区木工"转变为具有收益性的股份公司，也就是说即使居民只投资1股（1000韩元）也可以成为股东，具有参与董事会的权利。"社区木工"从真正意义上成为属于地区居民的居民企业、社区企业。

根据2011年城北区发行的《为了改善长寿村居住环境的住宅实况调查》，城北区政府和韩国城市研究院当时为了改善长寿村居住环境，针对社区居民开展了"关于住宅再开发的意见""住宅再开发预期区域的解除""通过居民参与改善居住环境和社区经济"等问卷调查，调查结果证实了长寿村居民参与社区整治的意志。基于此，2012年长寿村的居民与方案开发研究小组联合向首尔市提交规划议案，同年3月长寿村的实践被首尔市评选为"居民参与型城市再生项目"。

11.3.2 发展阶段（2012年6月—2013年6月）

发展阶段即规划的编制、决定、公告、项目促进阶段。2012年6月，长寿村构建了"长寿村居民主导、中央政府（首尔市居住环境科）及地方政府（城北区社区经济科）协作、民间团体(方案开发研究小组、社区活动家、规划小组等)指引"等多主体参与的工作机制，各主体开始携手进行规划方案的编制。编制规划方案时，考虑到不同胡同内的居民之间交流相对较少的问题，以各胡同为单位组成6个小组进行意见收集及反馈。参与社区研讨会的成员是从各小组中选拔的代表，各代表不仅负责在会议中反馈居民的意见，同时负责将会议中所有的决策、信息等传达至居民。召开研讨会的过程中，不仅会探析社区内所存在的实际问题，同时也针对相应的问题提出解决方案，包括闲置房屋的使用、胡同的整顿、基础设施的改善、城市煤气的引入、景观指南的编制等。通过数次研讨会的协商，最终形成了长寿村规划方案。

在长寿村规划方案实施之前，由居民协商小组代表、城北区公务员、专家（建筑师等）组成运营管理委员会，对项目进行监督及支援，其工作机制是采用"居民以主人的角色参与其中、政府拨款支助"的方式。考虑到长寿村地形陡峭、胡同狭窄、台阶较多等特有的居住环境以及本地居民经济实力低下的情况，项目资金基本由政府负担。长寿村通过居民运营"工程食堂"为相关工作人员提供伙食的方式，提高了地区居民的参与积极性，诱发了地区居民的主人意识及归属感。长寿村借助基础设施改造等方式不仅改善了地区内整体的步行环境、解决了地区居民煤气使用的问题，还为地区居民提供了交流途径及空间。其他相关有意思的措施还包括：①首尔市出资购买社区内闲置的建筑，将其营建为"社区博物馆"，用以展示村落及住宅发展演变的过程、地区邻里之间日常生活的旧照片，博物馆的运营及管理则由社区居民负责；②政府投入专项资金修建台阶两侧栏杆、防滑设施；③改建城市煤气供给设施，政府承担主管道及家庭用引接管道的费用，居民需要缴纳各自家庭内所使用的管道及锅炉等建设经费。

在参与主体的密切合作及努力下，地区内推进的各种项目按照计划如期顺利开展。项目完成后，长寿村的物质环境及基础设施得到了明显改善、居民的生活安全系数及便捷程度有了很大的提高（图11-5）。同时，这也增进了地区居民对参与城市再生项目重要性的理解及支持。

社区博物馆

台阶两侧栏杆

道路铺装

煤气供给设施

图 11-5　长寿村地区物质环境

资料来源：作者自摄

11.3.3 成熟阶段（2013 年 7 月至今）

成熟阶段即运营管理、社区居民自治及激活共同体阶段。在此阶段，基础设施整顿及住宅改良等项目已经结束，开始从治理地区物质环境转为居民对社区的自主管理。规划初期，"社区木工"所设置的目标是从 2013 年开始，三年内修理约 60 处住宅，而实际上通过 2013 年的示范项目整治修理了 10 处住宅、通过 2014 年的支援项目修缮及改良了 15 处住宅。综合来看，到 2014 年仅完成了预期目标的 40%（25 处住宅），虽然很难达成当时的预期目标，但现在当地的居住环境已经得到了相当大的改善。"社区木工"还为地区居民提供工作岗位、开发地区特色商品、创建社区品牌，并在此过程中为地区居民开辟了创收途径，推动了地区经济的发展。"社区木工"不仅有效地调动了地区居民参与社区建设的积极性及对社区的关注，而且激发了地区居民的"主人翁"意识及社区归属感。

综上所述，对于长寿村而言，"社区木工"不仅在社区物质环境治理中扮演着至关重要的角色，而且在今后社区的运营管理过程中发挥着重要的作用。然而，最近"社区木工"的成长也开始面临新的选择，即是否应该重整其业务范围、调整组织机构，将其转型为与长寿村无关的独立性企业。从本质上看，这些问题不仅关系到"社区木工"今后的自身发展，还关系到社区的未来。这是因为自"社区木工"成立以来，它一直扮演着政府和居民之间桥梁和纽带的角色，为居民参与社区治理搭建了稳固的平台，间接调动了社区发展的内在动力。以至于城北区相关负责人认为，现在地区内存在的另一问题是在推进各种项目的过程中，由于地区居民过度依赖"社区木工"，导致直到现在居民仍未具备自主运营的能力。就社区而言，社区归宿感的下降及共同体的解体等是社区衰退的根本原因，而"社区木工"是长寿村仅有的共同体。基于上述原因，一旦"社区木工"脱离社区成为独立公司，长寿村内的共同体将会面临解体，居民参与的积极性可能会随之下降，社区的发展也会受到影响。

11.4 结论：韩国经验对中国城市再生的启示

从宏观角度看，首尔市现阶段推进的居民参与型城市再生项目是以居民为"主角"、政府及专家等为"帮手"，在社区治理实践中兼具改善城市物质空间、社会、文化、经济等多个领域的综合性城市改造方式。这对解决中国当今大城市快速发展过程中出现的内城居民生活质量下降、城市基础设施不足、社区认同感下降等有着重要的借鉴意义：

首先，居民参与型城市再生项目不仅构建了"居民主导、政府的财政及行政支援、专家及市民团体协作"的多主体参与模式，还通过居民参与提高其"主人翁"意识。从现实意义上来讲，近年来韩国非常关注城市再生中居民参与的主要原因在于，这种方式既有利于在规划编制之前通过主体之间充分的交流来减少在规划编制过程中出现的利益冲突，也有助于编制满足居民真正需求和符合地区条件的规划。

其次，韩国居民参与型城市再生项目在短期内可以有效运行、部分试点地区已经取得较大成效，得益于国家法律、相关制度、政府政策及财政等的有力支援。中国虽然已经意识到城市建设过程中居民参与的重要性，但是与此相关的规章制度建设基本仍处于空缺状态，这无论是对于从"大拆大建"朝"渐进更新"的方向转变，还是试图调动居民积极地参与到城市建设中来说，都是短期内难以逾越的大障碍。

最后，长寿村案例给予我们的思想启示还在于在城市建设中可以通过创立社区企业——"社区木工"，实现社区居民的自主创收体系。但实践也说明，单一的社区企业很难实现真正意义上的可持续发展。当前"社区木工"的有效运营及管理虽然非常重要，但是事实上发掘其他的社区企业及共同体等才是帮助地方迈向真正可持续发展的途径。鉴于此，中国在推进相关城市再生项目时可以通过编制关于支援社区企业及共同体的相关条例，预防此类"独木桥"现象的发生。

| 参考文献 |

[1] 金小真. 关于改善居民参与型住宅再生项目过程的研究：以首尔市为中心 [D]. 首尔：公州大学，2014.

[2] 金素卿. 合作管理在城市再生项目中对居民参与积极性的影响 [D]. 首尔：首尔市立大学，2013.

[3] 李夏英. 居民参与型城市再生项目实施效果的分析 [D]. 首尔：中央大学，2014.

[4] 曹未来. 关于居民参与小公园管理的影响的研究 [D]. 首尔：首尔大学，2012.

[5] 首尔市. 长寿村历史 / 文化 / 保护整顿综合规划 [R]. 首尔：首尔市，2013.

[6] 首尔市. 居民参与型城市再生项目 [EB/OL]. （2015-02-02）[2015-12-18]. http://citybuild.seoul.go.kr/archives/11056.

[7] 首尔市. 我们的社区营造：首尔市居民参与型城市再生白皮书 [R]. 首尔：首尔市，2013.

[8] 首尔市. 居民参与型城市再生项目手册 [R]. 首尔：首尔市，2013.

[9] 金美卿. 为实现低层居住区再生的居民参与型城市再生项目的促进过程分析研究 [D]. 首尔：中央大学，2014.

[10] 洪永周. 关于居民参与型住宅再生项目促进过程的研究：以首尔市城北区长寿村为中心 [D]. 首尔：首尔市立大学，2013.

[11] 首尔市. 简明的长寿村说明书 [R]. 首尔：首尔市，2013.

[12] 首尔市. 长寿村白皮书 [R]. 首尔：首尔市，2013.

[13] 朴学龙. 在长寿村再生的过程中社区木工的角色及课题 [J]. 大韩建筑学术集，2015，51（9）：45-60.

基于政府引导与政民合作的韩国社区营造[1]

第12章

社区营造在韩国被称为"村庄创建（마을 만들기）"，该词是对日语"まちづくり"（Machitsukuri）的直译[2]。这里的"村庄"即为社区，是指居民在日常生活中共同享有的空间、环境、经济、文化及社会关系网等。近年来，经济危机冲击下的韩国经济持续低迷造成了大规模城市开发建设的停滞以及居民居住意识的改变，政府主导的各种大型项目难以为继，而"社区营造"——这种强调以"人"为核心，硬软件提升相结合，整治、保护和管理并行的城市再生策略，则上升成为韩国城市规划及社会公众关注的焦点。

韩国的"村庄创建/社区营造"是居民及其团体在行政部门和专家的共同帮助下进行的小规模物质及非物质环境改善活动。作为注重民间自我改造的社会建构过程，社区营造在运用政府行政资源、倡导专家学者参与、激励社区热心人士贡献力量的前提下，是一种激发社区自主性、改造地方人际网络、美化生活环境、塑造地方文化产业，乃至培植公民社会基础的本土性社会文化运动。基于此，本章针对韩国社区营造的政府引导与政民合作特性，研究社区营造在韩国兴起的背景及历程，剖析韩国社区营造的特性及类别，并以首尔市社区共同体营造为例，集中探讨其发展过程、运作状况及核心价值等，以期为通过社区营造方式提升我国城乡空间品质和社区生活质量提供相应的经验借鉴。

---

1. 本章内容曾发于《规划师》，2015,31(5):145-150.
2. 1994年，我国台湾地区的文建会在引入相关概念时将其译为"社区营造"。

12.1 社区营造在韩国的兴起

社区营造在韩国萌芽于 20 世纪 90 年代, 大致经历了三个主要发展阶段（图 12-1）, 并逐渐演变成为韩国城市规划中的新风向。它取代了韩国过去由国家及政府主导的常规性城市规划方法, 改由地区居民作为主人来关心自己生活的空间, 积极发现需要改善的各种社区问题, 并利用地区的固有特色和资源直接参与到环境改造活动中。社区营造侧重于人文关怀和居民调动, 它既是解决当前韩国经济下滑、城市景观破坏、大规模开发踯躅不前的重要对策, 也是提高地区生活品质、增进地区社会团体相互交流的有效途径。

（1）第一阶段: 居民自主改善居住环境的萌芽（1990—1994 年）。20 世纪 80 年代, 首尔钟路区嘉会洞北村地区被公布为首尔的"第四类美观地区"[1] 和"韩国传统建筑保护区"。然而, 北村地区的未来发展却因此被束缚在了历史保护的各项严苛规定之下。这片承载了 600 年历史的传统地区由于缺乏积极的保护和改善对策, 历史遗址不断遭到破坏甚至消失。北村居民和相关社团的 500 多名成员对此感到无比痛心, 他们带头表示要设法将祖先的遗赠继续留传给后代, 于是自发组成了"北村营建会"[2]

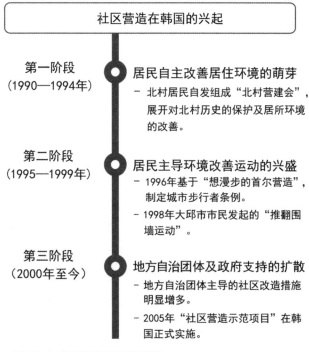

图 12-1　社区营造在韩国的兴起

资料来源: 作者自绘

来开展相关工作。北村营建会于 1991 年正式注册成为建设部下属的法人团体, 掀起了韩国居民自主改善居所环境和保护历史文化的序幕。

（2）第二阶段: 居民主导环境改善运动的兴盛（1995—1999 年）。随着韩国社会

---

1. "美观地区"是韩国按照城市管理规划为了维持城市的美观对地区用途的指定。而"第四类美观地区"是指需要保存韩国固有的建筑样式或维持传统性美观的地区。
2. "北村营建会"是北村地区内保护韩屋的社会团体之一。

民主意识的高涨、经济发展及生活水平的提高，越来越多的市民关注于自己的社区生活环境，居民主导的环境改善运动不断涌现。1996 年在"想漫步的首尔营造"中，市民团体、专家和市议员通过集体协作和共同认可制定出了城市步行者条例，此后激发了更多的市民积极参与到政府条例制定和相关制度的修订活动中。另一有影响力的事件是 1998 年大邱市发起的"推翻围墙运动"。搬到大邱市地区的新居民为了与其他居民共享自己的院子，成功说服房主们拆掉围墙、营造庭院和绘制墙画，从而吸引了社区居民经常性地利用这里的庭院举办展览和儿童绘画比赛等活动。该做法获得了其他地区的高度关注和竞相效仿，有力推动了社区营造思想在韩国的传播。

（3）第三阶段：地方自治团体及政府支持的扩散（2000 年至今）。2000 年以来，改善日常生活环境的市民团体活动与项目开始突增[2]，地方自治团体主导的社区改进举措也明显增多。随着韩国社会对社区营造关注度的增加，政府部门开始积极引入多种多样的政策与措施对其表示支持。2005 年，韩国政府首次在政策议题中直接提及社区营造的理念，引发了广泛的社会关注，随后"社区营造示范项目"在韩国正式实施。2007—2009 年，政府共实施了 3 次社区营造推进计划——"营造想生活的城市"，将示范项目分为示范城市（18 个）[1]、示范社区（61 个）[2]、规划费用支援城市（12 个）、成功案例支援（3 个）四类予以落实[5]。2010 年后，房地产市场的萧条和城市大规模开发的弊端加速显露，进一步促使韩国政府确认要借助社区营造来完善和修复"政府主导"的不足。2011 年韩国《城市及居住环境整顿法》重新修订，新增了有关"居住环境管理项目"和"道路住宅整顿项目"的制度性规定，"居民参与型再生项目"的社区营造示范开始推行。

12.2 韩国社区营造的主体与类型

社区营造除了要进行"物质"维度的生活环境创造之外，优化共享生活环境的社区居民网及"村庄共同体"和村庄文化等内容也涵盖在内。这里所说的"社区共同体"是指尊重居民个人自由和权利，依仗平等互助关系，由居民决定和推进社区事务的居民自治体[3]。社区营造在整治社区物质环境的基础上，还要对社区财政、自治组织、市民意识、历史传统等软件进行长期的优化和提升，在邻里之间建立起诚挚的往来关系及形成社区共同体，帮助社区居民组建健康融洽的邻里生活。

---

1. "示范城市"是为了挽救有价值的城市经济、社会、文化特性，促进有特色的城市可持续发展而设定的示范建设项目。
2. "示范社区"是中央政府最初以城市内的社区为对象的社区营造支援项目。
3. 2012年首尔市颁布《支援首尔特别市社区营造共同体等条例》。

12.2.1 社区营造的目标与主体

社区营造的主要目标是发掘资源、创建关系和改善生活环境：①发掘资源是要深入探寻社区的历史文化资本，借助教育行动开发社区人力资源；②创建关系是要通过居民、行政部门及专家学者等各主体间的协作，改善社区环境和调动地区居民对社区的关注，在了解多数人需求的前提下建立共同的社区目标及远景；③改善生活环境是指实现居住、配套设施、就业、人际关系等多层面的社区可持续发展。

韩国学界对社区营造的参与主体尚未有明确的界定。根据朴秀营的研究，参与者主要由居民、专家、政府等构成（图12-2）。其中，居民主要包括当地住户、民间组织及各种团体，他们由于在交流和建立相互间关系网的过程中实现了认识共享，因而能实现一体化的整合。政府由中央、地区等多级行政主管部门构成，主要负责社区营造所需的政策、财政等各项行政支援。专家主要由各领域专业人士和学者构成，负责营造项目的技术支援和监督，通过开展"居民教育"使居民成为社区的主导。在整个过程中，居民及居民自治组织是主角，专家和行政部门扮演着协助支援的角色，这样可以提高居民的公共意识和借助政民合力来创造社区共同体。

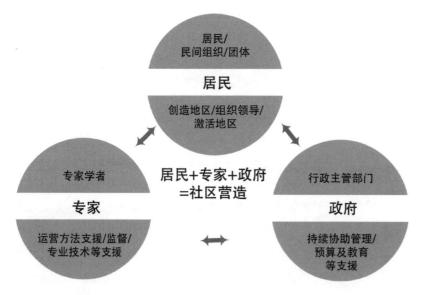

图 12-2 社区营造的参与主体和角色构成

资料来源：作者自绘

12.2.2 社区营造的类型

随着参与者扮演的角色、相互关系及参与程度的不同，其所负责的具体事项会有所变化，营造项目的类型会因此产生差异，结果也会有所不同。根据金世镛等（2013）的研究，按照核心参与主体的不同，社区营造可划分为四类，它们均涉及来自公共行政及公共财政的支持（表 12-1）：①公共支援型是政府确立政策之后，通过公开招募来选定并给予支援的示范项目，如中央政府支援下的国土海洋部的"想生活的社区营造"项目[1]；②民间主导型是由民间组织（NGO）或企业等自主发起，随后由公共部门对其进行援助的项目，如城嵋山社区营造等；③公共教育型是通过"居民参与型社区营造"的教育活动培养地区居民公共活动热情的项目，例如，由国土部的城市大学、京畿道的新城市民大学等机构所提供的社区参与教育活动；④公共规划型是指政府在制定公共规划的实践中，收集居民意见并对之加以采纳和实现的过程，如全州韩屋村规划等。

表 12-1　依据参与主体进行的社区营造分类

类　　型	过　　程
公共支援型	政策→公开招募（评价，选定）→支援→实践→（评价及监督）
民间主导型	规划→实践→（评价）→（支援）→（评价及监督）
公共教育型	政策→教育→（公开招募）→支援→实践→（评价及监督）
公共规划型	政策→规划（居民参与）→支援→实践→（评价及监督）

资料来源：参考文献 [9]。

依照当前韩国推行的社区营造项目的规划要素和内容构成，可将社区营造划分为五类，早期项目更加关注物质环境改善，后期项目对气候变化、经济萧条等社会变化趋势进行了回应，着力解决社会、经济、环保等综合性问题：①历史文化保护类侧重对那些承载了历史生活、文化传统的空间进行的保护；②落后居住环境改善类重在改善山地社区及其他落后地区的居住生活环境；③社区保护类是保护并形成育儿、生产生活共同体的营造项目；④绿色节能类主要是应对气候变化，营造绿色环境和实现人们的绿色生活方式；⑤工作岗位及收入支援类是针对韩国社会低出生率、老龄化及经济萧条等社会问题提出的福利支援方式。其中，首尔的社区营造活动由于政策完善、类型丰富、目标多样，已经发展成为韩国的标杆和典范。

---

1. "想生活的社区营造"是韩国国土海洋部从2005年开始，为了应对世界城市竞争和城市规划模式的变化、增强韩国城市的竞争力、营造高水平的城市环境及提高城市生活品质而实施的一项政策活动。

12.3 政府引导与政民合作下的首尔社区共同体营造实践

2000 年以来，首尔为社区营造的发展做出了不懈的努力与尝试（图 12-3）。首尔社区营造表现出强烈的政府帮扶下的居民自治特色，其初期活动主要聚焦于保护韩国的传统建筑，如 2003 年首尔"文化地区"仁寺洞通过规划、管理和公众参与来复兴历史；近期开展的"西村地区单位规划"[1]也是政府和居民为保护韩国传统建筑所作出的努力。另一类重要的社区营造活动主要针对住房和社区，2009 年"营造美好社区的地区单位规划"就是首尔在高层住宅泛滥、城市开发共同体消失的背景下所发起的保护低层和独立住宅、促进居民参与社区共同体文化营造的项目。此外，2006 年"明洞观光特区地区单位规划"的社区营造活动也颇具影响力，它深入挖掘了明洞地区作为韩国重要购物中心的特性，借助民间力量来激活旅游产业导向的小规模开发。

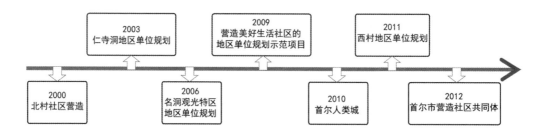

图 12-3　首尔市社区营造发展中的重要行动

资料来源：作者自绘

12.3.1 以"恢复社区共同体"为核心的政府促进项目

首尔社区营造的核心推动力实质上出现在 2011 年朴元淳担任首尔市长之后，他提倡用社区营造的城市建设方式来取代以前的新城开发和大规模城市更新。朴元淳于 2012 年年初发布《首尔市新城整顿项目新政策构想》，将施政重点从新城建设转到关注市民的生活品质与幸福之上，"恢复社区共同体"成为施政措施的核心内容[8]。"首尔市共同体项目"由此成为首尔社区营造运动的焦点（表 12-2），它是基于政府帮扶，由居民自发确立规划提议并予以实施的社区项目。

---

1. "地区单位规划"是针对设定的城市规划片区，为增进土地的合理使用、改善地区景观及确保良好的环境，对其进行的系统、法定的规划管理。

表 12-2　2014 年首尔社区共同体促进项目计划

项目领域	项目指向	项目内容	数量 / 个
实现父母和孩子的幸福	父母交流	支持为了解决子女问题举行的父母聚会	130
	共同育儿	建构家庭、保育设施、社区之间的联系	再支援：23～26
			新支援：5～7
激活宜居的首尔住区及邻里文化	公寓社区共同体	激活公寓文化的社区共同体	公开招募项目：40
	激活多元文化社区共同体	支持外国人与本国人的共存及融合	3
	街道社区共同体	形成商人、居民、顾客之间的共同体	10
	社区艺术作坊	支持文化艺术空间的创建及相关活动	25（延长支援，无新项目）
激活社区企业，创建工作岗位	社区企业	准备创业的种子期教育活动，为选定的公共性强的社区企业提供咨询和支持	30（租赁押金支援）
			35（事业费，配合安行部）
激活与生活紧密联系的社区行为	能源自主社区	城市型能源自主社区的发掘和推广	新支援：3；再支援：11
	激活社区安全	构建灾难、犯罪预防等综合性生活安全网	再支援：2
构建社区共同体基础，扩大居民参与	居民提案	建构及恢复居民共同体的活动	11（持续及新增）
		建构及恢复居民共同体的交流空间	30（持续及新增）
	激活社区媒体	媒体制作，教育及专家培育，居民主导的社区广播运营，促进居民间的交流和沟通	教育支援：25
			活动支援：20
			媒体支援：15
	我们的社区	支援居民主导社区规划	95

资料来源：根据参考文献［10］整理。

　　首尔市共同体项目的参与者可以是社区里的居民、居民集会、市民团体和行政组织等，只要是 3 个人以上，无论社区居民中的谁都可以向政府提出支援申请，项目获得政府支持的具体运作过程如图 12-4 所示 [8]。依项目发育程度，政府会将项目分为种子阶段（居民集会形成）、幼苗阶段（营造项目实施）、成长阶段（确立和执行社区规划）来提供有针对性的帮助 [8]。为提高居民的社区认知和主导能力，政府还会通过举办"寻访社区共同体"的讲座，建立培养社区活动家的"成长学校"，开展引导居民自治的"咨询员教育"和"社区领导教育"等提升居民参与规划的能力[11]。这些社区教育虽以中央政府、地方政府等为中心，但仍被委托给市民社会团体或地区团体具体进行（大部分委托给市民团体或大学）。

图 12-4 社区项目获得政府支援的具体过程

资料来源：参考文献［14］

12.3.2 支持社区共同体营造的行政架构及支援中心

　　社区共同体建设项目在行政机构、支援组织、居民、民间团体等联系网络的支撑下运行（图 12-5）。为顺利推进共同体营造运动，首尔市对行政组织架构进行了重组，制定和发布了一系列相关条例，并创设相应的委员会和支援中心来负责有关事务。由居民、专家、公务员、市议员构成的"首尔市社区共同体委员会"每月都会召开讨论会，对社区共同体政策进行讨论并分享所有进行项目的经验得失（民间合作团体也会参与其中）。2012 年，首尔正式成立中间支援组织"首尔市社区共同体支援中心"，它是政府与居民合作，发掘和支援居民主导的社区共同体活动的重要机关和平台，其主要任务是支持地区成长和居民参与，支持大小社区共同体的活动，并强化社区内人力及物力资源的连接[14]。

12.3.3 营造社区共同体的政府中长期规划

　　首尔政府制定和颁布了《首尔特别市社区共同体基本规划》，提出育成社区"种子（居民集会）"，通过多"路径"深化社区营造的 5 年中长期规划（图 12-6），核心内容包括：①支持居民主导的社区规划。居民可自发寻找自己社区内日常生活中需要改善的各种项目，如侧重教育的共同育儿、侧重经济的小吃街、侧重生态的社区节能、侧重福利的邻里间相互照顾等，并自主开展相应的社区规划，政府会对制定规划所需的咨询及其他费用进行资助。②培养引领共同体项目的社区活动家。社区活动家是与居民一起工作，引导并帮助社区活动顺利开展的人员，主要由青少年、女性和退休居民等构成。③构建 10 分钟路程的居民交流空间。这类空间包括咖啡店、社区艺术作坊、绿地空间、小图书馆和公共设施等，原则上由居民自发经营，必要时可向综合支援中心申请帮助，相关部

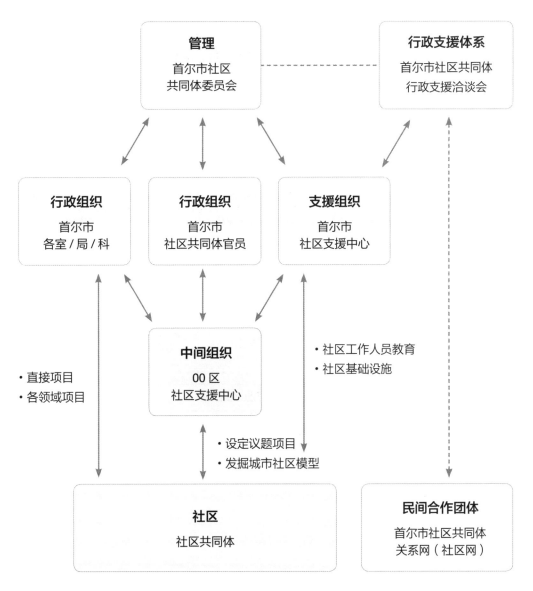

图 12-5　营造社区共同体的组织架构图

资料来源：参考文献 [14]

门在现场调查之后给予其在运营费等方面的补助。④居民主导的交流活动。对小的社区共同体组织的活动予以支援，例如，为解决子女问题的父母聚会活动及交流的项目支援，激活公寓共同体政策的促进活动等，它们都是对居民自发解决育儿问题、提出新的育儿方式、强化社区认同感等活动提供的政府帮助。⑤支援社区经济活动。对 5 人以上出资合作的社区共同体企业进行支援。

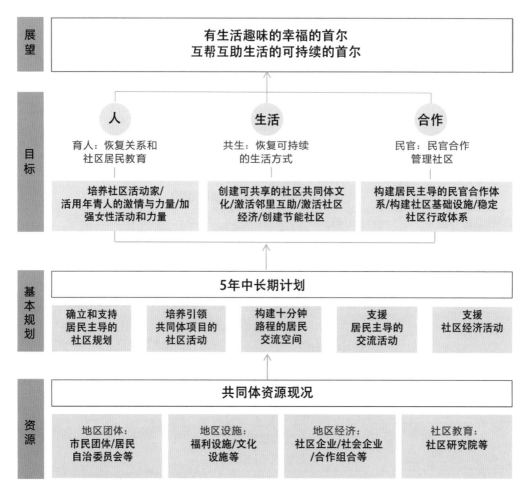

图 12-6 首尔市共同体项目的展望及目标

资料来源：根据参考文献［10］：35-104 整理

12.4 首尔社区共同体营造的典型案例

12.4.1 居民主导和政府支持下的城嵋山社区共同体

　　1994 年，由于政府无法解决育儿问题，居住在首尔麻浦区城嵋山地区内的家庭主妇聚在一起自发成立了"共同育儿合作社"，这是韩国最早尝试的共同合作型育儿项目。从最初自我组建的幼儿园到此后的放学后教室，地区居民作为主体外聘了各种市民运动家和专家（教授）来参与育儿活动。2000 年"麻浦互助生活合作社"的成立是地区内居民间生活文化关系网得以壮大的重要标志。经过近 20 年的发展，城嵋山社区不仅作为成功的育儿案例为韩国各界所学习，其社区文化、社区经济等多元体系的建设也被许多地区所效仿。

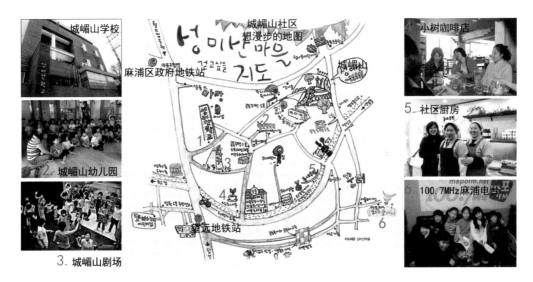

图 12-7 城嵋山社区主要"共同体"地图

资料来源：参考文献 [24]；参考文献 [25]；参考文献 [26]；参考文献 [27]；参考文献 [28]；参考文献 [29]；参考文献 [30]

　　得益于政府支持，城嵋山在尊重当地居民生活的基础上，从最初的育儿活动发展成为集教育、文化活动、社会经济、生态环境等为一体的承载着社区居民"情"的社区共同体集群，其核心共同体包括（图 12-7）[16]：①城嵋山学校：社区内的父母为了让孩子从共同体和合作中体会到真正的教育而创建的学校，包括小学、初中和高中，10% 的学生为残疾人。学校运营由学校创立委员会、学校运营委员会和教师会三个部门负责，其权限相同且相互合作。②城嵋山幼儿园：由地区内有需要的父母聚在一起成立工会并集资创建的幼儿园。幼儿园不仅满足了双职工父母的育儿需求，而且为孩子提供了一个快乐安全的学习空间。③城嵋山剧场：居民自发营造、共同经营的社区剧场。地区居民可以在此参与各种文化活动，它是艺术家和各年龄段居民相互交流学习的舞台，社区庆典、文化艺术活动、展览、会议等也会在此进行。④小树咖啡店：社区内教师合资开办的咖啡店，以咖啡店为中心形成了各种各样的交流和社区关系网。它扮演着文化空间的角色，一个月有两次"星期三音乐会"，还有社区摄影展、咖啡 / 摄影讲座等。⑤社区厨房：由社区内八个人出资共同创建的环保有机农饭店（社区企业）。为了给社区双职工夫妻提供便利，双职工夫妻每月支付 8 万韩元（约 490 元人民币）可以每星期到此取 3 次菜，一次可选 2 种菜品。⑥麻浦电台：属于麻浦区和西大门区的社区电台，由社区内的老人和妇女负责进行管理，社区居民会被邀请到此一起畅谈社区及自己的故事，为社区居民提供了一个交流、分享的平台。

12.4.2 政民合作基础上的首尔北村营造

北村位于首尔市中心景福宫、昌德宫及宗庙之间，是韩国传统建筑"韩屋"的密集分布区，也是韩国代表性的传统居住地。为了防止韩屋的消失及破坏，1999年"钟路北村营建会"及居民一起要求首尔政府在满足地方现代化生活要求的同时，通过行政支援及管理措施来保护北村地区的传统特色。于是，首尔市于2001年正式确立"北村营造"项目，政府通过买进非韩屋建筑，将其拆除之后新建成韩屋来恢复地区内的传统景观，并把新建韩屋租赁给居民供其居住或活用为干洗店、幼儿园等便民设施。在社区环境改善的过程中，政府鼓励居民参与其中，并将居民提出的意见应用到道路环境的改善中。为了保证韩屋能持续及系统地得到管理和保护，在综合地区居民、使用者、专家和公共等各方意见之后，首尔市又于2010年确立了"北村地区单位规划"项目。

北村营造使得地区居民更加关注生活环境，邻里间的交流变得十分活跃。首尔市的行政及资金支援在很大程度上改善了北村韩屋社区的物质环境，提高了居民生活品质，也使北村成长为众多人探访的旅游区。通过有效的政民合作，北村社区营造中的韩屋修缮、韩屋购入和委托经营管理（用作博物馆、作坊和网站等）、垃圾和道路整顿，及其他相关的生活环境改善均由首尔市政府直接促成。例如，在利用社区内废弃空间营造小公园的"一坪公园"活动中（图12-8），民间组织、居民、专家及政府在项目不同阶段扮演了不同的角色（图12-9）：①民间组织：负责整个项目的运行及委员会的运营，发掘并执行居民参与和提议的活动。②居民：北村营造项目中具体内容的执行主体，进行项目宣传，对参与方案开展摸索及实践。③专家：负责调查研究、现场现况的把握及与居民的对话和政策建议，专家的积极努力激活了各种各样的居民集会，成为达成居民与

仁寺洞1路一坪公园建成前　　　　　　仁寺洞1路一坪公园建成后

图12-8　仁寺洞1路"一坪公园"建成前后

资料来源：参考文献［21］

政府合作的重要桥梁。④政府：提供行政及财政支援，与居民一起进行"一坪公园"及胡同外部空间的改造和管理。

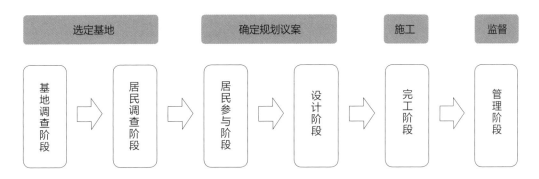

图 12-9 "一坪公园"的项目进程

资料来源：参考文献［21］

12.5 韩国社区营造的启示

综上所述，社区营造是对传统社区规划的一种超越，是地方社区不断发展并步入成熟阶段的必然结果。社区营造的对象不分农村或城市，是由那些关心生活品质的人们所主导的整治活动，也是积极利用地区特有的资源和社会文化等来改善地区居住、文化、教育、经济、福利水平等的活动。社区营造在韩国的成功运作对中国的城市建设和社区改造提供了重要的经验启示：

（1）社区营造是城市建设从关注"增量"转向关注"存量"的一种转型发展路径。社区营造是韩国政府反省城市建设的失败教训、积极走出误区，寻找适合现阶段国情和社会变革趋势的城市规划对策背景下发展起来的。特殊的经济环境导致韩国当前"增量"型的新城建设难以为继，通过社区营造改善"存量"型社区环境并强化居民自治的思想，成为韩国政府引导城市建设的全新战略，这与中国未来城市发展的大趋势和大需求相契合。

（2）社区建设应从政府／开发商主导转向政府引导及政民合作。韩国社区营造的兴盛与政府提供的支持与引导、政民之间的密切合作有着重要的关联性。借助政府力量调动公众参与、培育社区共同体、推行社区小规模改善活动，这些都是韩国社区营造获得成功的关键。中国当前的城市建设活动总体还处在"政府"或"开发商"主导的特殊阶段，居民对社区建设的参与和贡献微乎其微。从长远看，在政府的引导和帮助下，推进居民主导的社区改造将成为未来城市实现健康、稳定、可持续发展的重要途径。

（3）通过政府支持可以促进居民参与和推进市民社会的形成与发展。市民社会的建设、居民参与的程度往往与政府在行政、制度、资金上的支持力度密不可分。政府需要正确判断和制定适宜的社区营造制度与政策，以此作为地区自主发展的依据和准则，引导地区居民的行动并保证他们的利益。在中国，大多数城市规划项目缺乏与地区居民的互动，未来亟须创建可供居民与政府、专家等进行信息交流和共同规划的制度平台。同时，激发居民的主人翁精神，使他们认识到"人"及"共同体"在繁忙社会生活中的重要作用，也将是中国市民社会建设的重要内容。

（4）政府财政援助、公开招募、方案制定及教育学习等途径是鼓励居民开展社区营造的重要手段。居民对所在地区的物理及社会环境价值的正确认识非常重要，因此政府及专家需要对各地区开展调查研究等实践行动来发掘地区优势、发现地区居民所需，并在地区内举办针对性讲座或发布公告来宣传地区"亮点"，为地区居民提供重新认识城市的机会，增强各地区居民对所居住地区的自豪和热爱。

总体上，社区可以说是整个城市的缩影，是一个集文化、经济、教育等为一体的地区综合体，它需要通过地区居民的积极参与、政府的支援、专家的协助来实现其可持续发展。韩国的经验表明，居民自己提出的适当的城市规划方案可以很好地解决很多社会问题，并从根本上实现城乡的进步和健康发展。

| 参考文献 |

[1] 罗中峰 . 关于社区总体营造运动的若干省思：兼论文化产业政策的经济思维前言 [EB/OL]. http://www.fgu. edu.tw/~social/main/3/cflo/cflo_2.pdf，2004.

[2] 郑皙 . 实现以社区为单位的城市规划基本方向：居民参与型社区营造案例研究 [R]. 首尔：首尔市研究院，1999.

[3] 北村相关团体 [EB/OL]. http://bukchon.seoul.go.kr/people/society.jsp.

[4] 金基虎，等 . 我们的社区营造 [M]. 首尔：树木城市出版社，2012.

[5] 李相勋 . 关于社区营造促进过程的成果及效果的研究 [D]. 首尔：高丽大学，2013.

[6] 金善值 . 关于社区营造的战略性实践方案的研究 [D]. 首尔：安养大学，2009.

[7] 朴秀营，等 . 关于社区营造项目可持续的物质环境的研究 [J]. 韩国设计知识期刊，2014(29)：105-116.

[8] 申景禧 . 通过首尔型社区企业激活地区共同体 [R]. 首尔：首尔市研究院，2012.

[9] 金世铺，等 . 我国社区营造的现在和未来的方向 [J]. 城市情报，2013(371)：3-20.

[10] 首尔市社区共同体基本规划 [R]. 首尔：首尔市，2012.

[11] 2014 年首尔市社区共同体促进项目 [R]. 首尔：首尔市共同体综合支援中心，2014.

[12] 首尔市社区共同体综合支援中心 [EB/OL]. http://www.seoulmaeul.org/.

[13] 郑哲 . 北村营造中期评估研究 [R]. 首尔：首尔市研究院，2005.

[14] 2013 年首尔市社区营造共同体白皮书 [R]. 首尔：首尔市，2013.

[15] 魏城南，等 . 创建社区，城嵋山社区的历史和思考 [R]. 世宗：国土研究院城市再生支援中心，2013.

[16] 首尔市，社区共同体需要时间：城嵋山村 [EB/OL]. http://gov.seoul.go.kr.

[17] 罗道山 . 社区文化营造案例战略研究 [R]. 首尔：首尔市研究院，2012.

[18] 崔廷翰 . 从行政主导到居民主导的北村营造 [J]. 国土情报，2003（30）：60-68.

[19] 闵铉哲 . 首尔市韩屋保存及振兴政策的评价及改善方向研究 [R]. 首尔：首尔市研究院，2013.

[20] 成均馆大学产学合作团 . 想生活的社区营造，示范项目的成果及任务 [R]. 世宗：国土研究院城市再生支援中心，2013.

[21] 金恩熙，等 . 城市的社区营造动向和焦点 [R]. 世宗：国土研究院城市再生支援中心，2013.

[22] 丁康乐，等 . 台湾地区社区营造探析 [J]. 浙江大学学报，2013（40）:716-725.

[23] 唐燕 . 城市设计实施管理的典型模式比较及启示 [C]// 中国城市规划学会 . 城市时代，协同规划——2013 中国城市规划年会论文集 . 青岛：青岛出版社，2013.

[24] 城嵋山社区想漫步的地图 [EB/OL]. http://songdoibd.tistory.com/197.

[25] 城嵋山剧场 [EB/OL]. http://cafe.naver.com/sungmisantheater.cafe.

[26] 城嵋山学校 [EB/OL]. http://blog.daum.net/jin526/12766452.

[27] 城嵋山幼儿园 [EB/OL]. http://www.sungmisankids.net/.

[28] 城嵋山剧场 [EB/OL]. http://cafe.naver.com/sungmisantheater.

[29] 小树咖啡店 [EB/OL]. http://www.7bofree.or.kr/zbxe/63258.

[30] 社区厨房 [EB/OL]. http://www.organickitchen.co.kr/.

第 13 章

文化艺术改善城乡环境：釜山甘川洞文化村[1]

13.1 公共艺术与公共设计：城市再生的新兴策略

"公共艺术（Public Art）"最早为英国人约翰·威利特（John Willett）在 1967 年出版的《城市中的艺术》一书中首次使用，他针对普通市民在展览馆内欣赏视觉艺术品与在开放空间内欣赏视觉艺术品的差异性进行了调查，发现城市的艺术及历史大背景会对作为观赏者的市民产生影响，从而揭示出城市公共环境与艺术品鉴赏之间的特殊关系。总体上，当艺术品的创作、展示和运营不再局限于美术馆、展览馆、工作室之中，而是与城乡环境紧密结合时，便上升为一种公共艺术。香港大学文化政策研究中心许焯权（2003）在《公共艺术研究》中指出：公共艺术是指通过艺术家和技术人员的努力，在原城市及农村空间环境内植入新元素或使用地区特性激活空间活力的艺术活动——它不仅为艺术家及相关技术人员提供了就业机会，更让艺术超越常规功能转而融入普通市民的生活环境里。

公共艺术的概念发展至今，在外延上既包括放置在公共场所内的艺术作品，也涵盖那些给市民提供各种文化、生活、休闲便利的基础设施及建筑本身，它是用在城市环境中给予人们视觉美感的媒介，也是赋予城市独特文化艺术形象的重要途径，它可以传递人们对传统或未来的颂赞、突出特有的地区景观，以及将精彩的地方故事做出形象的呈现。基于此，金世镛（2008）进一步

---

1. 本章内容曾发于《规划师》，2016，32(2):130-134.

提出"公共设计"的概念，用以指代公共机关营造、制作、设置及管理公共的空间、设施、用品、信息等的行为。公共设计不仅可以提升环境在审美、象征、功能上的价值，还有助于提高居民生活品质和创造新的先进文化，它与公共艺术、城市规划、景观、建筑、室内设计等多种领域和谐互通。

欧美国家近些年来持续加强对公共设计和公共艺术的研究和投资，一些地区还将公共设施的便利性和艺术性作为判断地方福利水平的标准之一。在亚洲，韩国也在中央政府的积极主导和艺术家及地区居民的广泛参与下，通过公共艺术作品为地区发展注入活力，并将其作为一种城市再生的手段广泛运用于城乡建设中，这为具有东方同源文化的中国如何在城乡规划中引入公共艺术和公共设计手段提供了重要的经验借鉴。因此，本文以韩国政府 2009 年开始推行的"村落艺术项目"及其经典案例"釜山甘川洞文化村"为研究对象，通过回顾公共艺术活动在韩国的兴起历程，解析村落艺术项目的开展过程、特征与成功要因等，探究韩国借助公共艺术改善城乡居住环境的具体策略及做法。

13.2. 公共艺术活动在韩国的发展

欧美国家公共艺术的变迁可简要划分为"建筑里的艺术""公共场所内的艺术""城市设计中的艺术""新体裁的公共艺术"四个阶段[1, 8]。其中，艺术在第三阶段开始被运用到城市设计里，成为改善落后地区面貌及整顿城市环境的手段；进入第四阶段后，新体裁的公共艺术则更加注重居民、公众的参与及共同精神等的塑造，增加了地方居民间的交流和共同文化的形成。韩国近代公共艺术的发展与此类似，经历了从雕塑作品到多元艺术活动，从静态到动态，从开放到参与的整体历程，主要包括：① 20 世纪六七十年代的纪念雕塑时期。此时韩国的公共艺术概念尚未形成，大多艺术作品是纪念历史大事件的雕塑和铜像等。到了 1972 年，韩国政府首次出台与公共艺术相关的制度，即《文化艺术振兴法》中的"建筑物艺术装饰制度"（不真正具备法律效力）；② 20 世纪 80 年代的现代主义雕塑时期。这段时期内，韩国政府在迎接 1986 年亚运会及 1988 年奥运会的过程中为了美化城市环境，努力增设了各种与周边环境相和谐的现代主义雕塑；③ 20 世纪 90 年代公共艺术的成长期。1995 年由于"建筑物艺术装饰制度"从鼓励性制度变为强制性制度，推动了韩国公共艺术的大发展，试图与市民进行深层沟通的公共艺术作品开始登上历史舞台；④ 21 世纪最初十年公共艺术的扩张期[1]。韩国中

---

1. 2000年韩国IMF经济危机之后的经济萧条导致预算削减，"建筑物艺术装饰制度"在修编的过程中将艺术品设置费用从建筑费用中的1%以上调至1%以下（0.7%）。

央政府从文化福利的角度切入推行公共艺术项目，吸引地方自治团体争相开展公共艺术活动的运营。政府倡导的"艺术城市"和"村落艺术（Maeul-Misul Project）"项目使得公共艺术建设空前繁荣，公共艺术开始超越建筑、造景、设计等关联范畴，拓展到了城市设计和城市综合发展领域中。

13.3 "村落艺术"项目引导下的韩国城乡建设

为了克服经济危机带来的经济不景气等社会问题，韩国政府于2009年开始推行"村落艺术"项目的政策支援活动，旨在给艺术家们带去希望并为他们提供更多的工作岗位。采用这项策略的缘由远可追溯到1933年处于经济危机和高失业率背景之下的美国，当时罗斯福在新政中设立了"公共工程艺术"项目，并在接下来的7个月里，由政府雇用3749名艺术家为各种公共设施完成了15663件艺术作品[13]1。项目不仅缓解了艺术家的就业问题，而且极大地鼓舞了萧条状态下美国人民对未来生活的信心。从这个事件中，韩国政府看到了公共艺术的力量。2004年韩国文化体育观光部出台"加强利用视觉艺术公共性"的政策以推动城市环境的改善；2005年部里的艺术政策科组建公共艺术小组来开展专项研究；2006年部里正式成立公共艺术促进委员会，负责主管和实施"艺术城市"项目，即通过"分享文化""文化环境中的生活""居民参与的公共艺术"等艺术子项目来缓解韩国社会的两极化现象。但是，由于缺乏持续性的维持和管理，以及未协调好居民和艺术家之间的关系，该项目如昙花一现，不了了之。2009年，立足于对艺术城市项目存在问题的改善，由韩国文化体育观光部主办、村落美术项目促进委员会2和地方自治团体共同主持、彩票委员会提供财政支援（彩票基金）的"村落艺术"项目浮出水面。

整体来看，村落艺术项目是以村庄及社区为单位、公共艺术为手段的地区环境改善项目，内容涉及散步路、空地、小区入口、居民自治中心、渔村、残疾人设施、山中村落、传统市场、贫民区、废弃学校、村落仓库、煤矿村及现在不使用的火车站等，项目遍布韩国全国各个地区。村落艺术项目每年都会确定相应的目标及主题3，如让弱势群体享有艺术文化、营造社区文化艺术空间、借助文化艺术激活地区经济、发掘地区历史

---

1. 政府给予这些艺术家每周26~42美元不等的工资。
2. 促进委员会通常由1名委员长和7~8名委员构成，有3~5名办事处人员负责项目的整体执行。
3. 例如2009年村落艺术项目的主要目标是试图用公共艺术来丰富居民的生活环境，并通过参与主体之间的交流来营造真正意义上的共同体文化艺术空间，包括：①让弱势群体享有艺术文化；②创建舒适的、具有文化及艺术氛围的生活空间；③让地区居民及社会团体通过参与利用公共艺术创建和谐美好生活空间的活动，来增强他们的文化自豪感；④为艺术家提供多种多样的创作机会；⑤创建持续发展的文化空间，营建有特色、有象征性的空间环境。

和生态潜力等，并依其进行项目公开征集、地区选拔及财政提供、行政支援等。项目还会通过评估前一年活动的经验得失，在下一年中采取相应的改善措施。从项目公告到事后管理，整个周期大约一年（图 13-1），其中场所选定耗时 3 ～ 5 个月，项目执行期为 6 ～ 10 个月 [1]。

公告→项目说明会→ 提交计划书→审查（手续、场所、PPT审查）→专家研讨会（计划书补充、修改）

审查价格合理性→树立最终执行方案→签订合同→执行项目→检查（中期检查、最终检查）

艺术作品安置结束→评价→提交业绩报告书（结果、核算）→出版资料集→印刷→艺术之旅

成果报告研讨会→事后管理（未来两年）

图 13-1 村落艺术项目的推进过程

资料来源：参考文献 [12]

整个项目成功的关键在于执行，需要通过分阶段的过程管理来加以保证：①发掘阶段。让地区居民充分理解村落艺术活动，调查分析村落的固有特征，发掘地区的人文及自然要素；②定位阶段。以第一阶段的调查分析结果为基础，确定项目主题；③设计阶段。圈定团体艺术活动的主要内容、设定主要活动、明确规划成果，并通过居民说明会听取各方意见来选定艺术作品及其放置的场所；④完成阶段，以事先确定的规划方案为基础，在居民与艺术家的相互交流与协助下进行艺术作品的制作和安置。

项目结束之后，由专家组成的评价团会根据评价标准完成现场及书面评价，包括对相关人员进行访谈，调查地区居民及参与人员的满足度等。在项目完工后的两年中，村落艺术项目促进委员需要对相关工作进行后续跟踪管理。从 2009—2013 年五年间，政府共遴选艺术村落 69 处 [12]（图 13-2、表 13-1），完成实施的项目分为幸福项目、幸福翻番项目、艺术庭院项目、自由提案项目四类（图 13-3）[2]。综合的项目特征和主要措

---

1. 村落艺术项目促进委员会在全国范围内发布公告进行项目征集，并召开说明会对当年征集项目的大背景及具体事项进行说明。项目应征的条件主要与创作工作岗位相关联，申请组织应当由包括1名艺术家在内的5人以上构成（代表1人、艺术总监1人、艺术家2人、美术理论基础专业或管理员1人），另需1名会计师，提交的作品要与应征目的相关并具有公共性。为了保证项目的顺利进行和便于事后管理，在项目进行之前要提供场所使用的认可证和地区居民的同意书等。在参与团体等提交项目计划书后，由自治团体和艺术家根据审核标准对项目场所及依手续提交的文件进行审核并确定申请立项。作品是否满足场所性、作品的必要性、艺术性、协作与参与性、可行性、管理性等被纳为审查标准，审查委员会通过充分讨论之后选拔定项。专家们还会召开研讨会对入选计划书的内容进行调整、补充或修改，并对支援金额的合理性进行审查。

2. "幸福项目"主要是在尊重地区基本特性的基础上营造大型艺术村落的地标及历史文化空间，为当地居民提供享有艺术的机会，同时帮助激活地区经济发展；"幸福翻番项目"是对已执行项目中的优秀成果地区进行持续支援，以便克服艺术项目实施过程中出现的局限性，扩大项目的规模、提高项目品质、发掘地区具有代表性的景点及文化历史旅游资源；"艺术庭院项目"是选拔历史、文化、生态等特征比较鲜明的地区，以地区内特有的故事作为主题、利用艺术文化元素改变地区落后的物理环境、强调地区内的生态环境等具有主题性的项目；"自由提案项目"是艺术家可以利用任意的废弃建筑物及空间，不限主题和项目方式，自由发挥开展创作，其作品要具有艺术性并对地区居民或者国民有益。

施包括：①通过改造利用敬老院、村会馆、残疾人设施、共同空间等来营造地区空间艺术；②装点街边、散步路、胡同、休息区、小公园、河边等开放场所，创建人们愿意逗留及徜徉的空间[12]；③营造公共艺术围墙和推广有主题的公共艺术；④充分

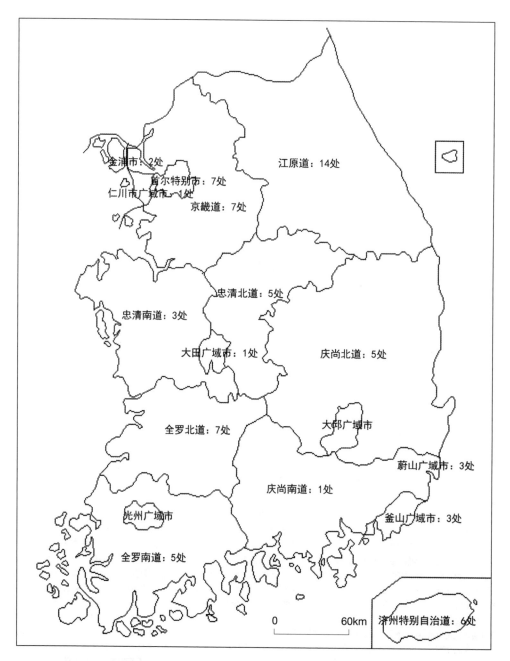

图 13-2 2009—2013 年村落艺术项目分布

资料来源：根据参考文献 [12] 相关资料整理

发掘地区的历史、生态、文化、场所、主题等价值；⑤对具有深入发展前途的前期项目、成果比较大的村落项目进行持续支持。接下来，本章将通过村落艺术项目的典型案例"釜山甘川洞文化村"，对此加以详细阐述。

表 13-1　2009—2013 年村落艺术项目名录

年度	村落艺术项目分布
2009 年	韩国全国 21 个地区：首尔市江西区、首尔市江北区、首尔市龙山区、京畿道仁川市、江原道原州市、全罗北道完州郡、全罗南道咸平郡、济州特别自治道济州市、京畿道杨平郡、京畿道富川市、江原道铁原郡、全罗北道全州市、忠清北道清州市、忠清南道公州市、庆尚北道安东市、庆尚南道釜山市、济州特别自治道西归浦市、京畿道南杨州市、江原道宁越郡、京畿道金浦市、江原道麟蹄郡
2010 年	韩国全国 15 个地区：首尔特别市麻浦区、京畿道安山市、忠清北道槐山郡、全罗北道南原市、蔚山广域市、济州特别自治道济州市、大田广域市、江原道太白市、庆尚北道庆山市、全罗南道新安郡、忠清北道报恩郡、全罗北道群山市、江原道宁越郡、京畿道金浦市、江原道铁原郡
2011 年	韩国全国 10 个地区：庆尚北道永川市、京畿道金浦市、江原道麟蹄郡、全罗北道南原市、济州特别自治道西归浦市、江原道铁原郡、忠清南道保宁市、忠清南道锦山郡、庆尚南道居昌郡、全罗南道和顺郡
2012 年	韩国全国 11 个地区：济州特别自治道西归浦市、江原道铁原郡、全罗北道南原市、全罗南道和顺郡、釜山市沙下区、首尔市江西区、江原道横城郡、忠清北道阴城郡、庆尚北道安东市、首尔市城北区、京畿道水原市
2013 年	韩国全国 12 个地区：江原道旌善郡、全罗南道和顺郡、忠清北道阴城郡、江原道宁越郡、济州特别自治道西归浦市、釜山广域市水营区、全罗北道淳昌郡、江原道襄阳郡、京畿道杨平郡、大邱广域市达城郡、庆尚北道浦项市北区、京畿道南杨州市梧南邑梧南一里

资料来源：参考文献 [12]。

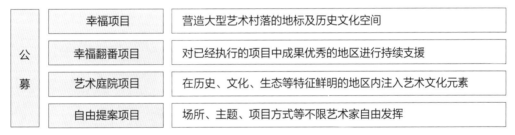

图 13-3　文化艺术项目公募分类

13.4 村落艺术项目的典型案例：釜山甘川洞文化村

"甘川洞文化村"位于韩国釜山广域市沙下区甘川 2 洞一带，该区地势相对陡峭，道路狭窄，住宅呈台阶式分布。由于这里住户之间没有围墙所以各家相通，地区居民间的共同体意识比较强，因此被誉为"韩国的马丘比丘"（图 13-4）。20 世纪 50 年代，名为太极道的宗教团体由于韩国战争搬迁到甘川洞，从 1955 年到 1960 年初此地约搭建了 1000 多座棚户房。1960 年到 20 世纪 70 年代初期，韩国大规模的新城规划及高层住宅开发政策使大多数地区失去了自己原有的传统空间特征，而甘川洞却有幸保留住了过去的地区景观，成为承载民族发展痕迹的特色片区。20 世纪 80 年代虽然因建筑屋顶改良导致区域住宅的面貌有所改变，但地区特有的道路结构和早期形成的规划形态仍保留到了现在。但与此同时，面貌落后和发展停滞带来的种种问题也成为地区的另一"特色"，过去约有 2.5 万多名居民居住在甘川洞，近年来却减少到 1 万余名。200 多座废弃房屋以及大多地区居民只能使用公共厕所等状况，都反映出该地区相对恶劣的居住环境，因此这里是釜山人人皆知的落后地区。

图 13-4　甘川洞文化村全景

图片来源：作者自摄

13.4.1 实施内容与项目进程

在被正式列入韩国"村落艺术项目"之后，甘川洞文化村项目在政府、艺术家、地区居民、学生等的共同努力之下，通过 2009 年"梦想中的马丘比丘"、2010 年"美路迷路"、

2012 年"幸福翻番"等主题活动，实现了甘川洞地区的面貌转型，使之成为充满浓郁艺术氛围的美丽乡村。

（1）"梦想中的马丘比丘"。此活动重在通过设置艺术作品赋予地区新的活力，激起地区居民的乡情和自豪感[18]。然而，在项目开始之前举办的数次居民说明会议中，居民对此多持否定的态度，因为地区居民更迫切的愿望是如何改善道路环境、增设停车场、修缮屋顶、营建绿地、整顿上下水道、提供公共卫生间等现实居住环境问题，对于优先在地区内设置各种艺术作品的构想难以理解。但 1 亿韩元的项目资助还是推动了活动的进程，项目以山路为中心，在 12 个区域内创作和设置了各种艺术作品[12]。其中 4 处是地区居民和小学生共同参与的作品，例如，"彩虹之村"（材料来自居民捐赠）[18]、"蒲公英的悄悄话""人与鸟"等（图 13-5），这为地区环境的改善拉开了序幕，并给项目的持续进行做了重要铺垫。

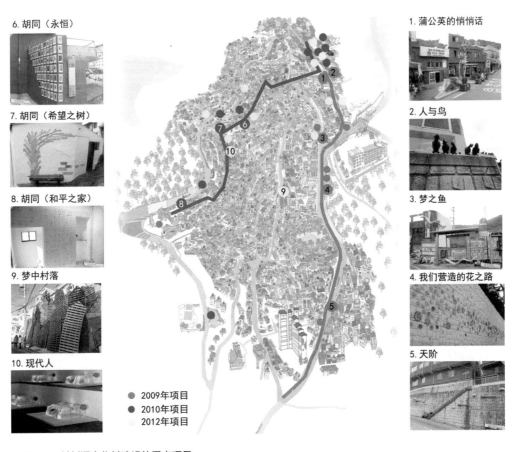

图 13-5　甘川洞文化村建设的重点项目

资料来源：参考文献 [20]

（2）"美好迷路"项目。"美好迷路"亦由地区艺术团体、地区居民共同开展，主要包括"空房子"和"胡同"两项改造活动。与2009年不同的是，项目从以道路为主扩展到了地区内部的空房子之中，对地区居民提出了更高的参与要求。2010年，地区居民、地方公务员、艺术家等共同创建了"甘川洞文化村运营协会"作为项目的统筹协调机构。项目在利用地区内6处空房子进行艺术文化创作活动的同时，还在胡同各处设置了丰富的艺术作品，胡同墙壁绘上了箭头及路标，不仅可以防止游客迷路，而且营造了活跃、特别的地区氛围（图13-5）。艺术元素的增加提高了地区居民的安全感，同时为来访的游客带来了更多的趣味。通过连续两年的努力，甘川洞地区的居民基础设施得到了大幅度改善，并不断尝试开发出各种各样的文化产品，让地区文化与旅游产业同步发展，而这又使得地区居民更加深刻地意识到文化艺术对地区环境和未来发展的重要性。

　　（3）"幸福翻番"项目。为了强化村落艺术及持续性管理带来的蝴蝶效应，甘川洞得到了连续的财政及政策支援，这既赋予村庄以活力又提高了地区居民的生活品质。该地区于2012年运作了"幸福翻番：马丘比丘胡同项目"。政府及艺术家通过与地区居民的交流、与地区艺术团体的相互合作，再次用艺术元素装饰了4处空房屋，在胡同内增设4处与已设置作品相协调的新艺术品，并在村口设置具有象征意义的标志性雕塑（图13-5）。"幸福翻番"项目不仅继续改善了地区生活环境，更使得整个甘川洞地区的对外形象发生了很大的改观。在地区居民的积极参与之下，初创时期由11名成员组成的"甘川洞文化村运营协会"于2012年协会成员达到了105名。

　　除此以外，甘川洞的艺术神话并没有就此停止，2013年为了给艺术家营造创作氛围及激活地区的文化艺术交流空间，釜山市沙下区发布了募集艺术家及艺术团体入住甘川艺术村的公告[1]。艺术家的入住为他们自身创造了工作岗位，也是间接地对地区开展的一种持续性管理。入住此地后，艺术家除了进行艺术创作活动、开办展览和销售艺术作品，还以居民为对象开展各种教育活动。在多方努力下，甘川艺术村已化身成为韩国及海外知名的旅游景点。但是，由于基础设施不健全带来的旅客及地区居民的各种不便依然存在，2014年沙下区发布了"甘川艺术村建立来访接待中心及构建地标性雕塑"的设计公告，以便为旅客提供各种旅游指南及休息空间，以进一步在甘川艺术村入口处增设与周边环境相协调的地标性雕塑来提高艺术村的品牌价值。

---

1. 入住条件为：时间一年，交押金50万韩元（入住合同到期之后，在确认设施是否受损后返还押金），可免费使用内部设施（基础设施以外的装修费用及公共设施使用的费用由入住人负担）。入住艺术家每个月使用场地15天以上（一天按5小时以上计），需运营一种以甘川艺术村访客为对象的体验项目，入住期间要举办1次以上的艺术作品展（参与），参与甘川艺术村胡同庆典。

13.4.2 成功的运作经验

甘川洞的案例表明通过文化艺术改善地区环境是一个循序渐进的过程，该艺术村从专注住房及胡同等物质环境过渡到吸引艺术家的入住，政府的积极主导、地区居民的参与及艺术家的引导在此过程中紧密相连。2009年甘川洞的村落艺术项目尚处在尝试阶段；2010年除持续执行2009年的主要目标之外，项目开始关注如何借助文化艺术来激活地区经济，以及对地区历史和生态潜力进行深度发掘；2011年甘川洞将公共艺术项目发展为城市再生的一种新模式，广泛推进地方自治团体的建立；2012—2013年，项目又进一步创造出新的目标着力点，借助艺术营造区域地标和文化艺术空间。

通过多年的持续努力，甘川洞地区的物质环境得到了极大地改善，地区居民对艺术有了新的认识及理解，并开始为来访游客提供餐饮住宿设施、特产及艺术品商店等。游客在这里可以体验特有的文化、休闲和旅游观光活动，并参与到各种地方庆典之中。显然，村落艺术项目为地区居民提供了一个同甘共苦、相互协助的良好契机，居民在直接参与地区环境改善的过程中对自己的居住地产生了新的好奇心及热爱之情。"居民、政府官员、艺术家共同将落后贫困的社区营造成为具有活力的文化艺术村"这一特殊历程，使得甘川洞在"2013年韩国政民合作优秀案例大会"中摘取总统奖，其成功经验总体可归结为三方面：

（1）准确的特色定位与发展引导。甘川洞地区的整体改造是在充分发掘地区物质环境优势，以及对历史文化的挖掘与保护基础上进行的，以此实现在不间断的努力中形成区别于其他地区的独特景观，进而成长为韩国国内外著名的旅游景点。甘川洞文化村在成功植入旅游功能的同时，也为当地居民带来了可观的经济收入。

（2）政府的持续管理及跟踪完善。韩国中央政府及地方政府持续的财政支援，以及项目系统有序的规划、管理、运营、宣传和评价等，也是地区改善的重要动力。正是政府通过对地区的跟踪性评价，不断出台相应的改善措施及促进政策，才使得甘川洞文化村在不同时间段卓有成效地实现层层递进的多元目标。

（3）多元利益主体间的相互协作。在项目进行过程中，艺术家的积极主导及地区居民的协助形成了良性的循环促进体系，这不仅使得艺术家能够设计出符合地区特色的艺术作品，让当地居民深刻了解项目和理解艺术，同时还尊重了居民的意见，让他们共同参与到项目创作中来。地方居民自发建立的民间组织，以及积极倡导当地居民和艺术家将收入的一部分投入到社区环境改善和管理之中，均有助于形成可持续的经费支持和整体发展机制。

然而，一些负面的评价也会时不时涌现出来，那就是文化艺术虽然为甘川洞地区赋予了特有的景观与相应的经济回报，但是由于访客的增加，游客的噪音干扰、个人生活隐私及私人空间不得不被开放等社会矛盾开始变得突出。今后，如何在平衡地区经济发展的同时保护居民日常生活不受外来影响，这是政府、居民等需要共同面对和解决的难题。

13.5 韩国村落艺术项目的启示

综上所述，韩国艺术村落项目的意义已经超越了单纯的艺术家、艺术作品及观览者体验，它能帮助恢复生活中的艺术文化、重塑体验和消费行为，是公众追求更美好文化生活的新开端。公共艺术作为"艺术追求"和"地方社会需求"之间的桥梁，让村落艺术项目既营造了地方魅力、文化特色和地域特性，又通过改善地区环境为居民提供了舒适的文化生活空间，带动了旅游产业的兴盛以增强地区经济实力和整体竞争力。从更加宏观的角度来看，韩国关注公共艺术的主要原因是希望通过该途径促进社会政治、经济、文化精神等的和谐发展，这对于中国的城市更新、社区改造和落后村庄发展来说，无疑提供了重要的借鉴：

（1）在社会政治方面，公共艺术可以为居民提供舒适的生活环境，减少犯罪和反社会行为。韩国村落艺术项目在艺术活动中发掘地区特性，扩散地区艺术项目的价值，因此强化了个人和集体的社会归属感与认同感，形成了可持续的交流网络，改善了地方居民对社区的关心程度和精神支持。政府持续的政策及资金支持是项目成功的保证，在此之上，艺术家的正确引导、地区居民的充分理解、公众的广泛协助参与等，是实现地方社会网络和社会共同体缔造的源泉。

（2）在经济方面，公共艺术可以促进社会投资与社会生产，加强公共与民间开发的合作。韩国村落艺术项目改善了落后棚户地区及村落的生活环境与基础设施，利用农村内特有的历史、文化、生态等潜力增强了地区竞争力，通过地区文化、商品、商业活动、旅游等产业激活了地区经济。同时，项目还通过艺术活动为社会提供了多才多艺的人才并创造出相应的就业岗位，既能提高居民和游客的文化消费能力，又能保证地区财产因艺术而增值。

（3）在文化和精神方面，村落艺术项目的公共艺术作品与定期举行的各种庆典活动不仅增强了地区居民间的交流，丰富了地区居民的日常生活，更是给地区居民提供了接触及体验艺术的机会，为开发旅游景点、提供多样化的休闲及娱乐选择创造可能。基于文化途径的地区环境改善，吸引和增加了地区居住人口，帮助居民和游客形成对其他文化与生活方式的深入理解。由地区特性创建出地区品牌和社区凝聚力，帮助地区居民形成积极的生活态度——这些正是地方振兴的精神基石。

| 参考文献 |

[1] 崔实贤. 韩国公共艺术项目现况分析：以执行主体为中心进行分析 [D]. 首尔：德成女子大学，2013.

[2] 姜小罗. 公共艺术和公共设计及城市 [C]. 大韩建筑学会论文集，2009.

[3] 崔享善. 关于将合作规划适用于公共艺术项目的各个主体社会资本形成影响原因的研究：以釜山甘川洞公共艺术项目为中心 [D]. 首尔：汉阳大学，2010.

[4] 宋效晋. 通过公共艺术项目的社区营造：统营东陂浪村的景点化 [D]. 首尔：高丽大学，2011.

[5] 许焯权. 公共艺术研究（香港艺术发展局委约）[R]. 香港：香港大学文化政策研究中心，2003.

[6] 金世镛. 公共空间和公共设计 [C]. 新建筑史协会论文集，2008.

[7] 金世镛. 公共设计政策的问题及改善方向 [C]. 大韩建筑学会论文集，2010.

[8] 金贤正. 从场所市场的角度对公共艺术项目的考察：以釜山公共艺术项目案例为中心 [C]. 韩国产品学会论文集，2011.

[9] 韩国文化艺术委员会. 结合城市规划的公共艺术促进方案研究 [R]. 罗州：韩国文化艺术委员会，2011.

[10] 金敏英. 关于首尔市建筑物艺术装饰制度和现况研究：以 1996 年开始到 2004 年的作品为中心 [D]. 首尔：庆熙大学，2007.

[11] 徐成禄. 村落艺术项目的成果及课题 [C]. 韩国地域社会生活学会学术发表论文集，2012.

[12] 韩国文化体育观光部. 村落艺术项目 [EB/OL].（2014-12-20）[2015-02-23]. http://www.maeulmisul.org/new/gnuboard4/index.php.

[13] 中国美术馆. 罗斯福新政时期的美国艺术 [EB/OL].（2007-02）[2015-02-23]. http://www.namoc.org/cbjy/cbw/qks/qk2007_2544/qk200702/201303/t20130319_177369.htm.

[14] 韩国文化艺术委员会. 公共美术示范项目促进战略和评价方案研究 [R]. 罗州：韩国文化艺术委员会，2012.

[15] 金幼敏. 通过艺术项目激活地域文化：以釜山甘川洞文化村为中心 [D]. 首尔：中央大学，2013.

[16] 村落艺术项目促进委员会. 公共艺术，村落就是艺术：韩国的公共艺术和艺术村落 [R]. 坡州：村落艺术项目促进委员会，2014.

[17] 郑银英. 艺术新政项目，将生活空间营建为公共艺术空间 [EB/OL].（2009-04-02）[2015-02-23]. http://www.mcst.go.kr/web/s_notice/press/pressView.jsp?pSeq=9891.

[18] 釜山广域市沙下区. 甘川洞文化村 [EB/OL].（2014-08-27）[2015-02-23]. http://www.gamcheon.or.kr.

[19] 朴贤熙. 成为韩国代表性文化村落的落后山区：釜山市沙下区甘川洞文化村 [R]. 世宗：国土研究院，2013.

[20] 釜山广域市沙下区. 2010—2011 沙下区政府区政白书 [EB/OL].（2012-01-20）[2015-02-23]. https://www.saha.go.kr/bakseo_ebook/ebook2011/autorun.html.

[21] 白英杰. 通过公共艺术的艺术体验特征及效果：以甘川洞文化村为中心 [C]. 韩国文化教育学会论文集，2012.

行政中心复合城市（世宗市） 朴荣蔡（Park,Yeong-Chae）摄于 2014 年

第 4 部分

新城开发、低碳城市
与智慧城市

第14章

行政中心复合城市、创新城市与企业城市

14.1 地域均衡发展战略

21 世纪初，公共主导下的大型城市开发可以称得上是韩国最具代表性的热门话题之一。事实上，从 20 世纪 80 年代开始这种公共主导的城市开发就已经开始逐渐占据主导地位。当时政府为了满足居民对住宅的需求，由政府主导推进的各种新城及新区开发建设项目如雨后春笋般涌现。尤其到了卢武铉政府时期，为了实现国土的均衡发展而开展大规模的规划，并大力开展了许多相关项目。

卢武铉作为总统候选人时的竞选承诺是实现"国土均衡发展"，因此在其 2002 年正式接管政权之后，将促进地方分权列为十大国家项目之一。从 2003 年 7 月开始，卢武铉总统领导下的国家政府发表了涉及 47 个项目的地方分权路线，地方化政策开展正式拉开序幕。其中大多数项目是在政府政策基调下实施完成，其中包括了以韩国核心政府研究院及公社等的搬迁为基础的"创新城市"、使用民间资本建设的"企业城市"等。国家首都的迁移可以说是这个过程中尤为重要的项目之一，亦即"行政中心复合城市（现在的世宗市）"的建设。虽然饱受长久的争议，建设过程也是迂回曲折，原来的规划也因此缩小，但从目前的建设发展来看，其对韩国社会的影响可以说相当大。

同时，具有影响力的"分散式"建设还包括：力求疏散京畿道的第二期首都圈新城规划，以及以牙山和大田为代表的第二期地方新城规划。其他的地方自治团体主要期望通过城市再生来提

高城市的独特性和竞争力，为此纷纷编制了相关城区开发及再生的规划，基于此开展了大大小小的开发项目，例如，仁川广域市的松岛国际办公园区、青萝新城等。在这个过程中，以首都圈及地方为中心开展的公共主导的现代化城市开发方式，成为新世纪的热点之一。

14.2 行政中心复合城市及创新城市

2003 年 6 月在大邱技术园总部召开了第 9 次国家项目会议，时任总统卢武铉也出席了此次会议。国家均衡发展委员会委员长成庆龙以"实现自立的地方化的地域社会发展方向"为主题在大会上致辞。此外，会议还确定了"先培育地方，后管理首都圈规划"等促进国家均衡发展的原则，以及将公共机关迁移到地方、设置地域化发展特区等七大项目。随后在政府发布了关于将相关公共机关、研究机构等往地方迁移的规划之后，提出了建设创新城市的议题。2003 年 12 月国会通过了《国家均衡发展特别法》《新行政首都特别法》《地方分权特别法》等三大法律，为国家均衡发展奠定了法律基础，随后针对具体议题编制了相应的长期实践规划。

2004 年 1 月，政府明确了新国土构想的五大战略和七个大项目，其核心内容是以构建创新型、多中心国土结构为中心。同年 6 月，国家发布了国家均衡发展五年规划，其主要内容包含了培育创新群和地域战略产业等。当时，政府针对首都圈内的 268 个公共机关，将其划分为迁至地方的公共机关和留在首都圈的公共机关，依据规划约有 180～200 个公共机关迁至地方。尤其备受关注的是创新城市与原来确定的创新群之间衔接的问题，并将创新力度突出的昌原、龟尾、蔚山、半月/始华、光州、原州等 6 个地域指定为"创新群示范园"。同时政府还发表了一系列创新群示范项目，自 2005 年开始，这些示范项目每年能获得 1000 亿韩元的财政支援，政府要求在推进这些项目的同时处理好与原来的创新城市项目之间的衔接。2004 年 6 月 3 日，政府公布了"截至 2010 年，在全国建设 20 处人口规模为 2 万人的迷你新城，将现在位于首都圈内的 6～10 个公共机关一次性集体迁至这些地方的规划"，以及推进将公共机关迁至地方的方案和建设与此相关的未来型创新城市的方案。随后，国家完成了全国性的迷你新城开发规划的编制，规划编制的完成为创新城市开发规划拉开了帷幕。基于此，政府组建了相关机构，主要负责对公共机关迁至地方提供支援。然而在政府如火如荼地推进这些项目的过程中，首都圈开始出现空洞化、办公效率低下等问题。强制性的机关迁移还造成员工离职加速、国土规划之外的强制迁移、全国性房地产热潮等各种问题，政府办公建筑也出现了大量空置房。2004 年 8 月，韩国全国有 70

个市 / 郡被选定为"新活力地域"[1]，随后，2004 年 8 月 31 日政府发表了"新城市发展圈及创新城市建设方案"，在颁布公共机关迁至地方的基本原则及引导方向之后，创新城市项目的建设也开始如期开展。

2003 年 4 月 14 日，韩国政府组建了"新行政首都建设促进企划团（隶属总统）"及"新行政首都建设促进支援团（归属于国土交通部）"，其主要任务是负责筹备建设行政中心复合城市的工作。由国土研究院等 14 个专业研究机构组成的"新行政首都研究团"，负责研究"国土基本构想"，编制"选址标准（案）"等。另外，由韩国土地住宅公司等组成调查团，对有可能被划入行政中心的地区进行了现状调研，并对相关的地方自治团体也实施了考核。根据此结果，2004 年 1 月政府为了规划议案迅速编制及项目的开展，通过协商之后编制了《为了新行政首都建设的特别措施法》。

依据此法，国家于 2004 年 5 月 21 日设立了隶属于总统的"新行政首都建设促进委员会"，正式开始统筹和推进项目的建设，编制了关于因行政首都而迁移的国家机关及迁移时限等的"主要国家机关（行政部）迁移规划"；同时也编制了"建设基本规划"，规划中确定指出了有关建筑理念、城市开发方向、有效的项目促进方案等新行政首都建设的基本原则及方向。2004 年 8 月 11 日，在听取国民及专家的意见之后，在 4 处搬迁候选地中最终选定了燕岐、公州地区。但是 2004 年 10 月 21 日，宪法法院判定特别法违反宪法，从而导致特别法失去了法律效力，新行政首都建设项目也因此中断。为了解决此问题，政府又设立了隶属于国务总理的"新行政首都后续对策委员会"。

2005 年 3 月 18 日，政府编制并颁布了作为后续对策之一的《新行政首都后续对策，为建设燕岐、公州地域为行政中心复合城市的特别法》。依据此法，成立了"行政中心复合城市建设促进委员会"，为了相关工作的高效开展下设有促进团。相关的建设基本规划、开发规划、实施规划等也最终定稿。2005 年 10 月 5 日，国家确定并公布了关于中央行政机关迁移的规划，其中包括了 12 个部门、4 个科室、2 个厅等共计 49 个单位。随后，通过组织"城市概念国际方案征集"活动评选出 5 个入围作品。2006 年 1 月 1 日，促进团解体，新成立了隶属建设交通部的"行政中心复合城市建设厅"。此后，相继开展了中央绿地方案征集活动、中心行政大楼总体规划国际方案征集活动、第一村方案征集活动等，截至 2015 年 1 月，城市规划前后经过了大约 32 次的修订。

2005 年 6 月，"公共机关地方迁移规划"通过了国务会议的审议，同年 7 月颁

---

1. "新活力地域"是指韩国从全国234个基础自治团体内被工业化、产业化、城市化排除在外的城市中，因为城市老化严重，在城市排名内位例倒数30%的市及郡内评选出的70个市及郡。

布了"市/道及迁移机关革新城市选址指南";2005年8月5日,成立了"公共机关地方迁移促进团";同年9月28日,设立了各市/道选址委员会;同年10月31日,政府、市/道、迁移机关等组建了公共机关地方迁移促进协会。以此为基础,2005年12月23日,各市/道选址委员会选定了10个创新城市。

2006年4月,国家确定了创新城市建设的基本构想及方向;2007年1月,编制了《创新城市特别法》。2007年4月,确定了10个创新城市[1]。2007年5月30日至12月完成了开发规划和实施设计的编制。伴随着2007年12月14日第一批公共机关(共28个单位)迁至地方规划的批准,创新城市开发及公共机关迁移的实施正式拉开了序幕。2008年10月,政府批准了第二批13个迁移公共机关的地方迁移规划,第三批批准了27个机关的迁移规划。2009年6月,出台了创新城市发展方案。之后从2009年6月到2010年5月,又批准了第四批至第八批迁移公共机关的地方迁移规划,还额外批准了其他69个公共机关迁至地方的规划。截至2012年2月,创新城市的建设、公共机关的迁移、住宅及商业设施等项目的具体推进情况如表14-1所示。

表14-1　创新城市建设现状（截至2012年）

区　分	地区规划进程			规　模			完工进度（%）		
	地区指定	开发规划	实施规划	面积 （万平方米）	人口 （万人）	项目经费 （亿韩元）	用地工程 （迁移用地）	补偿	售房
合计	–	–	–	4488.3	27.3	97 601	99.9（100）	100	89.7
釜山	2007.4	2008.6	2008.12	93.5	0.7	4136	100（100）	100	90.7
大邱	2007.4	2007.5	2007.9	421.6	2.2	14 369	100（100）	100	74.8
光州、全南	2007.3	2007.5	2007.10	736.1	4.9	13 222	100（100）	100	94.8
蔚山	2007.4	2007.5	2007.9	298.4	2	10 438	99.8（100）	100	84.5
江原	2007.3	2007.5	2007.10	359.6	3.1	8843	99.9（100）	100	93.4
忠北	2007.3	2007.5	2007.12	689.9	3.9	9890	100（100）	100	76.0
全北	2007.4	2007.9	2008.3	985.2	2.9	15 297	100（100）	100	97.1
庆北	2007.3	2007.5	2007.9	381.2	2.7	8774	100（100）	100	85.7
庆南	2007.3.19	2007.5.31	2007.10	409.3	3.8	9711	100（100）	100	95.1
济州	2007.4	2007.7	2007.9	113.5	0.5	2921	100（100）	100	94.2

---

1. 创新城市是指基于《建设及支援公共机关迁至地方创新城市的特别法》开发建设,可容纳迁入的政府部门、企业、大学、研究院、公共机关等机构,且住宅、教育、文化等设施完善的城市。迁入创新城市的公共机关是依据《国家均衡发展特别法》从首尔圈内迁出的公共机构,或者是经由国务会议审查的中央行政机关。

行政中心复合城市虽然曾因政治原因被搁浅，但相关城市开发项目并没有受到太大的影响，现在城市面积中约 30% 已经竣工及出售。隶属行政中心复合城市的地区中现在已经划分为 3 个行政洞并开始对其进行管辖，入住人口已超过 10 万人，相关公共行政机关的迁移率已经超过 90%。

14.3 企业城市

韩国企业城市的建设是在 2003 年 10 月全国经济家联合会（以下简称"全经联"）为了房价安全和地域均衡发展提出建设千万坪（1 坪约为 3.3 平方米）规模企业城市之后，拉开了序幕。全经联以建设产业研究院的调查报告为基础，指出企业城市提案的主要目的是通过在首都圈之外的地区内建设拥有住宅、教育、医疗和生活便利设施等、人口规模为30 万的自足型企业城市，从而确保房价安全并刺激经济发展。除此之外，据预测，企业城市还可以帮助首都圈疏散 10 万人以上的人口。

全经联推测 2004 年 2 月通过建设企业城市可以创造 20 万左右的就业岗位，且提出了关于营建企业城市的标准模式。与部分地方自治团体进行洽谈之后，证实企业城市建设是可以实现的。2004 年 3 月，政府决定在企业城市不违背首都圈密集程度及地方均衡开发的现有政策的前提下，积极支持企业城市的建设。同月，原州、光州等城市邀请相关专业人士一同开展企业城市的建设工作。

三星电子为了将牙山市汤井建为企业城市，确定企业城市建设规划的总规模约为 98万坪[1]，其中包括产业用地约 42 万坪、城市开发用地约 56 万坪。但由于政府的反对，三星不得不修改最初的规划提议，将产业园区规模从 42 万坪调整为 65 万坪，将整个地域开发为产业园区——事实上也就是放弃了建设三星电子企业城市的构想。2004 年 6 月，全经联开始接受愿意建设企业城市的地方自治团体的申请，其中，共有 20 多个地方对此进行了回应，除首都圈和行政复合城市选址的忠清地域外，共有 9 个地方确认并提交了申请书。在决定行政复合城市的选址之后，政府又追加了忠北的 3 个城市，至此确定了 12 处候选城市。并于 2004 年 12 月出台了针对该计划的《企业城市开发特别法》。

2005 年 1 月，政府公布了促进企业城市示范项目的规划，并于 4 月开始接受企业城市示范项目的申请，共有 8 个城市参与。同年 7 月忠南泰安（观光休闲型）、全南务安（产业贸易型）、全南灵岩 / 海南（观光休闲型）、忠北忠州（知识基础型）、江原原州（知识基础型）、全北茂朱（观光休闲型）等 6 处入选企业城市示范项目的候选地区。

---

1. 1坪约为3.3平方米，98万坪相当于约323.4万平方米。

综合来说，企业城市的建设要慢于行政中心复合城市及创新城市。其主要原因是2008年的金融危机，原来准备参与建设企业城市的企业纷纷宣布放弃对企业城市的投资。由于2012年中国投资商撤回了投资资金，所以茂朱企业城市成为了第一个放弃建设的城市。尽管作为主管部门的国土交通部将用地面积从17.7平方公里减少到5.02平方公里，项目期限又延缓了3年，但是当时针对投资商并没有适当的奖励政策，所以项目陷入了困境。全南灵岩及海南企业城市也是因为经济方面出现了问题，所以停止了所有的建设项目。

截至2016年3月，仅有包括原州企业城市、忠州企业城市、泰安企业城市在内的三个项目仍在持续建设中。其中，忠州企业城市的建设相对来说较为顺畅，而原州企业城市原计划于2012年完成第一阶段的工程，但是直到2015年8月才竣工。除此之外，泰安企业城市也是因为项目执行者——现代城市建设公司陷入经济困境后于2012年被迫停工。后来项目被现代汽车集团收购，才重新开启了泰安企业城市的建设。尖端产业园区从原来的34万平方米扩大到264万平方米。此外，类似于锦湖轮胎的相关企业研究院的入驻，也间接地推动了项目建设进程。因为参与忠州企业城市建设的公司大多是浦项建设、韩国土地住宅公司、埃姆科集团等大企业，所以项目按原计划实现了100%的土地出售，城市建设项目也在顺利建设中。

14.4 地域均衡发展战略引导下的城市开发案例

14.4.1 行政中心复合城市案例

如前所述，为了建设行政中心复合城市，政府于2005年5月举办了城市概念方案的国际征集活动，此次活动共收到了来自26个国家的121个方案（韩国国内57个、国外64个）。同年11月15日，政府从中遴选了5个作品并给予了奖励。其中，现在行政中心复合城市的城市结构最接近于西班牙建筑师德雷斯·佩雷拉·奥特加[1]提出的环状城市结构的方案（图14-1），此外入选的方案还有皮埃尔·维多里奥·阿鲁里（意大利）的"一个城市的语法"、让·皮埃尔·热内（瑞士）的"环城公路"、金荣俊（韩国）的"分枝城市"、宋福燮（韩国）的"三十桥城"等。这些城市概念中的部分理念都被运用到了现在的复合城市规划中。截至2015年1月，行政中心复合城市的土地使用规划方案通过了32次修订，如图14-2所示。

1.西班牙建筑师Andrés Perea Ortega当时的作品名为"The city of the thousand cities"。

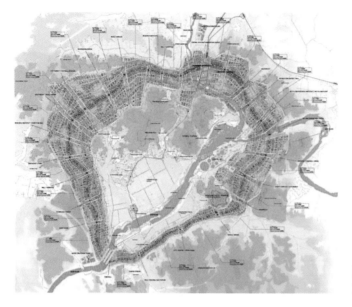

图 14-1　行政中心复合城市入选方案（雷斯·佩雷拉·奥特加）

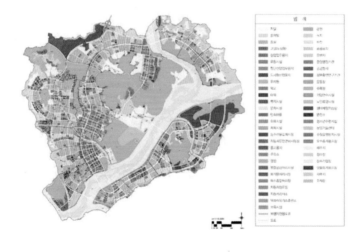

图 14-2　2015 年 1 月提出的土地使用规划方案

　　行政中心复合城市（图14-3）的基本方向是建设功能复合、均衡发展、自给自足、宜居、以人为中心的城市；舒适、亲近环境、高品质的文化信息城市等。2030 年的规划目标人口为 50 万人，其主要功能包括中央行政、城市行政、国际交通、综合文化、教育研究、以知识为基础的创新产业和地域创新中心，以及具备城市服务功能的商业办公中心等。城市的基本空间框架使用了代表国家均衡发展和分权化的环状结构，并在这个结构中注入空间使用均等性和民族性等思想。环状结构的中央建有开放空间，其主要目的是为市民提供一个所有人都可以共享与休息的场所。除此之外，以这种环状的城市结构为基础，建造了以公共交通为中心的城市交通体系。

图 14-3　行政中心复合城市鸟瞰图

14.4.2 创新城市案例

（1）江原原州创新城市

江原原州创新城位于江原道原州市江边路 160（盘谷洞）一带，面积为 3.6 平方公里，是由韩国土地住宅公司和原州市共同开发的项目。该创新城市容纳人口 30 887 人，搬迁至此的公共机构包括韩国观光公司、国民健康保险、大韩红十字会、韩国退伍军人健康服务（Korea Veterans Health Service）、大韩煤炭公司、道路交通管理局、国立科学调查研究院等 13 个机构。创新城市所追求的是将自然生态、人文社会与未来融为一体的、能承载雉岳山风景的新城。

新城的景观主题是健康城市、象征城市、感性城市，主要概念是成为绿色、健康、生命和观光之城。在此基础上，通过搬迁与健康生命、观光、资源开发功能相关的公共机关，在开发韩国旅游的同时构建以人、生命为中心的地域创新群。江原原州创新城市（图 14-4）的规划突出强化了"蓝色走廊"和"绿色走廊"两个概念。其中，"蓝色走廊"是针对生态空间的规划，布局有亲水平台、花桥、灯光画廊等，将位于滨水地区的中心广场规划为多姿多彩的居民交流空间；"绿色走廊"通过连接绿地的林间小道、步行者专用道路、生态通道等，使市民随时都可以享受大自然健康的生态环境，为市民提供各种各样的室外生活与体育空间。

图 14-4 江原原州创
新城市鸟瞰图

（2）忠北创新城市

忠北创新城市（图 14-5）位于忠清北道镇川郡德山面、阴城郡孟洞面一带，占地 6.9 平方公里，规划人口 4.1 万人。新城建设由韩国土地住宅公司负责项目开发，共有包括韩国煤气安全公司在内的 11 个机关单位迁至此地。城市开发的主要目的是打造生态阳光城市，其战略及定位是：追求创造革新的技术城市；汇聚文化创意活动的人力开发城市；作为学习基地的教育文化产业城市；水系和绿地相和谐的生态循环城市。城市开发的结构体系可以分为创新中心区和中心商业区，其中包括打造创新城市中枢功能的中央主干道，构建支持创新城市均衡发展、公共开放和满足广域城市功能定位的创新中心区。此外，在中心商业区周边构建生活配套设施及步行空间，营建开发轴和照顾弱势群体的公共空间。

图 14-5 忠北创新城
市鸟瞰图

（3）庆南晋州创新城市

庆尚南道晋州创新城市（图 14-6）被称为"南伽蓝新城"，位于晋州市文山邑锦山面虎滩洞一带。面积为 4.1 平方公里，规划人口为 3.8 万人，共计约 1.3 万户。此地有住宅建设功能群 3 处，产业支援功能群 3 处，迁至此地的公共机关包括韩国土地住宅公司、住宅管理公司、韩国设施安全公司、中小企业振兴公司、国民年金公司、中央关税分析所等机关 12 个，其他机关 6 处等。

新城的主要目标是建设成引领尖端居住文化的绿色亲水城市。为此，规划提供了尖端居住、文化休闲、和谐环境、生态自然等多元条件。具体实施战略包括：通过营建尖端居住园区，提高生活品质来开发示范城市；在庆南地域建构具有战略意义的智能型家庭网络产业基础；通过产业支援功能群的集中来确保未来产业健康发展，通过迁移机关和地方产业网络构建为技术革新奠定基础；构建"产、学"相结合的生产生活场所，成为普适（Ubiquitous）技术和新知识的实验城市；通过扩大南江和永川的江水边空间使用来营建绿色亲水城市，在最大限度利用自然地形的同时节约资源、优化生态。

图 14-6　庆南晋州创新城市鸟瞰图

14.4.3 企业城市案例

（1）泰安企业城市

泰安企业城市（图 14-7）是一座观光休闲型城市，位于忠清南道泰安郡泰安邑及南面浅水湾 B 地区一带，面积为 14.6 平方公里，目标人口为 1.5 万。目前，只有"现代建设"一个公司参与到该城市的规划建设中，城市提供的各项设施主要包括主题公园、生态公园、高尔夫球场、学校、健康医院、尖端综合产业园区、青少年文化体育设施、国际商业园区、农村体验型观光园区等。城市规划理念是打造文化与休闲运动的主题城市、候鸟寻觅的生态城市、与自然相和谐的适居型自足城市、既有活力也供休息的健康城市。为了打造便捷的城市交通，广域交通规划中直接连接了西海岸高速公路和本开发区的 4 条路线，且规划了 5 条备选干线道路网和内部干线道路网等。规划确定绿地公园占总用地的 20%，利用公园绿地系统在浮南湖边营建可供候鸟栖息的候鸟区，打造贯通城市的生态人工水网及生态园。

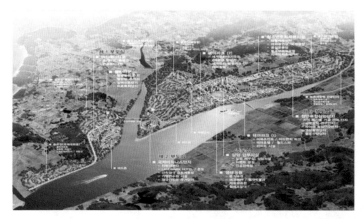

图 14-7　泰安企业城市鸟瞰图

（2）忠州企业城市

忠州企业城市（图 14-8）是知识基础型企业城市，位于忠清北道忠州市周德邑利柳面、可金面一带，面积为 7.0 平方公里，目标人口为 2.06 万人。城市规划的各项设施包括：与研发相连接的纳米技术（BT）/生物工程（NT）/信息技术（IT）零部件产业、生产用地、会展中心、企业配套中心；舒适的商住两用用地；体育设施等生活配套基础设施用地；产业基础设施扩充用地及其他城市基础设施等。共有 7 个企业参与了该项目的实施之中，分别是浦项建设（株）、林光土建（株）、农业合作社中央联社、埃姆科（株）、东华药品工业（株）、浦项科技（株）和住宅公司。

为了打造亲近环境的自足型、复合型、尖端型企业城市，规划试图建设尖端的"环境友好"示范城。通过自立的地方化战略给予城市新的成长动力，将其建设成中心地区集居住、教育、医疗、文化等为一体的综合、自足的重点城市。城市未来目标是实现普适尖端信息城市、知识基础城市、以企业为中心的创新型城市以及生态环境城市。在交通规划方面的主要举措包括：建设国道 82 号线至地方道路 525 号线；延长 525 号线的一部分区间；为连接国道 3 号线、地方道路 599 号线、国家支援地方道路 82 号线而新建两条联系线路。公园绿地系统规划保证处处邻近公园（1 068 107 平方米），设立 5 处儿童公园（8559 平方米），并在需要降低对环境影响的区域设置 15 处缓冲绿地（126 010

平方米）及 16 处景观绿地（1 666 270 平方米），最终保证了高达 43.7% 的公园绿地率，其中包括 18.1% 的公园和 25.6% 的绿地。

图 14-8　忠州企业城市鸟瞰图

　　综上所述，韩国的新城市建设经历了从新城建设到小规模建设的两次变化。第一个时期是在 20 世纪 80 年代，为了达到全斗焕总统时期的 500 万户、卢泰愚总统时期的 200 万户建设规划目标而开发了第一批五处新城。在进入 20 世纪 90 年代之后，政府开始回避大规模的新城建设。第二个时期从 21 世纪最初十年初期开始，这个时期由于首尔市（尤其是江南地区）住宅价格的下跌及全国住宅市场价格的稳定，政府为了实现国土的均衡发展而再次开始建设大型新城。其中首都圈内的第二批新城共有 10 个（将东滩第一批新城及东滩第二批新城分开计算，可以看作是两处新城）；全国各地正在建设包括行政中心复合城市在内的 11 个创新城市和 3 个企业城市。

　　在 21 世纪最初十年里，卢武铉政府的国土均衡发展竞选承诺也是促进新城建设进入成熟期的重要力量。通过政府的努力，在公共主导及政府的大力资助下实现城市开发。与此配合，国家除了制定《国家均衡发展特别法》《新行政首都特别法》《地方分权特别法》等三个均衡开发法之外，还编制了《企业城市开发特别法》，全国新开发了包括行政中心复合城市（世宗市）、创新城市、企业城市等在内的 18 个新城。此外，首都圈在第二期新城开发中又规划了 10 个新城，各地方自治团体纷纷利用宅地开发项目的契机投入这个建设潮流之中。从卢武铉总统到李明博总统，再到朴槿惠总统，在韩国执政党及总统的变更过程中，无论是行政中心综合城市及创新城市建设的速度，还是其具体建设方向都发生了若干变更。例如，受朴槿惠总统关注的规模最大的未来创造科学部虽然原定将其迁移到行政中心复合城市内，但最终还是取消了其迁址计划。新城建设持续推进的主要原因是韩国政客们为了拿到已经决定将要建设行政中心复合城市和创新城市地区居民的投票权。

在 2008 年的全球金融危机之后，韩国全国住宅价格基本处于停滞状态。另一方面，伴随着老城区基础设施老旧现象的出现，韩国政府开始重新反思大规模的新城建设。为此，2014 年 9 月 1 日韩国政府颁布了房地产综合对策，并废除了从 1981 年开始推动新城建设的《宅地开发促进法》。目前韩国国内可能不会大规模地建设新城。以此类推，也可以说韩国城市开发及管理政策开始转换为以城区重整（reorganization）、城市再生、小规模城市开发为中心的方式。

| 参考文献 |

[1] 韩国国土交通部 . 国家建筑能源统合管理系统构建项目 [R]. 世宗：国土交通部，2012.

[2] 京畿道，城南市，韩国土地住宅公司 . 城南板桥地区宅地开发项目景观形成规划 [R]. 晋州：韩国土地住宅公司，2007.

[3] 韩国土地住宅公司 . 扬州回天地区宅地开发项目基本构想及开发需求分析 [R]. 晋州：韩国土地住宅公司，2007.

[4] 韩国土地住宅公司 . 板桥新城市总体规划及设计总览 [R]. 晋州：韩国土地住宅公司，2007.

[5] kdagroup/ 正友综合技术 . 扬州回天地区公共空间设计规划 [R]. 晋州：韩国土地住宅公司，2009.

[6] 坡州市 / 韩国土地公司 . 坡州云井新城市宅地开发项目第 1 种地区单位规划 [R]. 晋州：韩国土地住宅公司，2007.

[7] 韩国土地公司 . 东滩新城市城市空间设计 [R]. 晋州：韩国土地住宅公司，2008.

韩国的低碳城市开发

第 15 章

15.1 低碳城市规划的相关概念

追溯低碳城市的源头，就必须提到绿色城市、生态城市、可持续发展城市等，最初的相关讨论出现在 1962 年美国海洋生物学家蕾切尔·卡逊（Rachel Carson）出版的《寂静的春天》（*Silent Spring*）一书中，辨析这些相关观念是探讨低碳城市的基础。

15.1.1 可持续发展

可持续发展是全世界国家首脑、专家及非政府组织等使用最多的用语之一。可持续发展概念通过 1972 年在瑞典首都斯德哥尔摩召开的联合国人类环境会议（UNCHE）、1992 年在巴西里约热内卢举行的联合国环境与发展会议（UNCED）、2002 年在约翰内斯堡举行的世界可持续发展峰会（WSSD）、2012 年在里约热内卢召开的联合国环境和发展会议"里约 +20 峰会（RIO+20）"等各种世界顶尖会议提出，可持续发展成为了国际社会中的热点话题。

1972 年罗马俱乐部发表的第一个报告书《增长的极限》（*The Limits to Growth*）首次提出了"可持续发展（sustainable development）"的概念。这一概念被广泛接受是在 1986 年世界环境与发展委员会颁布了《我们共同的未来》（*Our Common Future*）报告书之后。1988 年，联合国大会开始鼓励将可持续发展作为联合国及各国政府的基本发展理念。《我们共同的未来》报告指出，环境容量的局限性在于既要满足现在需求又要满足未来需求，即可持续发展被定义为既要满足当代人的需求，又不对后代人满足其需求能力构成危害的发展。这也就意味着，要认识到自然资源和生态资源的自我修复能力的局限性，并在此限制范围内进行满足人类基本需求的发展。据此，韩国可持续发展中心（2013）认为可持续发展是为了"满足基本需求、提高所有人的生活标准、保护及管理更好的生态环境、实现更安全及繁荣的未来"而制定的规程。

1992 年，在巴西里约热内卢联合国环境与发展会议上通过的重要文件《21 世纪议程》，对可持续发展进行了具体定义并达成共识。会议对可持续理念的推广主要是为了从过去半个世纪中各国只追求经济发展的误区中走出来，构建经济发展和环境保护并行的行为准则。里约热内卢会议指出，可持续发展是要实现经济发展、社会和谐、环境保护三大方面的均衡与和谐，因此特别要营建合理的管理体系以便于地方自治团体中的各种社会组织的积极参与。后来全世界范围内掀起的"21 世纪议程"运动，成为了"可持续城市"概念发展的新起点。

随后，越来越多的学者开始关注"可持续发展"，特别值得一提的是 2002 年在南非约翰内斯堡举行的"世界可持续发展峰会（WSSD）"。会议强调，社会平等及和谐是可持续发展的核心。2012 年，"里约 +20 峰会（RIO+20）"对 20 年前的里约热内卢大会提出的"可持续发展"的相关实践进行了考察，进而指出了未来 20 年可持续发展的新方向。这次峰会将"我们期望的未来（The Future We Want）"作为宣言，宗旨是同时考虑当代人与后代人的生活，着重强调要以绿色经济为工具来实现未来发展。这也意味着，覆盖全球的低碳经济发展已经转换成为可持续发展的必然使命之一。

15.1.2 可持续城市（Sustainable City）

"可持续城市"概念与"可持续发展"概念紧密相关。可持续发展本身倡导经济、社会、环境的协调发展应该与城市生活品质相关联。因此，可持续城市是指在不破坏生态环境的前提下，在持续提供较高的居民生活环境品质的同时发展社会经济。斯蒂芬·莱曼（Steffen Lehmann）将可持续城市定义为：在城市的承载能力范围内，减少能源、水、土地、废弃物等生态足迹，提高居住、健康、就业、交通等生活品质。由于通过与"生态足迹"类似的环境可持续概念来解决各种地区问题依然具有局限性，因此可持续城市需要在综合考虑环境、社会、经济等前提下，寻找城市问题的具体解决方案。

可持续城市的出发点是理解环境承载力，通过人类与自然的沟通融合，使当代人与后代人可共享环境；通过资源的有效使用、生活品质的保护和提高、基于沟通和参与的管理等，使得当代人与后代人均能享有健康的城市。其具体内容涉及以下三个方面：

（1）人类也是生物界的一种"生命体"，需要尊重"生态可持续性（ecological sustainability）"，通过保持环境的可持续让人类与自然和谐共存。因此，城市开发及保护的判断标准不仅要考虑到人类的利益，同时要关注生态界的安全及均衡，也就是在环境可维持与可恢复的承载能力范围内进行城市开发。

（2）人类是一种社会性的存在，城市管理要立足于社会成员之间的协调共生的"社会可持续性（social sustainability）"。因此，可持续城市是为了地区、种族、阶级间的共同利益而公平地提供基础设施和服务，并按照居民价值和分权原则进行针对性的管理。

（3）追求人类代际间的均衡发展，推行既认识到当代人需要也考虑后代生存基础的"经济可持续（economical sustainability）"，建设"节约能源与资源"的新城市。对于为了满足当代人欲望而过度使用土地和消费资源的行为加以制约，建构"绿色经济"城市体系。

15.2 从低碳城市到绿色智慧城市

纵观人类历史，类似于可持续城市的概念还有许多。如果说近代城市规划是以可持续城市为目标而出发的，并非言过其实。从 19 世纪最初十年近代城市规划的起源就可以得知，当时城市中多数工人及市民的健康由于工业化的快速发展而恶化，从而引发了城市规划的诞生。彼得·霍尔在其著作《明日之城》（*Cities of Tomorrow*，1988）中指出，19 世纪最初十年健康问题、饥饿问题、贫困问题已在全欧洲扩散开来，近代城市规划的开端便是为了解决此类问题，因此显然城市规划所追求的是健康、公平的城市。1902 年埃比尼泽·霍华德（Ebenezer Howard）在其"田园城市（Garden City）"理论中充分认识到了地球上因城市聚集可能导致的环境问题，并建议通过城乡优势的结合来迈向更加"绿色"的城市发展。

之后，1933 年的《雅典宪章》、1977 年的《马丘比丘宪章》、1987 年的"可持续发展"等城市规划理念及宪章先后兴起。特别是 20 世纪 80 年代中后期，精明增长（Smart Growth）、新城市主义（New Urbansim）、城市乡村（Urban Village）、紧凑城市（Compact City）等，都是关系到可持续发展的以环境和人类为中心的理念。从 20 世纪 90 年代末到 21 世纪最初十年，"碳"的概念出现在可持续城市模式中。"无碳（Carbon Free）"理念伴随着对以地球变暖为中心的气候变化和与其相关的多种自然灾害以及对于 2006 年第三次石油危机的担忧而出现。这已经跳出了单纯的资源保护视角，而是试图更加积极地让能源可以达到自给自足和碳排放量为零的状态。从 21 世纪最初十年中后期到现在，针对低碳经济，各个国家及企业之间出现了碳排放权交易、碳关税等多种多样的正反争议。

伴随着这样的国际大趋势，学术界开始诞生出更加丰富的有关可持续城市规划设计和低碳建设的相关理论。在相关研究领域中，"地产研究企业（Real Estate Research Corporation，简称 RERC）"的工作相对领先，他们将城市划分为五大类型，并指出从能源的有效性方面来说，功能混合的规划与高密度的城市规划结构消耗的交通能源和水资源会更少。纽曼和肯沃西（Newman and Kenworthy，1989）是支持"紧凑城市"的代表，通过对世界 32 个城市的汽油消费量和密度的关系分析，他们提出土地的高密度使用可以减少能源的消费。随后，城市规划领域的专家也开始不断地对城市形态与汽车能源消费的关联性等展开了研究。他们指出，可持续城市的主要原理包括有效地使用资源、多样性、减少污染、城市集中等。

随着这些思考的出现，21 世纪初为了实现"碳中和城市（Carbon-neutral City）"的目标，对城市空间结构的讨论更加活跃，不仅仅是通过综合开发缩短移动距离及控制交通需求的紧凑城市模型。里卡比（Rickaby，1992）和富尔斯特（Fuerst，1999）等提出了分散性集中城市概念（Decentralized Concentration City），其空间结构是可持续城市。在此基础上，巴奇尼和奥斯瓦尔德（Baccini and Oswald，1999）提出了作为分散性集中城市的组成部分，提高自然资源使用的内在效率、最低限度的消费和最大限度的资源再利用的"循环型新陈代谢城市（Circular Metabolism City）"理想。

21 世纪被称为融合的时代。在建筑与城市领域，倡导零能耗建筑、绿色城市等很好地反映出了可持续城市的概念。英国的贝丁顿（BEDZED）、瑞典的哈马碧生态城（Hammarby Sjöstad）、阿拉伯联合酋长国的马斯达尔城（Masdar City）等都是通过漫长的讨论及相关理论引导而诞生的低碳城市。显然，成功的低碳城市建设不可能一蹴而就，它是一系列努力的结果。这些成功案例不仅在能源方面考虑了建筑和城市之间的联系，并且综合了废弃物、上下水道、大气（空气）流动、土地覆盖、步行、安全等多种其他因素，将其整合到零能耗的建筑与城市新模式之中。

15.3 关于构建低碳城市的政策

伴随时代的发展趋势，韩国政府为构建低碳城市也倾注了大量心血。在韩国，众所周知李明博政府最先推广了与低碳城市相关的政策。在 2008 年 8 月总统"8·15"祝辞中宣布将"低碳绿色增长"列为未来国家战略，并会推出低碳绿色增长的主要政策。2009 年 1 月发表了"绿色新政工程"促进方案，将要构建绿色国家信息基础设施相关工程。2009 年 2 月，政府向国会提交了《低碳绿色增长基本法（案）》，2009 年 5 月编制了绿色信息科技国家战略规划。此后，"低碳绿色增长"普及扩散到建筑能源管理系统，该领域也拉开了相关制度构建的序幕。2009 年 7 月编制的绿色增长五年计划，提出构建国家层面的建筑能源监测系统。2010 年 1 月编制《绿色增长基本法》，有助于构建温室气体综合情报管理体系。政府进一步为构建低碳绿色城市而编制了城市规划指南，并编制了适用于新城创建低碳绿色城市的"可持续新城规划标准"。

15.4 低碳城市规划案例

2000 年之后，韩国低碳城市规划迈入了萌芽期，2008 年之后开始快速发展。韩国低碳城市的起步相对较晚，所以现在还没有已经竣工的低碳城市案例。本节将从两个方面介绍韩国为创建低碳城市作出的努力：首先是创建低碳城市层面；其次是关于开发低碳城市的模式、低碳城市相关制度及标准等方面的努力。

15.4.1 适用于韩国新城的低碳方法

韩国在 2008—2009 年之间开展的与低碳城市相关的政策主要以"编制应对气候变化的综合基本规划（案）""低碳绿色增长""为构建低碳绿色城市而编制的城市规划指南"等为中心。作为其延伸，国土海洋部（2010）修订了适用于新城市规划过程中创建低碳绿色城市的标准——"可持续新城市规划标准"，此标准已经被运用到黔丹第二新城和慰礼新城第二区规划等之中。

此规划的主要内容包括了环境友好的土地利用规划、构建以大众交通为中心的绿色交通体系、营造自然生态空间、鼓励使用新能源和可再生能源、建设资源循环型城市结构等。修订的主要内容包括：各区域中心为高密度、周边地区密度随步行道路向外逐渐递减的开发方式；编制与交通规划相联系的土地利用规划；引入大众交通专用地区；在步行距离 500 米之内布置公园；在城市基本设施和公共设施中引入新能源和可再生能源；水资源综合管理规划；回收利用新城市内出现的废弃物等。

2008 年开始了第二期新城开发，之前新城主要关注的是"环境友好的城市环境"，所以当时编制的政策多以绿色交通体系、生态网等为中心。除了高德国际化新城在 2008 年以后开始营建，如东滩二、慰礼、黔丹等新城都采纳了"可持续新城规划标准"及"低碳城市规划的政策"。表 15-1 按第二期 10 处新城市开发的期间排序，从环境友好土地利用及资源循环型城市结构、绿色交通体系、新能源和可再生能源、自然生态空间四个方面对各城市的特点进行了整理。

表 15-1　适用于新城市的低碳方法

区分 （开发期间）	环境友好土地利用及 资源循环型城市结构	绿色交通体系	新能源和可再 生能源	自然生态空间
金浦汉江 （2002—2013年）	中低密度独立式住宅 及中高密度公寓	绿色交通体系	—	生态网
城南盆唐 （2003—2014年）	—	以大众交通为中心的交 通体系	—	绿地网
坡州云井 （2003—2017年）	—	—	资源及能源节 约型城市	绿地网
广桥 （2005—2014年）	制订绿色计划；最佳 密度69人/公顷	站点周边地区集中 开发	—	公园绿地率为 42%
世宗市 （2006—2011年）	自然型水循环系统	环形大众交通中心道路 及尖端快速公交系统 （BRT）运营；绿色交 通体系（自行车道路 及交通稳静化[1]）	集体能源供给、 导入新能源和 可再生能源	生态网 （公园绿地率 达到50%以上）
杨州 （2007—2018年）	水循环系统	大众交通中心城市	—	水系及公园 绿地网
华城东滩二 （2008—2015年）	营建紧凑城市；形成 与站点周边地区连接 的交流走廊；碳中和 型城市结构；以大众 交通为中心的土地利 用规划	绿色交通（智能交通系 统型租赁自行车，步行 者及自行车道路）	新型可再生资 源示范基地	绿色及蓝色网
慰礼 （2008—2017年）	营建环形的生活圈	新交通（Tram）； 绿色交通网	—	绿地轴
高德国际化 （2008—2020年）	中低密度城市指标 规划	绿色交通（快速公交 系统路线及自行车道 路网）	—	—
仁川黔丹 （2009—2015年）	中低密度的舒适的环 境友好绿色城市	10分钟内可以到达大 众交通中心的智慧交 通体系	零能源城市；资 源循环系统；被 动式房屋；太阳 能系统	亲水空间

在建设低碳城市的过程中各城市都采取了不同的规划方法：

首先，位于华城市的东滩第二新城是由韩国土地住宅公司和京畿公司负责开发，其城市主要概念是建设"健康和可持续的进化城市"。为了创建可以应对气候变化的碳中

---

1. 交通稳静化是在20世纪60年代提出的道路设计中减速技术的总称。

和示范城市，在编制关于减少资源消费及碳排放的方案的同时，建立了新型可再生能源示范区等。具体方案是在道路及空间结构方面编制以大众交通为中心的土地利用规划；打造利用智能交通系统租赁自行车、新型可再生资源等的碳中和型城市结构。此外，为了建设碳中和城市所作出的努力有：①在城市规划初期布局建筑时，考虑自然通风和连接河流与公园绿地的自行车道路；②在进行小区设计时，引入太阳能等新型可再生能源，实现"资源自立村"；③环境部通过编制"东滩二新城市地区单位计划施行指南"以节约能源。

其次，位于河南市的慰礼新城由韩国土地住宅公司负责开发，其规划概念是将其建设成为尖端生态城市。具体方案是营造线形公园轴线连接清凉山和滩川；建设连接住宅区和线形公园的健康道路；营建清凉山周边生态住宅小区。此外，编制以新交通手段为中心的土地利用规划，构建新交通体系和交通枢纽购物中心、公园、核心公共设施、人行道及自行车道等绿色交通网。

最后，黔丹新城位于仁川广域市，其规划概念是提高可持续的"节能降耗"，打造低碳绿色城市。通过构建智慧交通系统来减少运输的能源消耗，例如，步行或骑自行车 10 分钟之内即可到达大众交通中心。编制降低采暖制冷能耗的"无碳城"、低碳绿色城市示范村规划，考虑自然通风及水流等城市微气候的公园及绿地组合，将新再生能源利用到建筑物布局中。最大限度地导入水循环、废弃物循环、能源循环等资源循环系统以实现可持续性节能降耗。仁川黔丹新城、韩国土地住宅公司、仁川公司和仁川市作为开发主体共同参与到新城的建设中。仁川市将建筑物定为构建绿色城市的主要因素，在环境友好建筑物认证中特别强化了环境成果指数的标准，并强调将能源效率等级认证也列入构建绿色城市的主要方针之中。此外，明确了认证建筑物的用途和规模、适用项目等标准，还通过强化相关的制度标准来实现绿色城市，如制定法令及标准等对其进行约束；创建环境友好建筑物等奖励项目；强化义务节能的公共建筑的等级认证标准等。

15.4.2 低碳型新城市案例：仁川广域市黔丹新城

黔丹新城位于仁川广域市西区麻田洞一带，第 1 地区（11.2 平方公里）与第 2 地区（6.9 平方公里）的总面积为 18.1 平方公里，规划可容纳 23 万居民，居住 9.2 万户家庭。

黔丹新城是规划的住宅开发项目，其主要目的是为了推进与仁川广域交通网之间的联系及空间结构的重组。规划的编制不仅参考了政府的住宅供给政策，同时对相关上位规划的指标及指南、首都圈宅地开发案例等进行了比较分析。根据国土交通部的可持续新城市规划标准（2010 年），在中低密度新城营建中，开发密度分别设定为

100 ~ 150 人 / 公顷左右，其中公共住宅区比例为 80% 以上的自足新城，开发密度约为 150 ~ 200 人 / 公顷（图 15-1）。

节能降耗型城市建设中使用了节能降耗新能源技术进行空间规划，所以设定的能源使用量预测及节能降耗标准不同于原来的城市规划。从决定城市框架开始，城市建设就使用了空间规划和新再生能源的使用指南，包括详细的建筑布局或能源节能降耗要素的使用，以及地区单位规划的编制。黔丹节能降耗型新城中引入的规划要素如表 15-2 所示。

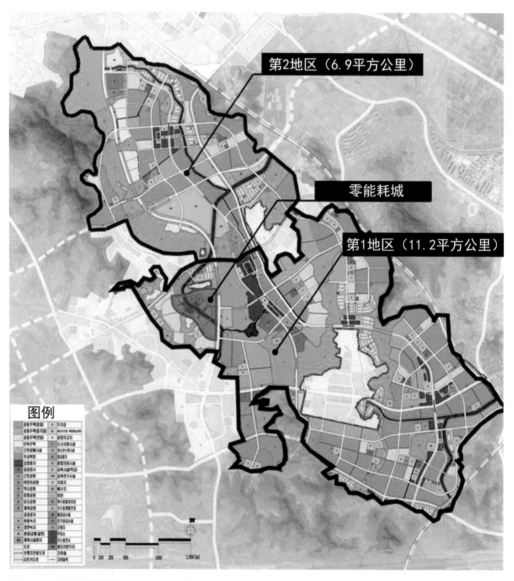

图 15-1　黔丹新城地图

表 15-2　黔丹新城的低碳规划要素

规划要素		适用与否		备　注
		城市	建筑	
环境友好型土地使用规划	高密度规划	◎		
	复合用途规划	◎		
	绿地轴	◎		
	水边空间	◎		
	生态栖息地	◎		
	营建通风道	◎		
	生态庭院		◎	
	环境友好型铺装材料		◎	
绿色交通体系	使用公共交通	◎		
	限制机动车进入	◎		
	职住近接	◎		
	丰富的文化基础设施	◎		
	服务设施布置在小区中心	◎		
	自行车道	◎		
	步行街	◎		
	清洁能源汽车	◎		
	汽车共享方案	◎		
新型可再生能源	主动式太阳能系统	◎	◎	设置公共设施用地（城市）和个别建筑物（建筑）
	被动式太阳能系统		◎	
	地热能	◎	◎	使用地热发电（城市）和地热空调系统（建筑）
节能建筑	高断热、高密封建筑		◎	
	高性能窗户系统		◎	
	废热通风装置		◎	
	考虑日照的建筑布局		◎	
	自然换气系统		◎	
	温室		◎	
	遮阳设施		◎	
	高效设备		◎	
	（U）能源计量器		◎	
	屋顶绿化		◎	
水循环体系	环境友好材料		◎	
	污水 / 废水再利用	◎		
	雨水再利用	◎		
	废物再利用	◎		利用附近废物处理场

黔丹新城的节能降耗目标值设定以被动式建筑（Passive house）的导入范围和新型可再生能源的导入范围为标准。具体来说，节能降耗的目标虽然针对整个黔丹新城，但使用节能降耗要素的地区及范围不同，所以目标值也不同，如黔丹1地区目标值约为14.9%～43.9%，黔丹2地区目标值约为14.5%～43.4%，而示范区要达到100%。

根据"绿色城市建筑激活方案"（2009年11月），将会分阶段巩固国家各类建筑的年度能源消费额标准，并规定截至2015年居住建筑能耗减少30%，到2017年能耗应减少60%，到2025年实现零能耗。非居住建筑截至2015年能耗应减少15%，到2017年能耗应减少30%，到2020年能耗减少60%，2025年实现零能耗。黔丹新城为达到2017年度的节能降耗标准，使用了国家提出的建筑年度能源消费额标准，即在节能降耗量方面，与原有建筑相比应该实现居住建筑取暖能耗降低90%、空调能耗降低50%、非居住建筑取暖能耗降低90%、空调能耗降低30%的标准。

黔丹新城内还专门规划了实现节能降耗效果最大化的"零能耗城（Zero Energy Town）示范区"。零能耗城规划为了实现零能耗城方案，使用了减少碳排放及新型/可再生能源的方案。另外，为了营建零能耗城，采取了以下措施：将所有的住宅设计为被动式建筑；导入太阳能发电系统和太阳能聚热系统；通过太阳能发电来满足路灯和公园等的用电需求。黔丹新城市内零能耗城的位置如图15-2所示。

图15-2　黔丹新城内零能耗城的位置及规划图

黔丹新城内的零能耗城位于黔丹新城中央西侧，其主要目的是通过绿地轴连接绿地和河川，实现热岛效应最小化、通风性良好及能源效率最大化（图15-3）。规模约为

259 384 平方米，可容纳 336 户。黔丹新城零能耗城内使用的规划要素包括规划、技术、水循环三种类型（表 15-3）。规划中的住宅是低密度环境友好的独立住宅、河流和绿地轴相连的空间结构、小区道路最少化，此外还引入了太阳光、太阳能及被动式建筑、风力、智能电网等节能技术。

图 15-3　黔丹新城零能耗城规划图

表 15-3 黔丹新城零能耗城内使用的规划要素

类型		适用于示范区的要素
规划型	环境友好土地使用	·布局时考虑风向及大气循环； ·将停车场布置在小区外，使小区内车辆出入实现最小化； ·通过保护原有地形实现适应自然的开发
	绿色交通体系	·示范区内车辆进入最小化； ·步行及自行车系统（绿色交通方式）的扩大； ·编制环境友好停车规划
技术型	节能降耗型建筑	·使用高断热、高密封的被动式节能建筑； ·引入生态建筑，如绿化、天然采光及自然通风等； ·通过建筑管理系统实现冷/暖气能源消耗最小化
	新型/可再生能源	·使用太阳光/热发电系统的建筑； ·使用地热发电的能源供给
水循环型	构建水循环体系	·高比例的生态占地面积和自然地基绿地占地面积； ·营建使用雨水的亲水环境和群落生境； ·通过渗水型铺装恢复土壤功能及构建水资源循环系统

15.4.3 低碳城市基础设施的建设

建筑方面的节能降耗是低碳城市的主要组成部分之一，大体可以分为新建建筑和原有建筑两个方面。相对来说，新建建筑的节能降耗管理要比原有建筑容易，主要因为在规划及施工阶段可以使用奖励制度来达到相关建筑的节能降耗。其中"绿色建筑认证制度（Green Building Certification）"是目前开展的关于节能降耗的重要政策之一。此制度编制于 2002 年 1 月，是建设交通部和环境部针对公共住宅开启的认证环境友好建筑物的制度。当时还同时实施了"绿色建筑认证制度"与"住宅性能等级标注制度"，但因为两个制度过于类似，所以将其合二为一，即现在的"绿色建筑认证制度"。此制度主要针对包括公共住宅、综合楼（住宅）、办公楼、学校、购物设施等在内的新建建筑，通过认证审核的建筑物可悬挂认证标志（如图 15-4 所示）。除此之外，老旧建筑物在进行房屋改建之后通过审批，也可以获得此认证。对土地使用及交通、能源及环境污染、材料及资源等共七个方面进行认证之后，给予其相应的等级认证（共四个等级）。为严格控制此制度适用的对象，将无条件需要认证的建筑从原来的 1000 户改为 500 户，公共建筑的建筑总面积从原来的 10 000 平方米变为 5000 平方米。

图 15-4　绿色建筑认证标志

　　除了上述"绿色建筑认证制度"之外，还有"建筑能源效率等级认证制度"，此制度是针对公共住宅与办公设施编制的制度。公共部门在建设公共住宅时必须取得二级以上的认证，而办公设施必须获得一级以上的认证。此外，所有超过 10 000 平方米的办公设施，无论是由民间还是公共所建，都必须办理关于能源消费量的认证手续。可以按照第一次资源消费总量将建筑划分为十个等级，根据此等级来减免其所得税及财产税等。此制度不仅针对新建筑，从长期来看会扩大到对原有建筑的认证。此外，还通过开展例如环境友好住宅（绿色家居）、整洁健康住宅评价、资源消费总量制度等多种制度努力提高新建筑的能源利用效率。

　　建筑能源有效等级认证制度、能源消费证明制度、资源消费总量制度等不仅适用于新建建筑，同时也被运用在原有建筑上。在建筑物出售或租赁时，交易合同书内必须附加标注建筑物能源消费量等级鉴定书，在进行建筑交易时引导消费者选择节能性能高的建筑。目前在首尔、京畿、仁川地域内已经开始使用这种等级鉴定的制度，预计 2016 年将会延伸至全国各地。为此，韩国鉴定院也公布了各建筑相应的能源消费等级，只限于超过 500 户的公寓小区。

　　此外，收集和分析建筑物的基本数据及与能源相关的数据，对建筑物消费量的管理来说也非常重要。为此政府最近投入了建筑物能源管理系统（Building Energy Management System，简称 BEMS），此系统是跟踪测量及管理建筑内能源使用量的系统，主要方式是在建筑物的主要房间或楼层上设置测试能源的测量仪（计量器）和测定室内使用者活动的感知器等。韩国 2012 年开始实施以国土交通部绿色建筑科为中心的关于"国家建筑能源综合管理系统"的项目，相关项目的主要运营体系如图 15-5 所示。

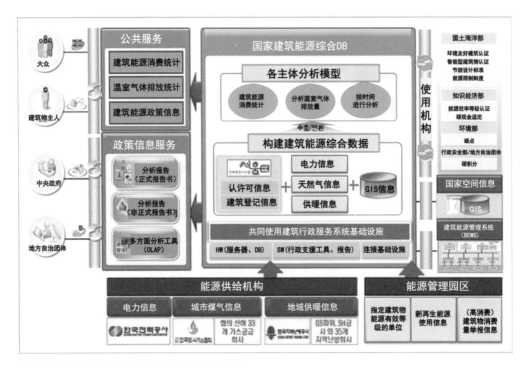

图 15-5　国家建筑能源综合管理系统项目规划图

低碳城市是最近备受全球关注的概念之一，各个发达国家已经建设了具有代表性的低碳城市。这里解析了低碳城市概念的萌芽过程以及韩国为了低碳城市建设而作出的各种努力。其中韩国政府对低碳城市的研究主要是集中在新城建设中，但预计在不久的将来也会将这种概念运用到老城区的建设之中。

| 参考文献 |

[1] 权龙有.海外低碳绿色水边城市 [J].大韩地理学会集，45（1），2010.

[2] 金世铺.是否可以实现零能耗小区 [C].国土环境可持续性论坛，2011.

[3] 金世铺.营建低碳城市村：以城市农业的可研究性及效果为中心 [C].国土环境可持续性论坛，2012.

[4] 金世铺，等.低碳城市规划系统开发研究课题第 1 年度报告书 [R].世宗：韩国建设交通技术评估院及国土海洋部，2012.

[5] 金世铺，等.低碳城市规划系统开发研究课题第 2 年度报告书 [R].世宗：韩国建设交通技术评估院及国土海洋部，2013.

[6] 金世镛，等 . 低碳城市规划系统开发研究课题第 3 年度报告书 [R]. 世宗：韩国建设交通技术评估院及国土海洋部，2014.

[7] 金世镛，李建远 . 通过分析各城市的特性探悉城市特性元素和温室气体排放量及能源消费量之间的关系和方向 [C]. 国土环境可持续性论坛，2013.

[8] 金世镛，李载峻 . 未来住宅的方案：寻找未来的低碳住宅 [C]. 韩国住宅学会集，2012.

[9] 朴贤硕，等 . 低碳绿色城市模式构想 [R]. 晋州：土地住宅城市研究院，2009.

[10] 杨秉彝 . 营建绿色城市 [M]. 首尔：首尔大学出版文化院，2011.

[11] 李建远 . 为了实现零能耗城的政策及制度 [J]. 城市问题，2015，50（555）.

[12] 李建远，等 . 选择汽车为通勤通行手段的个人属性及城市特征 [C]. 韩国产学技术学会论文集，2014.

U－城市/智慧城市开发

第16章

16.1 智慧城市、U－城市的概念

　　近年来，数字城市、信息城市、智慧城市、U－城市等概念开始风靡全球，其主要目的是提高城市的竞争力和生活品质。这类概念不仅推动了城市规划的实施，同时也推动了集城市、环境、IT 领域为一体的综合性项目的开发。在这样的世界大思潮之下，世界各国所采纳的概念也有所差异，欧美采用了智慧城市（Smart City）的概念，而日韩采用了 U－城市（U-City）的概念。

　　"智慧（Smart）"一词本身虽然有着多重含义，而智慧城市中的"智慧"一般是指人工智能、多功能等。自 2007 年苹果公司首次将智慧的概念运用至手机领域后，这种概念相继被应用到电视、冰箱、空调、汽车等之中，并涉及建筑、能源、交通、水资源、垃圾处理等城市的各个领域。除此之外，智慧还具有融合、扩张、连接城市等的特征。智慧城市的功能除了被应用在以信息及通信技术（Information & Communication Technology，简称 ICT）为基础的城市内部之外，也被应用到城市间互相联系（Interconnection）之中。在发生交通堵塞、供电难等城市问题时，过去主要是通过拓宽道路或建设发电站等方式来解决，而智慧城市则是运用智能平台收集和分析相关的数据，通过优化分配有限的城市资源来解决现有的城市问题，并且通过构建健康的生命（Well-Being）来降低费用及消费资源，并强调资源的有效利用。作为核心组成要素的智能家居是以数字家庭网络（Digital Home Network）为基础构建的综合环境，支援其他电器之间相互运用，例如，通过使用智能电表（Smart Meter）来预测及分析能源的需求；通过智能窗户（Smart Window）、智能墙（Smart Wall）来有效利用太阳能。其

中智能建筑是通过智能电网（Smart Grid）收集及综合分析相关地区内建筑的能源使用数据来实现能源使用的最优化。

U-城市的全称是"泛在城市（Ubiquitous City）"，"U"（Ubiquitous）一词本身在英语中主要是指无所不在、普遍存在的意思。即"U-城市"亦可以翻译为不受空间及时间限制、无论何时何地都可以使用信息通信网络及各种服务的环境。1974 年，尼古拉斯·尼葛洛庞帝（Nicholas Negroponte）教授在荷兰召开的研讨会中提出"电脑将会无所不在，可能会像玩具、冰箱、自行车等一样出现在每个家庭中"的 U-电脑理论，此处提到的 U（Ubiquitous）概念来源于"遍在（Omnipresence）"，具有"普遍存在"的意义。随后，1988 年美国 PARC（Xerox Palo Alto Research Center）的马克·维瑟（Mark Weiser）提出了"普适运算（Ubiquitous Computing）"。他认为："这是电脑发展的第三次浪潮，即以网络为基础的扩张型电脑运算环境。在不久的将来，数百台的电脑为一个人而存在的 U 时代将会到来，无论何时何地都可以使用电脑的时代将会到来。"

在韩国，最初 U-城市的概念主要来源于普适运算（Ubiquitous Computing），而近年来 U-城市被理解为以 U-IT 为基础的信息城市、新一代尖端科技城市等。各政府部门对 U-城市也有各种不同的定义，其中情报通信部（现未来创造科学部，Ministry of Science, ICT and Future Planning）将 U-城市定义为在编制 U-城市的基本规划时通过将信息技术基础设施、技术及服务运用到城市的经济、交通、设施等之中，实现未来尖端城市的建设；建设交通部（现国土交通部，Ministry of Land, Infrastructure and Transport）在有关 U-城市建设等法律中将其定义为使用 U-城市技术建设 U-城市基础设施，无论何时何地都可以提供 U-城市服务的城市。在此，U-城市基础设施是指运用信息通信融合技术建设而成的城市基础设施或公共设施，大致分为智能化设施以及通过智能化设施收集的信息、超高速信息通信网、宽带综合信息通信网和负责传达 U-城市的管理及运营设施所提供的服务信息的 U 传感器网，以及 U-城市综合运营中心等 U-城市的管理及运营设施；U-城市技术则是指在建设 U-城市基础设施和提供 U-城市服务的过程中的信息通信融合技术、信息及通信技术；U-城市服务是指将 U-城市基础设施等作为媒介，收集关于城市的行政、交通、福利、环境、防灾等各主要功能的信息，除此之外，其服务还包括将这些信息连接起来的工作。

通过构建 U-城市，不仅可以实现城市的安全及健康，而且在提高居民生活品质的同时创造了 RFID（Radio Frequence Identification）、USN（Ubiquitous Sensor Network）、BCN（Broadband Convergence Network）、系统综合技术（System Intergration Technology）、位置基础服务（Location Based Service）、个体识别信息（Unified Feature Identifier，简称 UFID）等与城市接轨的新 IT 市场。而关于 U 的表达方式，起初在韩国

是大写字母"U"和小写字母"u"混用，在情报通信部（现未来创造科学部）促进泛在城市的过程中，统一使用小写字母"u"。但后来其主要业务由国土交通部接手之后，开始使用大写字母"U"，最终确定为U-城市（或泛在城市）。

　　智慧城市和U-城市的相似之处在于都是在信息及通信技术的基础上，努力构建人和自然和谐的未来尖端信息城市。智慧城市是由企业主导构建的城市系统，其主要目的是创造廉价、高效的空间；U-城市则是指由政府主导（韩国国土交通部、日本总务省等），为了有效使用城市信息而构建的一种城市系统。另外，U-城市的重心主要放在推动新城市的发展，而智慧城市着重于原有城市的建设（图16-1）。

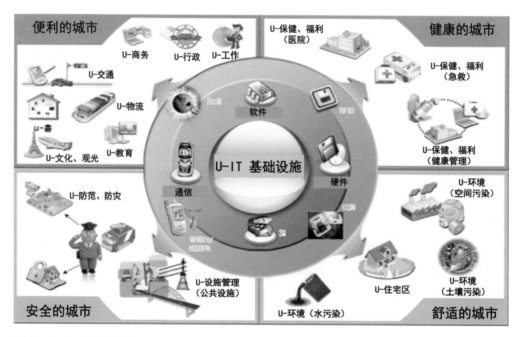

图 16-1　U-城市概念图

资料来源：参考文献 [17]

16.2 U-城市发展过程

　　20世纪60年代到21世纪最初十年是韩国城市化快速发展的一个时期，而在迈入2005年之后城市化的发展速度开始放缓[1]，其主要原因之一是由气候变化引发的自然灾害、人类灾难、社会灾难等各种各样的问题。为了解决此类问题韩国推行了多项政策，

---

1. 韩国在20世纪60年代、21世纪最初十年和2005年的城市化率分别为28.3%、88.35%和90.1%。

同时引进世界顶尖水平的国家灾难治理系统、国家空气污染信息系统、智能型交通系统、地下设施管理系统等信息及通信技术基础设施,同时有相关部门负责此类信息及通信基础设施的实施及推广。但是当发生紧急情况时,这种分散且不具备系统性的管理方式很难作出迅速的处理。为了应对这种情况,综合性管制中心应运而生。通过综合性管制中心(图 16-2),在对城市进行综合性管理的同时,可以提供相应的城市基础设施及服务来促进城市空间的融合。这一切不仅继承了原来虚拟空间的优点,也进入了在城市生活中自由使用网络的新阶段。

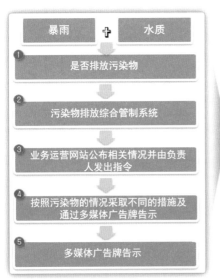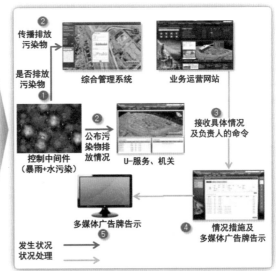

图 16-2　通过开发 U-城市综合收集平台来应对暴雨洪涝的案例

资料来源:参考文献[18]

进入 2002 年之后,以研究机构和媒体为中心,韩国社会开始讨论及关注 U-城市。随后,2003 年召开了 U-IT 韩国论坛。此外,2004 年为了展望及实施关于 U-韩国[1]的相关战略,以韩国情报社会振兴院(National Information Society Agency)为中心组建了 U-韩国战略企划小组并开展了各种各样的研究及支援活动。随后,中央各个政府部门出台了相应的政策,尤其作为主管部门的情报通信部(现未来创造科学部)和李明博政府时期的建设交通部(现国土交通部)组织编制了相关法律,并开展了实质性的支持 U-城市的工作。

---

1. U-韩国是2004年由韩国政府推出的发展战略,其主要目的是在U社会中实现韩国社会体系的变革和增进公民生活的便利。

情报通信部（现未来创造科学部）使用综合性的U-IT839[1]技术和服务，营建了新一代IT领域的新型引擎，从而推动了U-城市政策的实施。2005年4月政府（韩国情报社会振兴院）组织了由生产公司、学校、研究机构组成的专家团以及城市开发主体共同参与的U-城市论坛，创建了集中各领域意见的平台。同年10月28日，在旨在构建U-城市基础设施的经济政策调整会上，政府与建设交通部（现国土交通部）携手，汇报了当时推行的相关战略，并决定共同开展相关工作。紧接着，2006年2月6日，为了保障U-城市建设体系的开展，部门签署了相关的谅解备忘录（Memorandum of Understanding）。之后，为了使U-城市具备相应的政策，在"构建宽带综合网的基本规划II"中运用了U-城市的元素——构建宽带综合网，之后U-城市被列入了2006年5月的U-韩国基本规划中。2006年12月27日编制了构建U-城市的基本规划，确定了包含开发U-城市服务标准模式和法律制度的相关内容。2007年12月在确定了17个U-公共服务重点项目后，正式开始推行构建U-城市基础结构。

建设交通部（现国土交通部）主要从建设和IT融合的角度出发。以国土均衡发展为目标，建设具有高品质居住环境的创新城市（Innovation City），从而实现公共机关向地方转移以及工业企业、学校、研究机关、政府之间的紧密协作。为了让交通体系的组成要素与尖端技术接轨，开发了智能型交通系统（Intelligent Transport Systems，简称ITS）、空间信息数据库（Spatial Information DB）及其系统的利用，以及正在构建的国家地理情报系统（National Geographic Information System，简称NGIS）。此外，为了实现U-ECO城市、U-IT强国、U-韩国等目标，建设U-城市作为国家的主要任务，被纳入2006年5月国土交通部的"建设交通研究开发项目改革路线图"十大重点研究开发项目（VC10）中，并在2007年6月科学技术相关长官会议上被确定为能源技术开发项目。从2007年8月至2013年的6年间，该项目由国土交通部主管，韩国建设交通技术评价院协助管理、韩国土地住宅公司U-ECO事业团[2]进行综合管理。

U-ECO城市是U-城市和ECO城市的综合。U-ECO城市是运用尖端IT技术集成的U技术和生态循环等概念，营造连接人与自然的创新的城市环境，创造可持续的、环境友好型的未来尖端城市。2008年3月，政府编制了关于建设U-城市的法律，随即在9月制定了施行令。2009年1月，U-城市产业被评选为引领韩国未来的十七大新生长动力之一，并开始在全国范围内推广。为了进一步推进U-城市的建设，国家在2009年11月发布了五年期限的法定规划——第一版U-城市综合规划，此规划明确

---

1. U-IT839是U-韩国的核心计划，该计划的主要内容包括8项服务、3个基础设施和9项技术创新产品。
2. 事业团是韩国为了公共目的设立的特殊法人。

了建设 U-城市的基本方向和各部门推行的相关政策，以及地方自治团体对 U-城市的建设及运营支援。五年后的 2013 年 10 月，国家发布了第二版 U-城市综合规划。为了相关规划的有效开展，规划中提出了 U-城市规划指南、U-城市建设项目工作处理指南、U-城市技术指南、U-城市基础设施管理及运营指南等。

16.3 U-城市相关法律及制度

编制 U-城市基本规划的主要目的是通过扩大 U-服务来营建安全、便利、舒适、健康的城市，鼓励尖端 IT 产业和综合的新型 IT 产业。相关规划分阶段进行编制：第一阶段（2007—2008 年），编制基础设施综合指南；第二阶段（2009—2010 年），示范性推广基础设施综合指南；第三阶段（2011—2012 年），打造使用尖端技术的基础设施。为了有效促进 U-城市项目，政府提出了开发 U-服务标准模型来确保其相互之间的兼容性，以及开发可持续的 U-IT 技术、构建基础设施、编制法律制度、加强情报保护的四大战略。

与 U-城市建设等相关的法律为 U-城市建设构建了制度基础，这些法律的主要内容是关于高效建设和管理 U-城市的事项，其主要目的是提高城市的竞争力和公民的生活水平，以及为国家的均衡发展做贡献。法律内容包括了与 U-城市建设相关的规划编制、U-城市基础设施的管理及运营、U-城市综合规划、审议 U-城市的委员会等。U-城市规划编制指南提出的基本方向在构建 U-城市进程中提供了可供地方自治团体参考的详细事项，包括：项目执行者在实施 U-城市建设项目时所涉及的业务主体及程序等各种事项；在 U-城市建设竣工之后地方自治团体在管理运营时需要遵守的各种事项；项目执行者在实施 U-城市建设项目时所需的业务主体和程序等各种事项。

U-城市综合规划是 U-城市建设等相关法律的依据，为各个部门实现整合相关政策奠定了基础。为了"泛在（U）"的有效建设管理，U-城市综合规划被作为法政部的中长期促进战略，该规划每五年收集一次其他部门政策和项目规划案，经听证会及 U-城市委员会的审议后确定。第一版 U-城市综合规划（项目经费 4900 亿韩元）从 2009 年到 2013 年，主要目标是实现高效的城市管理、领先的城市服务，培养城市成长新动力，开发核心技术，夯实韩国国内 U-城市发展的基础；第二版 U-城市综合规划（项目经费 1300 亿韩元）从 2014 年到 2018 年，其重点是利用第一版规划构建的 U-城市基础设施，打造国家安全网，并且通过中央政府和地方自治团体促进组织之间的互助合作，推动其在韩国国内的蔓延及开发相关技术、带动民间产业、加强海外输出。行政、交通、保健/医疗/福利、环境、防盗/防灾、设施管理、教育、文化/观光/体育、物流等方面，也包含在 U - 城市服务范围之内，其主要目的是实现城市的综合性监控及分析。基于此，韩国政府还针对基础设施的有效管理设立了综合运营中心。

为了支持 U - 城市项目，各学科设立了与此相关的研究生学院和专业；提供相关人力资源，实现各个领域特色的教育活动、研究活动和专业教育；在大学或工业企业之间构建教育及研究网；运营 U - 城市人才培养中心，为毕业生或应届毕业生提供主要面向实际的教育。此外，相关举措还包括：确保 U - 城市服务范围内居民的安全，加强应对灾难 / 灾害现场而构建的智能安全管理系统；加强 U - 城市项目的健康发展；扩大开发 U - 城市技术及能源技术项目成果的普及；开发使用便利的 U - 服务；构建民营企业的支援平台以及 U - 城市信息居民之间交流平台；培养 U - 城市专家；加强国际合作体系，积极支持海外交流等。

U - 城市规划根据《国土规划及利用法》，以 U - 城市综合规划等为基础，在项目管辖地区内开展相关工作。在与相关行政机关协商之后，规划经国土交通部部长审批。U - 城市规划为了 U（Ubiquitous）的建设，设定基本方向和战略，构建 U - 城市基础设施及 U - 城市服务，提出有效的运营战略等。U - 城市建设项目的开发分别由韩国土地住宅公司和民间开发商等执行，项目面积在 165 万平方米以上，其中包括构建与管理规划中要求的基础设施、提供关于运营的服务、筹措资金等内容（图 16-3）。

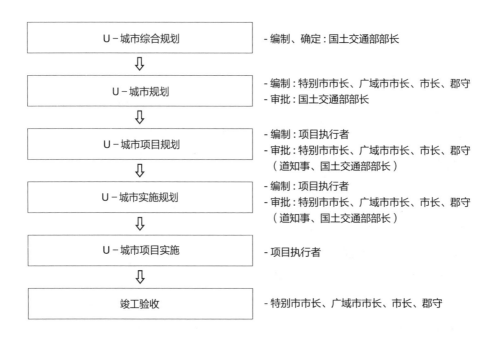

图 16-3　根据《U - 城市法》的项目推进程序

资料来源：参考文献 [18]

此外，伴随着 U－技术的出现，行政自治部（Ministry of Government Administration and Home Affairs）于 2007 年 10 月发布了关于地域信息化基本规划的中央部门项目 U－Life21[1]。从 2004 年开始持续的四年间，开展了包括 U－农场、U－健康、RFID 试点项目、USN 试点项目、U－服务示范项目等在内的各种各样与 U 相关的项目，并且从 2008 年开始将 U－服务提上了日程。该项目依据《电子政府法》，将以公民为中心的政府 3.0[2] 也包含在内。项目实施的主体是中央行政机关、地方自治团体、公共机关等。截至 2015 年年末，构建目标包括以下五项任务：运用无人飞机监控技术的公共土地系统；盲人远程生活安全服务；运用尖端信息技术基础设施应对特殊灾难的支援系统；完善与闭路式电梯相连的定制型 119[3] 出动路线指南服务；打造以尖端信息技术为基础的岛屿地域安全信息通知系统。另外，节能和减少二氧化碳的排放也逐渐成为备受关注的热点。知识经济部（现产业通商资源部，Ministry of Trade, Industry and Energy）在从 2009 年开始的四年时间中，在济州岛旧左邑一带针对 6000 户家庭构建了智能电网试验小区。2011 年启动 K-MEG（Korea Micro Energy Grid）课题的研究。2012 年开始推行智能电网普及项目，项目的主要目的是通过普及能源储存器（Energy Storage System，简称 ESS）及高级量测体系（Advanced Metering Infrastructure，简称 AMI）来实现能源的有效使用和电力质量的改善。并且，为了推进验证的技术和项目模式的普及，济州岛智能试验项目在 2013 年 10 月设立了智能网扩散项目，在实施规划的同时选定了韩国电力、KT、SKT、LS-LG、浦项 ICT、Gimco、现代重工业、现代 autoever 共八个财团作为准开发商，确定在 2016 年开始建设。

16.4 U－城市现况

韩国在 1989 年至 1996 年期间完成了第一期新城（城南市盆唐区、高阳市一山区、安养市坪村洞、军浦市山本洞、富川市中洞）的建设，但是缺乏明确的概念。而 2003 年推行的第二期新城（华城市东滩面、龙人市兴德面、城南市板桥洞、坡州市云井、金浦市汉江、仁川市黔丹）开始设定概念，其城市建设的开发主体是政府和地方自治团体。其中，华城市东滩面从城市开发阶段便开始尝试运用 U 概念，城南市板桥洞在开发

---

1. U－Life21规划是韩国五年国家战略规划——"VISION 2030"中的一项，其主要目的是利用U信息技术创建美好的生活环境。
2. 政府3.0是指将构建高信誉度的政府、公民幸福的国家作为目标，并为此积极开放、共享公共信息，消除部门间的隔离，努力用沟通和合作给公民提供与其相符的服务的新型政府运营模式。
3. 119是韩国火警和急送患者报警电话。

中正式运用 U 概念，特别是在制定上述关于 U-城市的相关法律之后，U-城市的建设才开始被积极推广到新城建设之中。但由于长期的经济萧条和资金不足，除了部分有一定投资能力的大城市和新城之外，大多数的开发规划规模被缩减或被迫中断。最近，U-城市主要被运用到综合城市、企业城市、新城（New town）、经济自由区域、地域特色发展特区、新活力地区、创新集群（Innovative Cluster）等建设之中。

结合 U-城市（表 16-1）项目的目标及发展方向，以基础设施、综合情报中心、服务为中心编制城市规划和相关规划，构建项目实施体系。在 2009 年编制第一版 U-城市综合规划之后，截至 2013 年 8 月，国土交通部共推进了 73 个 U-城市项目。具体来看，涉及 U-示范城市项目的城市有首尔特别市恩平区和麻浦区、京畿道安山市 / 南杨州市 / 富川市 / 华城市、江原道江陵市 / 三陟市、仁川广域市经济自由区域松岛地区、全罗南道罗州市 / 全州市 / 丽水市、釜山广域市、庆尚道荣州市 / 梁山市；涉及创新城市项目的城市主要有江原道原州市、大邱广域市、庆尚南道晋州市 / 金泉市、釜山广域市、光州广域市、全罗道全州市 / 罗州市、蔚山广域市、济州道西归浦市、忠清道镇川市；U-城市规划批准及认可的城市有京畿道龙人市 / 华城市 / 乌山市 / 始兴市 / 南杨州市 / 议政府市 / 金浦市 / 水原市 / 城南市 / 光明市 / 坡州市 / 平泽市 / 杨州市、仁川广域市、大田广域市西南部、忠清南道天安市 / 洪城市 / 牙山市、世宗市、全罗道丽水市、釜山广域市、庆尚南道梁山市、江原道原州市；涉及基础设施构建项目的城市主要有忠清道堤川市 / 忠州市 / 鸡龙市、江原道江陵市、庆尚道庆州市 / 龟尾市 / 营养市、釜山广域市、光州广域市、丽水市等。

表 16-1　U-城市发展现况

项目名称	施行期间	负责部门	地方自治团体数
U-示范城市项目	2009—2013 年	国土交通部	15
创新城市项目	2007 年至今	国土交通部、行政自治部	11
U-城市规划批准	2009—2012 年	国土交通部	15
U-城市规划认可	2009 年	国土交通部	8
基础设施构建项目	2005—2009 年	安全行政部	10
其他	2012 年	国土交通部、行政自治部、安全行政部等	14

资料来源：参考文献 [18]。

从 2009 年至 2013 年，国土交通部遴选了 15 个地区推进 U-示范城市项目，政府共投入 231 亿韩元支援行政、财政、技术等领域，发掘 U-城市成功模型，并且将其应用到研究开发（Research and Development）结果中，在与实际建设项目的连接上扮演着重要角色。虽然韩国政府在 2014 年暂停了 U-示范城市项目的推进，但 2015 年重新正常启动。项目内容的相关事项虽然相似，但各地方自治团体的特点却不同，例如，首尔特别市麻浦区构建了与文化和休闲相关的信息基础设施；首尔特别市恩平区打造了防灾系统；全罗道罗州构建了能源管理服务平台；富川市设立了痴呆病人护理系统；京畿道安山市打造了保安系统及能源使用监控等。其中已经竣工且较具有代表性的 U-示范城市项目案例，主要有新城开发型的京畿道华城市东滩面、龙人市兴德、仁川广域市经济自由地域松岛地区及旧城区再开发型的首尔特别市麻浦区等。

16.4.1 东滩项目

东滩新城位于距首尔约 40 公里的京畿道东滩面一带，其项目执行者韩国土地公司（现韩国土地住宅公司）投资了 4 兆 1045 亿韩元。新城建设概念为 U-城市，从城市规划阶段开始便使用采用尖端 IT 技术的 U 基础设施。2005 年 5 月，编制打造 U-城市的规划并选定民间开发商 KT，2006 年确定了公共情报服务的范围并开始着手成立城市综合情报中心，完成了公共情报服务的详细设计。项目投资预算为 447 亿韩元，通过两个阶段建设：第一阶段的主要任务是建设基础设施和构建五大示范公共情报服务；第二阶段的主要任务是构建八大公共情报服务并开始进行示范运营，项目于 2008 年 9 月竣工。2009 年，综合情报中心开始运行，其中用于个人家庭网的光缆有 110 公里，提供安全、交通、环境、媒体等四个领域的尖端信息（图 16-4）。

在构建安全城市方面，主要通过对行人及车辆的监控来减少犯罪及各种事故，以及运用信息管理作为事故后的取证。智能型交通系统作为安全城市中的重要内容，通过东滩新城内顺畅的交通和各种交通信息的迅速传达来实现城市的便利性，为公共交通使用者和地下停车场使用者提供便利；U-媒体通过在城市的主要地区设置媒体板（Media Board）和 U-布告（Placard），可以及时为居民提供实用的信息；U-环境则是通过空气污染测量中心和环境屏幕来检测环境污染情况以营建舒适的城市环境。

U-安全的主要目的是应对连环杀人案带来的负面影响，如设置无人相机并在道路上设置车辆识别及停车管理相机，进行 24 小时的运营管理。此外，东滩在 2013 年被指定为 U 示范城市及支援项目之后，国家拨款 4.5 亿韩元，编制了 U-城市运营及维护管理标准。国土交通部通过研究开发项目开发了关于 U-ECO 城市的综合体系，在此不仅可以编制相应的处理方案，而且可以实现费用的降低、服务基础设施的改善。其次，构建了以手机为基础平台的智能 FMS（Facility Management Service）服务和 LCC（Life Cycle Cost）分析，保障城市基础设施数据的收发服务及城市基础设施的检索服务等。

图 16-4　构建华城市东滩 U-城市综合运营模式的项目

资料来源：参考文献 [18]

16.4.2 首尔项目

　　首尔市采取了连接城市固有特性和 U-服务的 U-城市战略。首尔市的根本目标是打造以 U 基础设施为基础的国际商务城市，在 2005 年 12 月编制了 U-首尔总体规划。U-首尔总体规划主要包含四大项目：一为打造最优的 U 住房环境，促进 U-新城的发展；二为营建新的文化地标，打造了 U-清溪川；三为构建知识信息网，打造了 U-图书馆；四为打造交通免费区，打造了 U-运输信息服务。对 U-首尔的展望（图 16-5）主要体现在福利、文化、环境、交通、产业及城市行政管理六个层面。

　　以开发新城（Newtown）为契机，首尔成立了城市综合运营中心，为实现高效的公共服务提供解决方案。例如,恩平区于 2009 年 7 月设置了智能型监控系统,进行示范运营。在 2010 年 2 月合并了恩平新城 U-城市综合运营中心与恩平区政府的 U-城市综合管制中心，设施水平得到了进一步地提高，如智能型监控系统、U-定位服务、U-网站、停车管制监控系统、尖端综合路灯设施等 U-城市服务。另外，在被选定为 2011 年和 2013 年国土交通部的 U-示范城市项目后，首尔市使用了观测和控制灾难灾害情况的 U-环境灾难安全管理系统，并通过青蛙虚拟预报系统和研究开发项目的 U-ECO 城市综合平台，构建韩国智慧城市的智能型监控系统和管制解决方案。

　　麻浦区在 2009 年被评选为 U-示范城市项目后，通过构建 U-银色休息室、U-健

《基于泛在的国际商务城市》
打造U-首尔，包括福利、文化、环境等6大领域。

U-首尔展望

u-Care〔福利〕
通过扩大社会福利联系
构建以人类生活品质为中
心的城市

u-Fun〔文化〕
让文化成为
日常生活的城市

u-Green〔环境〕
自然与人类共存的舒适的
绿色城市

基于泛在的
国际商务城市

u-Transport〔交通〕
支援国际商务的
畅通的城市交通

u-Business〔产业〕
世界来访的
以数码为基础的产业城市

u-Governance〔行政、城市管理〕
实现开放的行政服务和智
能型管理的城市

图 16-5　U-首尔展望

资料来源：参考文献 [19]

康护理、网络广场来提高阿岘新城及其周边生活圈落后地域商业圈的竞争力；其中具体建设项目包括：旨在提供 U-老人活动的阿岘新城 U-交流中心；拥有 U-林荫大道、绿地空间及休闲空间的弘济川；将弘益大学旁边的步行街营建为与汉江相符的文化道路的 U-道路。除此之外，首尔市为了创建数字内容（Digital Contents）产业中心，将作为垃圾填埋场的上岩洞宅地一带开发为数字媒体城（Digital Media City，简称 DMC）。首尔市于 2000 年 4 月颁布了上岩新千年新城市基本规划，2001 年 2 月编制了数字媒体城基本规划和相关条例，2004 年开始正式实施营建数字媒体城的项目。2007—2010 年，媒体企业开始相继入驻，逐渐形成了商业圈，于是在 2011 年 2 月发布了第二阶段数字媒体城规划。

16.5 结论及启示

综上所述，在过去的数年中，韩国政府为 U-城市的建设做出了不懈的努力，未来为了 U-城市的成功推广应该注重以下方面：

第一，2007 年韩国政府确定了各个行政部门的功能，基础设施领域由建设交通部（现国土交通部）负责，服务领域由行政自治部负责，虽然技术领域是由情报通信部（现未来创造科学部）负责，但其中能源是由产业资源部（现知识经济部）负责。近年来伴随着对温室气体排放的限制，也新设了与能源相关的内容，但此内容并仍未被真正地运用到 U-城市建设之中，因此今后应尽快出台相应对策。

第二，U-城市建设应该是长远性的项目，但目前地方自治团体并没有考虑到自己去解决 U-城市建设中的财政问题，只是依靠国家的财政预算。因此应该鼓励地方自治团体自筹资金、吸引民营企业的参与，以及促进各种增盈创收的项目等，在 U-城市建设初期巨额投资中确保维护、修缮、人工等运营费用，并通过改善管理体系减少因重复投资而引起的预算浪费，实现有效的工作开展并降低与现有城市规划之间的矛盾。

第三，虽然信息、防盗、防灾系统等已经逐渐具备综合性的管理及运营体系，但其运营主体是国家及公共机关，所涉及的领域仅仅局限在交通、防盗等方面，而且城市之间也没有形成联系网。因此，今后在保障专业人才的同时，应扩大各城市运营的综合管理中心或地域综合管理中心的规模。

最后，为了积累关于低费用、高效率的 U-城市建设技术及经验，应该注重开发与各国特性相符的 U-城市模式。因此，应该积极分析海外市场，保持政府、学术、行业、民间专家等之间的持续合作。

| 参考文献 |

[1] 国土海洋部 . 第二次 U-城市综合规划 [R]. 世宗：国土海洋部，2013.

[2] 韩国 U-城市协会综合平台说明资料，2013.

[3] 韩国建设交通部 . 建设交通 R&D 革新路线图促进方案（案）[R]：世宗：国土交通部，2006.

[4] 韩国国土海洋部 . U-城市促进现况报道资料 [R]. 世宗：国土海洋部，2013.

[5] 韩国情报通信部 . 构建 U-城市激活基本规划 [R]. 果川：情报通信部，2006.

[6] 金昌焕 . U-城市概念及动向分析 [R]. 城南：电子元件研究院，2007.

[7] 郑镇禹 . U-城市项目的促进现况及问题分析 [C]. 首尔：韩国地域情报学会，2011.

[8] 韩国情报通信产业振兴院 . 国内外构建智慧城市的趋势及启示 [C]. ICT Insight，2013.

[9] 韩国情报通信产业振兴院 . ICT 及尖端产业融合的未来城市：智慧城市 [C]. 产业融合和新生长动力网络杂志，2013.

[10] 黄成镇，等 . 激活 U-城市服务的方案 [R]. 首尔：情报通信政策研究院，2010.

[11] 金在永 . 构建激活 U－城市的政策方向 [J]. 韩国信息及通信技术协会学刊，2007（112）：33-37.

[12] 李秉岐，等 . 地方自治团体的 U－城市促进战略及课题 [R]. 原州：韩国地方行政研究院，2007.

[13] 崔必守 . 韩国的 U－城市开发现况及韩国－湖北智慧城市合作 [R]. 世宗：对外经济政策研究院，2014.

[14] 金锺勋，等 . 为了实现 U－城市的国家战略研究 [R]. 世宗：国土研究院，2006.

[15] 韩国情报社会振兴院 . 构建 U－城市 IT 基础设施指南 [R]. 首尔：韩国情报社会振兴院，2009.

[16] 韩国国土交通科学技术振兴院 . 未来城市体制系统 [R]. 安养：KAIA 焦点报告，2013.

[17] https://blog.naver.com/bonglc/120124715617.

[18] 韩国国土交通部 [EB/OL]. http://www.molit.go.kr/portal.do.

[19] 首尔市 [EB/OL]. http://www.seoul.go.kr/main/index.html.

城市农业的导入、现况与展望

第 17 章

17.1 城市农业的定义与背景

最近数十年间，城市农业犹如一种城市时尚开始风靡世界并在韩国流行起来。起初城市农业的主要目的是通过解决发展中国家和不发达国家内存在的粮食安全问题，实现城市内粮食的安全和贫民自立。然而，美国、俄罗斯、荷兰、加拿大等发达国家将城市农业作为营建城市内农业休闲活动或可持续绿色城市的方案之一。广义地说，城市农业可以定义为在城市内和城市周边栽培农作物和饲养家畜的行为。然而，因为世界各国的专家所涉及的研究领域及调查范围不同，所以关于城市农业的具体目的和效果的见解也不尽相同。传统意义上对城市农业价值的定义只是局限在空间特性上，而如果从物质环境和社会环境方面出发来探讨城市农业的话，可能会可能发现城市农业的定义是不同的。除此之外，也可以发现其具体的类型及运营方式也是千差万别。

20世纪六七十年代快速的经济增长加速了韩国城市化的进程，在国民生活水平得到很大提高的同时，韩国也开始迈入老龄化社会，因此市民对城市内休闲空间的需求也随之增加。另外，面对工业化导致的气候变化和环境问题，改善城市环境和恢复城市生态边界也开始发展成为韩国关注的新焦点。在这样的大背景下，韩国社会各界开始深化对城市农业的认识。在进入20世纪90年代和21世纪之后，韩国国内逐渐开始出现各种介绍国外城市农业的案例，城市农业的概念并不是指在农村进行的农业活动，而是指把农业活动运用到大城市之中。学术上的研究仅仅引起了社会各界的关注，而城市农业各种概念的广泛普及主要是归功于政府出台的相关支援政策。现在韩国的法律已经明确地指出了城市农业的定义及范围，并在此基础上出台了相应的支持政策。尤其是公共部门为了在如首尔等人口密度较高的大城市内推广城市农业，开始不断寻求可以保障城市农业空间的方案。与此同时，为了提高城市农业的品质，政府还积极推进了各种具有辅助性的社会项目对其进行支援。这一系列的举措最终是为了挖掘城市农业所具有的多重价值，让其扎根于城市之中。

伴随着国民所得收入的增加和老龄化的社会背景，市民对城市内各种休闲活动的要求也开始增加。韩国国民收入从 20 世纪 70 年代的约 10 000 美元增加到 2014 年的 28 000 美元。这引发了市民对各种休闲活动的需求，其中使用城市内各种闲置土地来栽培农作物为城市农业奠定了基础。根据 2011 年韩国农村振兴厅和国立农业科学院的共同调查结果，伴随着城市内对新鲜且安全农作物需求的增加开始出现菜圃，由于当时韩国国内蔬菜价格的上涨，很多人开始利用自家公寓的阳台及其他闲置土地等来栽培蔬菜。此外，在老龄化社会背景下，人们开始将城市农业作为休闲活动，人们对于学习及体验农园等农业活动的需求的增加推动了城市农业的发展。再者，面对过密的人口集中导致的城市中心热岛现象、环境问题等，人们开始认识到农业和自然的重要性。更重要的是，韩国国内引入城市农业的主要原因是农业活动不仅可以保护生态边界，也可以提供丰富的自然环境。

市民对农业的关心程度不断增加，这成为了政府和地方自治团体编制相关法律的契机，韩国于 2011 年 11 月编制了《城市农业培育及支援的法律》，此项法律推进了各市或地方自治区的城市农业的正式化和扩张。法律明确指出了城市农业的范围、目的、公共政策及资金等的支援范畴等，开始对韩国城市农业的本质进行明确定义，同时促进了地方自治团体城市农业在量上的增长，也为利用城市农业进行相关体验和教育奠定了基础。在编制《城市农业培育及支援的法律》之前，城市农业一般被看作是一种个人爱好及休闲活动。20 世纪 90 年代和 21 世纪最初十年，城市附近出现了包括周末农场等在内的各种农村体验活动，大城市内也出现了利用公寓阳台和闲置土地营建小菜圃的现象。可见 2011 年法律的实施极大地促进了韩国城市农业的导入和扩散。

17.2 国外城市农业的主要案例

韩国国内研究员对国外案例的考察及研究有助于韩国社会形成对城市农业的共识并构建其相关的法律体系。通过这些研究，人们开始认识到城郊的周末农场和小规模的闲置土地可以用来种植农作物，并且了解到城市农业的物质及社会效应。因此，下文将会通过考察国外城市农业的主要案例来探悉城市农业的发展过程及相关效果。

17.2.1 英国的配额地（Allotment）

英国的配额地是 18 世纪末提出的城市农业，是旨在遏制工业革命带来的城市无秩序扩散的方法之一，主要是在与伦敦相连的主要卫星城市内推广城市农业形态。其中，城市农业的主要目的是通过绿地来防止城市的盲目扩张，在经历了第一次、第二次世界大战及世界大萧条之后，人们也开始重新认识到粮食自给的重要性。在配额地案例中，应该注意的是其将过去用于遏制城市蔓延和解决粮食问题的城市农业上升为如今保护城市生态边界的方法。过去城市农业一般只局限在郊外地域，但现在伦敦城市中心大约分布了 30 万处的城市农业，公共部门负责筹措主要资金和场所，然后廉价租赁给市民和地区共同体。伦敦以外其他主要城市也开始关注粮食的自给和营建可持续的绿色环境，并进行了相应的支持。配额地作为典型案例之一，证明了城市农业的普及及公共部门支持城市农业的重要性。

17.2.2 德国的小菜园（Kleingarten）

德国的小菜园（Kleingarten）（图 17-1）是 19 世纪初开始实行的旨在实现城市贫民自给自足的城市农业政策，同时也是德国在第二次世界大战战败之后为应对地域耕地荒废化而出台的公共政策。在德国工业化、城市内人口开始迅速增加的社会背景下，小菜园（Kleingarten）成为用城市农业来解决城市恶劣的环境问题的开始。小菜

图 17-1　德国的小菜园（Kleingarten）

资料来源：参考文献 [8]

园（Kleingarten）划分了体验空间和家庭庭院等，这些空间一直延续到今天，并作为市民的娱乐及休闲场所。截至目前，共有 140 万名爱好者加入了相关的社团。小菜园（Kleingarten）的主要目的不仅是扩充城市内绿地空间以及确保其休闲功能，而且包括了对自然环境的改善。从造景和形态方面来看，大多数城市农业主要分布在郊外，其形态类似于周末农场。现在韩国国内也营建了类似于小菜园（Kleingarten）的、可以体验城市农业的农业别墅型住宅。

17.2.3 加拿大的社区菜园（Community garden）

上述两个都是典型的通过城市农业遏制城市无序蔓延的案例，主要侧重于营建自然生态环境，而加拿大的社区菜园（图 17-2）是将城市农业作为增进人与人之间交流的一种途径。蒙特利尔的社区菜园是在 20 世纪初被战争摧毁为废墟的城市内导入的城市农业，20 世纪 80 年代之后被称为社区公共空间（community open space）。当独栋住宅的庭院相对较小时，庭院内栽培的农作物就具有了一定的景观效果。社区菜园主要在温哥华、蒙特利尔等主要大城市内得到普及，特别是温哥华市政府用地内的社区菜园，这个社区菜园主要由名为"evergreen"的民间环境组织协力营建，从营建的过程中可以看出其对城市农业的高度关注。现在关于加拿大整体运营的社区菜园还没有确切的数据，但可获知蒙特利尔的约 72 个社区公园内大约有 6400 个菜园，约有 1 万名市民参与到了城市农

图 17-2　加拿大的社区菜园
资料来源：参考文献 [8]

业之中。此外，运营社区菜园的各个城市均提倡不使用农药，种植有机农产品，并且通过教育的方式努力防止因城市农业而发生的各种不稳定因素。

17.3 韩国城市农业的类型及支援体系

17.3.1 韩国城市农业的形成及相关法律

国外经验推动了韩国城市农业的形成和发展，城市农业不仅能实现在城市内生产农作物，还能增进人与人的交流。2011年11月韩国制定了《城市农业培育及支援的法律》（以下简称《城市农业法》），此法正式对城市农业进行了规定，共有24项条款、9条施行令和10条实施规则，这些规定成为各城市和地方自治团体正式发展城市农业的依据。

《城市农业法》第一条指出，城市农业"构建了自然与城市环境的和谐，提高了市民对农业的理解，为城市和农村的共同发展做出了贡献"，通过栽培农作物提高了城市的可持续性。因此，原来以郊区为中心营建的城市农业开始扩展至城市中心，其主要目的是实现城市与农村的共同发展。

《城市农业法》第二条规定，城市农业是"利用城市地域[1]内的土地、建筑物或各种生活空间进行农耕或栽培的行为"。这里提及的城市地域是《国土规划及利用法》第6条所规定的城市地域及管理地域[2]等。从本质上来说韩国城市农业并不是为了生产农作物，而是营建可持续城市环境的一种手段。另外，《城市农业法》也明确规定了激活韩国城市农业的支援组织、支援方法、营建方法等。法律的第八条从五个方面规定了韩国城市农业的营建目的和方式（表17-1）。

表17-1　韩国城市农业的五大类型

类　　型	主　要　特　征
利用住宅的城市农业	使用住宅、共同住宅等建筑物的内部、外部、栏杆、屋顶等或与住宅、共同住宅等建筑物相邻的土地的城市农业
邻近生活圈的城市农业	使用位于住宅/公共住宅周边邻近生活圈的土地的城市农业
城市中心型城市农业	使用位于城市中心内的高层建筑的外部、内部、屋顶，或使用与城市中心内高层建筑物相邻的土地的城市农业
农场－公园型城市农业	公营城市农业农场、民营城市农业农场、城市公园的城市农业
学校教育型城市农业	为了学生的学习和体验，使用学校的土地或建筑物等的城市农业

---

1. 城市地域是对人口及产业密集或预计将会密集的地域进行系统开发、整顿、管理的地域。
2. 管理地域是根据《国土规划及利用法》，通过中央城市规划委员会的审议等，由国土交通部长官指定的地域之一，以其他用途地域为标准需要管理的地域。

公共部门为了确保城市农业有效导入，在该法第 10 条规定了国家和地方自治团体可以参与并支援城市农业，公共部门也可以成立或运营"城市农业中心"或"城市农业支援中心"，支援的方式可以总结为四大类（表 17-2）：第一，对于城市农业社会福利功能等的教育和宣传。在公共部门的主导下宣传城市农业的各种公益性；第二，构建体验及实习项目。不仅包含多种单纯的农业活动功能，也包含了社会性功能；第三，农业技术的普及和教育。为初次接触到农业或没有栽培经验的人提供良好的受教育机会；第四，对相关容器及材料的普及和支援。在人口过密的大城市内确保必要的栽培农作物的空间，公共部门通过支援箱子、塑料器皿、花盆等可以栽培植物的容器及种子等，提高人们参与城市农业的机会。

表 17-2 韩国城市农业的支援方式

方　　面	主要内容
教育和宣传	宣传城市农业的目的和公益功能等
体验项目	设置及运营关于体验和实习城市农业的项目
农业技术的普及和教育	出版发行与城市农业相关的农业技术类书籍等及实施相关教育
支援相关容器和材料	对箱子 / 花盆等可以栽培农作物的容器、种子、农业材料等的普及和支援
其他	被人认可的与城市农业相关的教育训练项目

依据韩国的《城市农业法》，以 2013 年为例，韩国全国 244 个地方自治团体中有 68 个广域及基础地方自治团体为了支援城市农业编制了下属法令条例。《城市农业法》的制定有助于提高一般市民对城市农业的认识，促进自愿参与者的持续增加，解决耕地面积不足的问题。首尔作为韩国的首都，随着城市化面积比例从 2003 年的 58.49% 增长到 2014 年的 60.41%，以及人们对城市农业的关心持续增长，如今公共部门面对的主要难题是无法满足参与者及申请者所需的耕地面积。

17.3.2 地方自治团体的城市农业培育现况

由法律支援的城市农业按照各城市的实际情况会出现多种类型的城市农业，这些类型会伴随城市内闲置土地现况的变化而变化。表 17-3 是地方自治团体的城市农业项目的进展概况。

表 17-3　地方自治团体城市农业项目促进现况

地　区	主要内容
首尔特别市	支援运营菜园农场；营建老人、多子女家庭农场；推广箱子菜园；营建屋顶菜园；实施市民生活农业教育、自然学习园地及体验教育农场
釜山广域市	召开城市农场博览会；营建学校菜园、屋顶菜园、共同体菜园项目；运营农业、城市中心体验项目；营建波普艺术田地、创立釜山城市农业论坛（2013）
大邱广域市	促进 2011 营建绿色大邱项目（营建屋顶菜园、闲置土地景观；苹果花盆展览；蔬菜无土栽培；营建室内庭院等）
仁川广域市	培养未来城市农业实践绿色人才；推广生活园艺教育、菜园园艺敬老院；培养城市农民
光州广域市	运营城市周末农场；运营企业菜园；运营城市农民学校
大田广域市	营建老人、多子女家庭农场；支援屋顶菜园试点、环境友好周末农场、市民有机农箱子菜园；召开生活园艺大赛；运营绿色农业大学、体验收获农作物、城市农民学校
蔚山广域市	运营城市中心地区菜园农场、观光农场、城市农业教室；召开生活园艺大赛；装饰太和江公园
京畿道	制定支援激活城市农业的条例（2010）；构建京畿道城市农业论坛；营建农业生态馆；设置园艺治疗室；促进各种城市农业项目
其他	发掘和促进符合条例与地域的城市农业

如上所述，韩国很多大城市已经引入了城市农业，其中首尔的城市农业已经取得了令人瞩目的成果。依据《城市农业法》，首尔市于 2012 年 11 月出台的市条例与城市农业法的目的与原则一样，主要通过 22 个项目来提高耕地供给，推进农作物栽培和教育。其中，第 2 条将耕地，即菜园的营建类型划分为使用可回收箱子等各种容器营建的箱子菜园和使用各种空闲土地、小块土地、公园、绿地等营建的城市菜园。按照《城市农业法》中的空间类型，这两类菜园的场地主要是围绕个人及公共住宅的内部和外部城市空间，以公共建筑屋顶、公营城市农业农场或是以体验和教育为目的的学校或教育设施等场所为中心。从社会角度来看，为了提高城市农业所具有的多重功能，其中也收录了各种公益功能、对城市农业有正面效果的教育和农业技术教育、以及对种子和农业材料支援的内容。

17.4 韩国城市农业的类型和案例

韩国城市农业根据各地方自治团体的条例，其类型和运营现状也不同。其中具有代表性的城市农业类型有使用大块土地的公共菜园、使用城市中心内建筑物屋顶或闲置土地的屋顶菜园。在缺少必要的闲置土地或迎合个人小规模运营的情况下，城市农业通过提供箱子等来推广城市农业的体验。

17.4.1 首尔市江东区临近公园共同体菜园

江东区的整体城市菜园的面积约为 121 279 平方米，是首尔市 25 个自治区中菜园面积较大的案例之一，其参与人员的数量从 2009 年的 226 户增加到 2015 年 23 处菜园中的 6000 户。

铁锹险滩村是利用国有土地营建的江东区面积最大的菜园（图 17-3），面积为 10 356 平方米，2014 年由 361 户运营，所有的菜园都是通过申请出售的方式进行营建。江东区不仅有城市耕地，同时也有利用周边自然及历史资源的主题耕地，通过构建落叶处理场、食物垃圾堆肥化、蚯蚓饲养场和本地农场等资源循环型城市农业，实现可持续的城市农业，并通过各种栽培及运营项目鼓励居民的积极参与。

图 17-3 江东区铁锹险滩村菜园

资料来源：参考文献 [9]

17.4.2 老人、多子女家庭、多元文化农场

城市农业的主要目的是满足社会各阶层市民的需求。首尔、仁川等大城市积极支援各种社会阶层参与到城市农业中，为高龄老人营建老人农场、为多子女家庭营建多子女家庭农场、为涉外婚姻家庭营建多元文化农场等。

仁川市桂阳区为了通过劳动促进老人的健康、满足其休闲文化需求、提供更多的就业机会，以及为更多的老人提供参与社会的机会，自 2012 年开始运营老人农场项目（图 17-4），优先选拔低保户、中等收入阶层等家境相对比较困难的老年人，可以提供给每人约 20 平方米的耕地用以运营。

图 17-4 京畿道仁川市
桂阳区桂阳老人农场

资料来源: 参考文献 [10]

17.4.3 屋顶农园

  韩国大城市由于城市化及过密化为城市农业提供的农耕面积相对有限，因此最近以大城市为中心，开始推进了各种在建筑物屋顶营建农园的项目。尤其是利用城市内主要公共机关或大中型公共建筑物的屋顶空间营建农园，并通过各种方案鼓励建筑使用者的参与和提高其对城市农业重要性的认识。绿化城市的屋顶空间不仅是能抵消城市热岛效应等城市内出现的各种环境问题的方法之一，而且在导入造景元素时可以有效地改善城市景观。在类似于首尔市、釜山市、大邱市、大田市等的高密度城市内，从 2010 年已经开始营建各种利用园艺作物的屋顶农园。建筑物屋顶的城市农业，不仅可以栽培农作物，而且可以给市民带来精神上的安全感。但是其面临的主要难题包括：在建筑屋顶导入城市农业的过程中会出现费用方面的问题；由于屋顶负重增加带来的建筑结构问题；由于植物栽培发生的建筑物防水功能弱化等技术问题。根据 2010 年首尔市的调查结果，有 86% 的受访者希望可以在屋顶营建农园，90% 的受访者满意现在营建的屋顶农园。综合来看，长期营建屋顶农园有望实现可持续的城市绿化。

17.4.4 箱子型菜园

在高密度的城市空间内很难保障可进行农业活动的空间，尤其是分布在城市中心以外的农场型城市农业，当农场和住宅混合在一起时，管理上会出现很大的难度。为此，在小规模的城市空间内体验城市农业的箱子型城市农业备受瞩目，包括首尔市在内的各地方自治团体也开始积极推广箱子型菜园（表 17-4）。

表 17-4　2011—2013 年首尔市箱子型菜园推广现况

地点	钟路	中区	龙山	城东	广津	东大门	中浪	城北	江北	道峰	芦原	恩平	江东
数量（个）	1922	400	451	816	1200	2311	0	3099	1895	2972	6986	740	8624
地点	西大门	麻布	阳川	江西	九老	衿川	永登浦	铜雀	冠岳	瑞草	江南	松坡	合计
数量（个）	1615	1204	2468	440	535	344	1100	500	15	504	400	2944	43 785

箱子菜园是促进市民参与城市农业的主要方法之一，首尔市从 2011 年开始到 2013 年，共在 15 886 个地方提供了 43 785 个箱子菜园，仅 2014 年一年就供应了约 20 000 个箱子菜园（图 17-5）。箱子菜园可以在较小规模的空间内让参与者体验城市农业，还是一种解决耕地不足的方案。尤其是在管理相对来说比较困难的地方，例如屋顶等，就可以通过箱子菜园的方式实现城市农业。从城市及建筑的角度来看，独立住宅所占的比例从 1975 年的 93% 减少至 2013 年的不到 30%，相反，公寓和联立住宅 / 多家户住宅的比例却超过了 60%。因此，伴随着耕地面积的减少，箱子型菜园的使用呈逐年增长的趋势。但是，作为城市农业的主要方法之一的箱子型菜园最大的缺点就是回收利用率较低，就首尔市而言，其所供给的箱子型菜园的回收利用率仅为总供给量的 59%，因此导致市民无法顺利参与。这些问题的原因是教育不足、关注程度低等，所以今后需要持续地对城市农业的各种功能进行教育和宣传。

图 17-5　芦原区韩信环
保农场菜园照片

资料来源：参考文献 [11]

17.5 城市农业给城市带来的效益

17.5.1 公益性功能

根据韩国国内外的各种研究，城市农业可以带来一定的公益功能，尤其利用城市中心荒废的闲置土地、屋顶及室内外空间等营建绿地空间，不仅可以改善城市的景观，而且可以通过栽培农作物来实现安全食品的自足。城市农业给市民带来了无形的利益，向韩国及全世界展示了其公益性价值。

17.5.2 社会性功能

在上述的老人、多子女家庭、多元文化农场的运作案例中，城市农场为社会各阶层提供了交流平台，同时，为了解决城市生活中的个人主义，城市农业通过在共同活动的空间内提供一起生活的机会从而提高共同体的意识。城市农业的社会性功能主要体现在改善居住环境和通过植物的栽培为参与者提供相互交流机会的特征，如位于加拿大等的社区菜园案例。此外，城市农场的生长有助于为老人提供相关的工作岗位，并帮助老年人参与到社会中进行经济活动，如老人农场等。

17.5.3 环境保护功能

城市农业可以改善高密度城市空间的环境，尤其是农作物的栽培不仅可以为城市提供绿色环境，而且可以改善城市热岛效应等各种环境问题。最近包括韩国在内的很多研究指出，城市农业可以恢复被城市化所破坏的生态边界，并且有助于绿色空间的形成；从建筑方面来看，可以减少冷暖气的使用等，有望通过节能型建筑物来实现其在城市内的可持续发展。

17.6 结论和启示

过去城市农业的出现主要是为了通过农作物的栽培实现粮食安全，而现在的城市农业已经跃升为解决城市化和气候变化问题的方案之一。最近，城市农业不仅可以实现粮食的自足，而且可以通过城市闲置土地的绿化恢复城市生态边界、为市民提供新的休闲生活和扩大其交流的空间等，城市农业成为城市生长的新动力。自 20 世纪 90 年代韩国引入城市农业的概念之后，从 21 世纪初开始通过积极促进及构建各种协助方案，城市农业的面积和参与人员呈现良性发展的趋势。特别是包括首尔市在内的主要城市和地方自治团体不仅使用城市外环的闲置土地营建菜园，而且利用城市内闲置土地、公共空地、公共建筑物、公共住宅小区等，扩大营建城市农业的地区，寻求城市内粮食自足和激活地域交流的方案。

如今，通过城市农业应对农业退变和实现粮食自足的研究备受关注，其主要原因是现在韩国粮食自给率只有约 20%，大部分的食品都要靠海外进口。另外，为了应对未来的粮食危机，美国及欧洲等国家出现了可以实现粮食自足的垂直农场（vertical farm）等概念。这种国际大趋势不仅会影响到韩国城市农业的发展方向及战略制定，而且也有可能影响到中国。城市农业通过农业活动解决城市的社会、环境问题，并给市民带来一定的经济效益和丰富的文化。在城市快速的发展和生长过程中，农业作为第一产业，人们并没有认识到其真正的价值。但是，在城市经过膨胀期和成熟期之后，为提高大城市的可持续性就要寻找多种应对方案，城市农业作为解决城市问题的方案之一，持续发挥着影响力。

城市农业被认为是一种改善城市内物质环境和交流的方法，大多关于建筑、城市、造景的研究旨在提高城市农业的质量。最近韩国的城市农业主要是通过公共部门的支持来扩大其规模。面对这样的问题，韩国各自治团体开始将重心放在休闲空间的扩大和交流的活化上，不断摸索改善城市农业质量的方案，对其支援也在不断增加。例如，在城市景观管理方面，将农作物作为造景元素，通过这种对城市农业的设计实现城市农业治愈功能和视觉效果的最大化（图 17-6）。最近，韩国的研究主要集中在提高城市农业的数量与增进市民之间交流，同时也包括了利用各种农作物作为造景设计元素来提高一般市民对城市农业认识等方面。

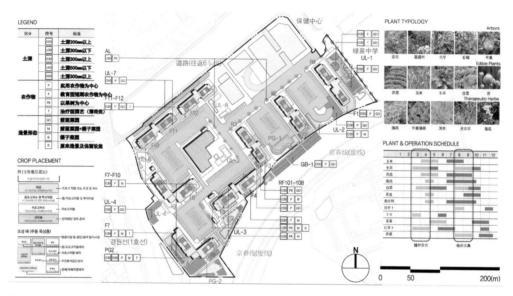

图 17-6　城市农业设计的图例
资料来源：作者绘制

| 参考文献 |

[1] 金敏善. 激活共同住宅小区内城市农业的方案研究 [D]. 首尔：高丽大学，2014.

[2] 朴喜石，杨升会. 首尔市城市农业现况和启示 [R]. 首尔：首尔研究院，2012.

[3] 吴株锡，金世镛. 共同住宅小区内城市农业的导入及规划方案的研究：以突出规划指标及使用方案为中心 [C]. 城市设计（韩国城市设计学会），2014.

[4] 智泰权. 关于决定城市农业政策优先顺序的研究：以 AHP 分析为中心 [D]. 大田：培材大学，2011.

[5] Lovell, S. T. Multifunctional urban agriculture for sustainable land use planning in the United States. Sustainability, 2010,2(8): 2499-2522.

[6] Armar-Klemesu, M. Urban agriculture and food security, nutrition and health，2000.

[7] Cole, D., Lee-Smith, D., Nasinyama, G.. Healthy city harvests: Generating evidence to guide policy on urban agriculture. Lima: International Potato Center (CIP)/Makerere University Press.2008.

[8] http://wikipedia.org/.

[9] http://www.gangdong.go.kr/.

[10] http://blog.naver.com/gyeyang_gu.

[11] http://blog.naver.com/kslee10.

首尔市城东区　沈眩男摄于 2019 年

第 5 部分

住房供给与住宅开发

韩国的住宅供给及福利性住房

第 18 章

18.1 住宅供给及福利性住房

　　住宅是人类生活中最基本的生存物质之一，为了维持社会的健康发展需要提供适当的住宅及保障住宅生活的安全。基于此，大多数国家努力通过确保适当的住宅库存、为弱势群体提供住宅或补助等的方法来给予住房生活保障。韩国也在保护公民的住房权和住房安全方面作出了不懈的努力。过去，由于快速的工业化和城市化现象，出现了住宅严重不足的问题。因此，通过福利性住房确保足够的住宅库存是当时最主要的目标，韩国以扩大供给为主的住房政策仅在 1990 年一年内便提供了 750 378 户的新住宅。之后，除了受到 1998 年的 IMF[1] 和 2008 年的次贷危机影响之外，每年新增住宅约 40 万～ 60 万户。

　　新住宅的持续增加提高了住宅普及率。以 2013 年为例，住宅普及率达到了 103%。现在，韩国的住宅普及率虽然还未达到发达国家 110% 的平均水平，但是一直以来政府所做的各种努力不容否定。由于收入增加、人口减少，人们对住房生活的要求也发生了变化。仅通过住宅的供给来保障公民的住房权具有一定的局限性。本章通过探悉最近韩国的住宅供给现况和福利性住房政策趋势，提出今后福利性住房的发展方向。

---

1. 1997年随着泰铢的大幅贬值和股市的大跌，一场席卷亚洲乃至全球的金融危机爆发，对泰国、印度尼西亚、马来西亚、韩国等地造成了重大冲击。国际货币基金组织（IMF）表示为促进外汇稳定可以向需要的国家提供贷款，而韩国便是提出这种紧急金融支援要求的国家之一。国际货币基金组织提供贷款不是无条件的，它要求受援国必须接受其制定的政策建议和一些强制性的措施。

18.1.1 住宅供给的特征

住宅作为一种商品,一般适用于需求及供给原则。但作为房地产的住宅与一般商品的不同之处在于住宅很有可能发生价格歪曲的现象,在实施供给规划时需要格外注意。住宅供给具有供给的长期性和供给不可逆性两大特征。首先,供给的长期性特征是指即使短期内租金及住宅价格上涨,也不能增加供给量,也就是竖直的供给曲线。但长期来看,住宅供给与一般商品一样,租金及住宅价格上涨时,供给量也会随之增加。其次,供给的不可逆性是指如果建成新的住宅的话,即使是租金及价格下跌,直到建筑使用寿命结束之前也不能减少供给量的特性。例如,市场上流通的住宅数量即使再多也不能把它作为工厂来使用,另外即使住宅租金再低也要把它出租出去,不然就会造成零收入的现象。依照住宅供给的长期性及不可逆性去了解住宅经济,如图 18-1 所示。

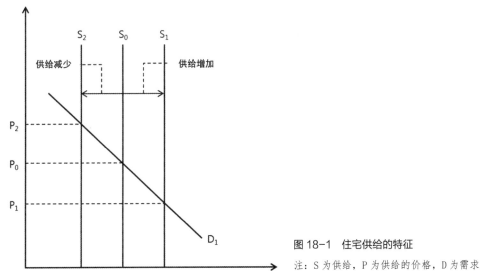

图 18-1　住宅供给的特征

注:S 为供给,P 为供给的价格,D 为需求

良好的住宅经济状况会使住宅的需求量增加,租金和价格会随之上涨。住宅的开发会增加,但是供给量不会立竿见影立即增加。只有在住宅开发竣工 2 ～ 3 年后住宅的实际供给量才会有所增加,如果住房供过于求的话租金和价格也会随之下降。但是即使租金和价格下降,供给量是不可以减少的,只能随着时间的推移,等到需求重新增加直到恢复到之前的价格为止,住宅的开发会持续处于停滞状态。如上所述,住宅是供需调整很难的商品,国家应该努力通过正确预测需求来调整住宅供给,维持稳定的住宅价格。

18.1.2 住房权的定义

韩国《宪法》第 35 条提及了与住房权相关的内容,《宪法》明确指出,所有公民都拥有生活在健康且舒适的环境中的权利,国家和公民应该努力保护环境,并且国家应该通过住宅开发政策为所有公民提供舒适的住房生活,并为此积极编制及实施相应的政策。《住宅法》内详述了住房权的相关内容,且规定了国家及地方自治团体的义务。第3条(国家等的义务)中指出:国家及地方自治团体在编制及实施住宅政策时,应保障公民可以拥有舒适、生活美好的住房生活;住宅市场可以顺利发挥其相应的功能,推进住宅产业的健康发展;从公平及有效的住宅供给到舒适、安全的住宅管理;给予低收入者及无住宅者等阶层在福利性住房方面相应的支援,可在优先为其提供国民住宅规模[1]的住宅等层面作出努力。

《住宅法》第5条第2项明确指出为了公民舒适的居住环境,应设定最低住房标准,第5条第3项提到应优先给予未达最低住房水平的家户相应的支援。第5条第2项(最低住房标准等的设定)规定:①国土交通部部长应该为了公民舒适及美好的生活设定及公布最低住房标准;②根据第1项,国土交通部部长在设定及公布最低住房标准时,应事先与相关中央行政机关的领导协商,经第84条"住宅行政审议委员会"的审议。如果要变更现有的最低住房标准时也需要执行上述步骤;③最低住房标准内应包含由总统令决定的住房面积、各用途房间的数量、住宅的结构/设备/性能、环境要素等事项,应根据社会经济条件的变化维持其合理性。

第5条第3项(优先支援未达最低住房标准的家户等)规定:①国家或地方自治团体应该对未达最低住房标准的家户优先给予住宅供给或住宅城市基金支援等优待(2015年1月6日修订);②国家或地方自治团体在编制实施住宅政策或项目主体在实施住宅建设项目时应努力减少未能达到最低住房标准的家户;③国土交通部部长或地方自治团体的领导在建设住宅和批复相关许可时,其所建项目的内容未达最低住房标准时,需要完善与其标准相符的项目规划申请书等,但城市型生活住宅[2]中由总统令指定的住宅除外;④国土交通部部长或地方自治团体的领导应优先在未达最低住房标准的家户密集地区建设租赁住宅,或依据《城市及住房环境整顿法》优先实施住房环境整顿项目。

1984年联合国发布的《世界人权宣言》中提到,住房权指通过经济、社区、文化权利实现的"受到保护的人间权利"。联合国提出的住房权构成要素有法律保护、服务/财物/设备/基础设施的可利用性、可负担性、居住性、可达性、选址、文化正确性等。

---

1. 国民住宅规模是指小于85平方米的住宅。
2. 城市型生活住宅是指为了市民及1~2人家庭住宅的安全从2009年5月开始实施的住宅形态,其主要分为联立住宅、小区型多户型住宅、一居室住宅三类,规模不超过300户。

依据住房权的构成要素，住房权的保障原则可以分为五类[7]：

第一，住房权中的排除歧视原则。合理的住宅是不能使居住者因为性别、年龄、人种、宗教、文化、收入、雇佣方式等而受到差别对待。

第二，住房权的可达性和可使用性原则。所有人都拥有居住在合理住宅中的权利，同时合理的住宅是所有人可达、可使用的安全居所。

第三，住房权中对于无家可归者的优先原则。无家可归的人应该受到国家的保护，国家应该努力为无家可归的人营建临时居所。

第四，住房权中要求保护承租方的原则。在没有正当的理由时不能出现强制承租方退房或拆迁的现象；国家应该在法律上防止承租方的住房因为暴力、房地产投机、拆迁等而出现不安全的现象。

第五，住房权要求共享住房服务信息的原则。所有人都拥有使用电、燃气、上下水道、道路等公共服务及基础设施的权利。

综上所述，可以将住房权称为"作为人，为了使生活得到保障而拥有的住房生活权利"，这并不是单纯地去占有住宅，而是让与住房生活相伴的所有活动得到保护的权利。

18.1.3 福利性住房的意义

"福利性住房"的用语是"住房"与"福利"的合成，这一词虽然被广泛使用但并没有明确的定义和范畴。很多学者对福利性住房的定义、范围和对象各持己见（表 18-1）。福利性住房的主要目的是支援住房权未受到保护的家户，使其享有合理的住房生活。

表 18-1　福利性住房的定义

作　者	定　义
早川和南（1997）	住宅对家庭福利的影响包括在内，住房是福利的基础
朴银哲（2006）	为没有住宅的家庭营建住所；提高居住在不合理住宅内的家庭居住水平；保护住房不安全的家庭等，以国家为首的公共部门在社会福利方面去保障所有社会成员应享有的最低住房水平
下成峻，等（2006）	通过为无住宅者提供住所、提高居住在不适宜的住宅中的人的住房水平，为了保护住房不安全者等，以国家为首的公共部门在社会福利方面保障所有社会成员应享有的最低的住房水平
李贤正（2006）	住房的社会 / 经济安全保障的基本构成要素
金龙昌（2006）	福利性住房不仅关注所有权政策方面的问题，而且探讨住房服务、所持形态的安全性、使用价值的品质提高等内容

作　者	定　义
崔银锡，等（2008）	广义来说，是国家为了满足所有社会成员的住房基本需求而提供的住房服务；狭义方面是为了提高社会弱势群体的住房水平和住房生活安全，国家在社会福利方面提供支援与服务
任成英（2011）	为了确保住房权应提高福利性住房分配的公正性，从而使家庭福利性住房总和实现最大化
弘仁玉，等（2011）	福利性住房包括了权利概念和福利概念。但是作为权利，在没有完全理解住宅福利的情况下，包括支援低收入阶层的住房在内的福利性住房只是强调福利的特性。福利性住房内也包含有权利的概念。因此，福利性住房包括了改善中产阶级的租赁安全和住房条件，超越了单纯的以低收入阶层为中心的住房支援
崔丙淑（2013）	在以住宅为中心的圈子内，寻求居住者的幸福生活
闵泰玉（2013）	为了保障公民的住房权，通过国家等的法律制度提供的活动或服务

韩国《住宅法》第 3 条第 4 项明确指出，福利性住房是指"国民住宅规模的住宅应该优先提供给低收入者及无住宅者等需要支援的阶层"，由此可以发现福利性住房的对象是以低收入、无住宅者为主。但这种福利性住房的概念在 2013 年 4 月政府发布"基于大众住房安全的住宅市场正常化综合对策"后，"福利性住房"实现了具体化，其概念领域有所扩大。

18.2 住宅供给及福利性住房政策变迁

韩国关于住宅供给与福利性住房的规划和政策主要由国土交通部主导。国土交通部作为负责建设行政业务的部门，主要目的是实现基础设施水平的提高和住宅供给的增加。截至 2000 年，伴随着经济水平的不断提高和公民认识的变化，人们开始从福利的层面去看待住宅问题。最近政府以国土交通部为中心，联合保健福利部、安全行政部等其他行政机关共同编制了相关的住宅政策。

18.2.1 住宅供给政策的变迁

韩国将住宅供给政策作为实现福利性住房的主要政策之一。原来的住宅供给制度的主要目的是为低收入、无住宅家庭实施住宅供给。为此，住宅供给规则中关于供给对象、条件、价格等的相关政策大部分持续到现在，仅仅是在对象的范围或方法上等方面发生了细微的调整。

在建设福利性住房的过程中，往往会出现市场过度介入的问题。由于市场过度介入，导致了民间住宅市场的失败。住宅作为房地产中的一种，不仅会受到经济的影响，相关的政策也会使其发生巨大的改变。所以，很多相关专家、学者、政府部门等也开始认识到住宅供给政策的重要性，努力尝试从长远且综合的角度来编制相应的住宅供给政策。

韩国在1962年颁布《公营住宅法》后引入了住宅供给制度。1972年在制定《住宅建设促进法》之后政府开始筹划介入住宅市场，1978年在编制关于住宅供给的规则后政府开始介入民间住宅市场。从20世纪70年代末制度的引入到20世纪80年代，住宅投机现象开始扩大，住宅供给制度成为了抑制投机的手段。在此期间，政府开始积极介入民间住宅市场，开始限制小型住宅的供给和收入、实施债券招标制、限制转卖、禁止再中标等。20世纪90年代之后，房地产市场相对来说趋于稳定，市场放宽限制，与供给相关的规则也开始大幅度放宽相应的限制。伴随着房地产经济的发展，这样的规则强化和放宽幅度也出现了反复调整的现象，但供给制度的基本结构并没有发生大的变化（表18-2）。

表18-2　各年代住宅供给相关制度的主要内容

区分		20 世纪 60 年代	20 世纪 70 年代	20 世纪 80 年代	20 世纪 90 年代	21 世纪初	2015 年至今
适用法令		《公营住宅法》（1962）	《住宅建设促进法》（1972）、《国民住宅优先供给的规则》（1977）、《住宅供给的规则》（1978）	《住宅供给的规则》《国民住宅优先预购储蓄的规则》	《住宅供给的规则》	《住宅供给的规则》	《住宅供给的规则》
对象住宅		公共住宅供给	公共住宅、民营住宅	公共住宅、民营住宅	公共住宅、民营住宅	公共住宅、民营住宅	公共住宅、民营住宅
供给方法		抽签制度、国家有功者、越南投诚者等的特别供给	优先顺序制度＋抽签制度、0排名制度（6次以上中签）、10%范围内特别出售	优先顺序制度＋抽签制度（公共）、债券招标制（民营）、1次中签者1等除外、综合分数制度（永久租赁、工人住宅）	房屋购买中，1户拥有2套住房时不能作为住房供给的优先对象、超过35岁无住宅者优先供给、债券上限制度实施	房屋购买中，1户拥有2套住房时不能作为住房供给的优先对象、超过35岁无住宅者优先供给、债券上限制度实施	房屋购买中，1户拥有2套住房时不能作为住房供给的优先对象、超过35岁无住宅者优先供给、债券上限制度实施
入住资格	公共	无住宅者、售房可以分期付款或具有支付租金能力的人	有抚养家属的无住宅户主	无住宅户主、优先住房认购储蓄用户	无住宅户主、住房认购储蓄用户	无住宅户主、住房认购储蓄用户	无住宅家庭成员、住房认购储蓄用户
	民营		抚养家属	无住宅户主、住房认购存款用户、住房认购分期付款用户	无住宅户主、住房认购存款用户、住房认购分期付款用户	无住宅户主、住房认购存款用户、住房认购分期付款用户	无住宅户主、住房认购存款用户、住房认购分期付款用户

区分	20 世纪 60 年代	20 世纪 70 年代	20 世纪 80 年代	20 世纪 90 年代	21 世纪初	2015 年 至今
禁止再 中标	—	3 年以内禁止再 中标	国民住宅 10 年、民营住宅 5 年间禁止再中标	首都圈地域除外， 废除	废除、反复复效	只适用于 公共住宅
债券招 标制	—	—	1982 年开始实施、设定债 券上限额（1989）	建设交通部长官也可以 指定债券招标制地域	废除、反复复效	废除
限制售价	—	实施限制售价 （1977）：在 住宅建设项目获 得批准时	小于国民住宅规模时 105 万 韩元、大于国民住宅规模时 134 万韩元，1989 年实施 原价联动制度	首尔 / 首都圈外的地域 自由化（1997）	自由化、反复复效	自由化
义务小型 住宅建设 比例	—	导入义务小型住 宅建设比例制度	建设建筑总面积 50% 以上 的小型住宅	首尔 / 首都圈外的地域 自由化（1997）	2001 年 12 月恢复 首都圈过密地域	首都圈过 密地域

18.2.2 福利性住房政策的变迁

　　20 世纪 50 年代在韩国战争之后，为了城市重建和收容涌入城市内的难民，住房政策主要从数量增长角度出发，并没有明确的关于福利性住房的政策。1957 年大韩住宅公益事业法人在佛光洞和葛岘洞等内供给了临时性住宅，但并没有解决社会福利方面的问题。1962 年的住宅政策是经济增长五年规划中的一个重要环节。这一时期，强化了之前大韩住宅公益事业法人的功能，成立了大韩住宅公社。1963 年编制了《公营住宅法》，韩国住宅公社和地方自治团体得到政府的支援，开始直接建设及供给公营住宅。从长期角度来看，为了推进住宅建设而编制了《土地收用法》（1962）、《城市规划法》（1962）、《建筑法》（1962）、《土地区划整理项目法》（1966）等相关法律，并梳理了有关土地及住宅的法律。20 世纪 60 年代中后期，政府在梳理相关法律的同时，也开始实施为老旧住宅小区营建集体回迁小区、实现违章住宅的合法化、为拆迁户建设市民公寓等政策，并与城市再开发项目有所关联。

　　关于低收入阶层的住宅政策一直持续到 20 世纪 70 年代初，这些政策主要侧重于对城市空间的整合。此类住宅政策在进入 20 世纪 80 年代之后开始发生变化。政府在 1981 年编制的《住宅租赁保护法》中开始关注对租赁人权利的保护，1984 年为了从制度上支持公共租赁住宅建设而编制了《租赁住宅建设促进法》，努力为低收入阶层优先提供住宅。但是，租赁住宅的建设却不尽人意，为此从 1983 年开始采用住宅所有者和建筑单位联合开发的方式。联合再开发方式从表面上来看是解决住宅开发过程中出现的资金不足的问题，改善了低收入阶层密集区的居住环境，同时也缓解了政府与低收入阶层之间的矛盾。伴随着此类开发方式的递增，导致了大量低收入阶层居住区开始解体。

　　在进入 20 世纪 80 年代中后期之后，住宅价格急剧上升，住宅津贴及住宅购买资金等也开始成为工人运动的要求事项而登场。为此，政府于 1989 年 4 月修订了住宅建设规划，上调了低收入阶层住宅供给目标，为 25 万户的最低收入阶层规划了永久租赁住宅，这是最初实施的福利性住房项目。永久租赁住宅是为没有住宅的人而施行的住宅政策，针对贫民、低收入者、工人等各阶层提供不同的住宅供给方案，从此开始将低收入阶层的住宅问题看作是福利性住房问题。

随后，永久租赁住宅政策扩大了入住对象的范围，其中也包括了低收入单亲家庭、日本慰安妇受害者、拆迁户、国家有功人员等，总计供给了 19 万户。由于国家担负了 85% 的永久租赁公寓建设经费，所以财政保障上出现了很大的困难。因此截至现在没有额外供应永久租赁住宅，并于 1992 年将财政负担比例降低到 50%。1994 年实施了在入住 2 年零 6 个月后可转换出售的五年公共租赁住宅政策，但这种五年公共租赁住宅加重了入住者的经济负担，法定贫民的入住比例减少。

可见，在进入 20 世纪 90 年代后，除了公共租赁住宅的种类和对象有所增加外，政府也摆脱了以住宅供给为主的方式，开始采用住房费用资助等间接性方式。政府于 1990 年施行了低收入贫民传贳[1] 资金融资制度，1994 年施行工人及低收入贫民传贳资金融资制度，1991 年开始筹备国民住宅基金，1998 年颁布了 10 年及 20 年国民租赁住宅 5 万户建设规划，1999 年在国会通过了《国民基础生活保障法》之后开始实施住房津贴。

进入 21 世纪之后，从侧重于住宅数量供给的福利性住房政策开始转向对住房环境的关注，为此，2002 年韩国政府发布了关于维护人类尊严的住宅规模、设施、结构、性能、环境标准的最低住房标准。在最低住房标准发布后，2003 年政府将以 100% 住宅普及率为目标的 1972 年版《住宅建设促进法》从特别法修订为一般法 ——《住宅法》。在政策层面，从原来的以数量增加为中心转变为对住房质量的提高，为彻底实现福利性住房政策的制度化奠定了基础。2004 年为了提高国民福利性住房及缓解阶层间、地域间住房的不均衡，政府编制了住宅综合规划（2004—2012 年），着眼于长远的住房政策。各个时期住宅政策的主要内容如表 18-3 所示。

表 18-3　各时期住宅政策的主要内容

内容	福利性住房未出现时期 （1988 年之前）	福利性住房启蒙期 （1988—1997 年）	福利性住房构建、扩大期 （1998—2007 年）
社会	公共主导、经济开发优先	高速增长、放宽限制	外汇危机（经济低迷），以市场恢复为中心扩大社会安全网
福利性住房	不存在福利性住房的意识	福利性住房意识减弱	福利性住房的构建、扩大
主要政策	以住宅建设供给为主	供给永久租赁住宅、5 年或 50 年公共租赁住宅	引入国民租赁住宅，编制最低住房标准

1."传贳"是韩国特有的住房租赁方式，承租者给房东支付一定的押金，在合约结束之后房东将押金全额返还给承租者。

18.3 与福利性住房相关的法律现况

18.3.1 《住宅法》

《住宅法》于 2003 年 5 月编制，11 月 30 日开始施行，其主要目的是为了提高公民的住房安全和住房水平。此法是以 1972 年编制的特别法《住宅建设促进法》为基础，规定了关于舒适的住房生活所需要的住宅建设、供给、管理、资金筹集、实施等事项。《住宅法》的具体内容主要包括：给出住宅、共同住宅、国民住宅、城市型生活住宅和房屋改建的定义；明确国家的义务，调查住房实况，设定最低住房标准，优先支持未达最低住房标准家庭；编制住宅综合规划；限制住宅的建设、住宅建设开发商、住宅工会、住宅出售价格；依据住宅建设项目等建设租赁住宅等。

18.3.2 《宅地开发促进法》

《宅地开发促进法》主要是为了解决城市住宅建设困难的问题，对住宅建设所需的宅地的取得、开发、供给、管理等提出的特别条例规定。此法于 1981 年 1 月 1 日颁布，截至 2015 年 1 月 20 日共修订了 49 次，主要内容包括：国土交通部部长构建宅地开发规划，在指定预定地区[1]时（包括变更在内）需要事先与相关中央行政机关的最高领导人进行协商；在听取该地方自治团体最高领导人的意见之后，需要通过住宅政策审议委员会的审议；听取预定地区的居民和相关专家的意见及实施对预定地区的调查；宅地开发承包人（国土交通部部长指定的人）及其实施者开发商（国家、地方自治团体、韩国土地住宅公司、依据地方国有企业法律设立的地方公社）；据《住宅法》第 9 条对注册商（即住宅建设承包人）的规定。

18.3.3 《租赁住宅法》

《租赁住宅法》是对《租赁住宅建设促进法》进行全面修订后的法律，其主要目的是推进租赁住宅建设，考虑公民住房生活的安全。2015 年 5 月 18 日进行了部分修订，其主要内容如下：

① 在构建住宅建设综合规划时，国土交通部部长应将租赁住宅建设的相关事项纳入其中，地方自治团体及韩国土地住宅公司在建设住宅时应优先建设租赁住宅；②国土交通部部长可以将国民住宅基金中的部分资金优先用于租赁住宅的建设，租赁住宅建设中使用的国民住宅基金通过长期低息进行融资；③国家、地方自治团体、国营企业、准政

---

1. 预定地区是为了项目的实施，事先指定及公布的地区。

府机关可以优先向开发建设住宅的租赁公司[1]出售宅地，国家、地方自治团体、韩国土地住宅公司应该将开发的宅地中的一定比例以上的用地作为租赁住宅建设用地或提供给开发建设住宅的租赁公司；④如果出现未出售的住宅时，住宅供给的项目主体可以将其优先提供给租赁承包人；⑤建设基础设施的人首先应该为建设租赁住宅优先建设基础设施；⑥租赁住宅如果没有经过租赁义务地段时不可以出售，租赁住宅的承租人的租借权也不可以转让或转租给他人；⑥租赁承包人应向国土海洋部部长注册，租赁承包人应向市长、郡守、区长申报租赁条件，应积存专项维修资金。

18.3.4 《公共住宅建设法》

《建设乐园住宅的特别法》简称《公共住宅建设法》，其相关条例的提出是为了保障乐园住宅的顺利建设、改善低收入人群的住房安全及居住品质、为无住房人员提供住宅，以及营建舒适的居住环境。乐园住宅是指由国家或地方自治团体的财政支持或根据《住宅法》第 60 条由国民住宅基金支援建设或购置供给的住宅；总统令中的定义是以租赁目的供给的住宅和以销售为目的供给的住宅。此法作为乐园住宅项目相关的特别法，比其他法律优先适用于乐园住宅。2015 年 1 月《公共住宅建设法》扩大了预防投机对策所针对的地域、项目施行者的范围、国家财政活动的透明度，并为了确保其可预测性而修订了部分内容。

18.3.5 《国民基础生活保障法》

《国民基础生活保障法》于 1999 年 9 月颁布，主要目的是为生活困难的人提供补助，保障其最低生活水平，同时废除了 1982 年为保障没有维持生活能力或生活困难的人而编制的《生活保护法》。由《国民基础生活保障法》所支付的补助可以划分为生活补助、医疗补助、教育补助、分娩补助、丧葬补助和自足补助，其中住房补助包含为需要者提供住房安全所需的租金、维护修缮费和其他总统规定的供需品费用。此外，此法还规定了通过保健福祉部令决定住房补助的标准及支付程序所需的事项。

18.4 关于福利性住房的主要项目

韩国的福利性住房项目大致可以分为公共住宅供给直接支持的住房支持项目和需求者通过租金支持或租赁、传贳、购买等资金方式的融资项目，还有为了住宅改良的支持项目。下文将会详述除了住宅改良项目之外的公共住宅支持项目和关于住房费用补助的项目。

---

1. 租赁公司是指以住宅开发为目的而成立的地方公司或为了开展住宅租赁业务而注册的公司。

18.4.1 住房支持项目

1. 现有住宅的购买租赁

现有住宅购买租赁项目是指公共项目人通过购置多户型住宅等为市区内最低收入阶层提供可以在现有生活水平内负担得起的廉价住房的租赁项目。支援的对象包括了普通家庭、共同生活的家庭、现承租人、大学生和住房弱势群体（犯罪受害者），各类支援对象的支援条件如表 18-4 所示。

表 18-4　各支援对象的支援条件

支援对象	支　援　条　件
普通家庭	入住者需要评选，指定日期之后，针对持该地域身份证的居民，且家庭成员都无住房。需满足以下要求：首先，生活困难的人及单亲家庭；其次，家庭月平均收入低于上年度城市工人家庭月平均收入 50% 的人，提交残疾人证的人中月平均收入低于去年城市工人家庭月平均收入的人
共同生活的家庭	低收入阶层残疾人、受保护儿童、老人重病（老年性疾病患者除外）、低收入未婚父 / 母及低收入父亲、性暴力受害者、家庭暴力受害者、脱离卖淫女性、离家出走的青少年、教养院保护者、儿童福利设施退休人员、脱离朝鲜居民、露宿者中得到相关法令等认证需要保护的人，希望运营共同生活家庭（组合家庭）的机关
现承租人	购买住宅的现承租人在合同期限结束后，仍希望继续居住时，只有生活困难的人及单亲家庭，或者是家庭月平均收入低于上年度城市工人家庭月平均收入 50% 的人，以及提交残疾人证的人中月平均收入低于去年城市工人家庭月平均收入的人才有受资助的资格
大学生	首先，在根据《爱巢住宅指南》第 51 条第 1 项第 1 号中提出的家庭中成长的大学生、在儿童福利设施内生活过的大学生；其次，与《爱巢住宅指南》第 51 条第 1 项第 2 号任何一项相关的家庭中的大学生
住房弱势群体（犯罪受害者）	家庭成员由于作为犯罪受害者，很难继续生活在原来居住的地方，通过犯罪受害机构审议会后经地方检察厅厅长的推荐，由法务部部长评选的人

申请程序如下：由项目施行者（韩国土地住宅公司等）向国土交通部提交购买许可。如果得到许可的话，项目施行者和住宅所有者签订买卖合同。之后项目施行者向市 / 郡 / 区长委托，评选可以入住的人员。市 / 郡 / 区长在收到支援对象者的入住申请书后进行评选，并通报给项目施行者。项目施行者与入住对象签订租赁合同之后，按入住程序进行。处理期限从公告到选定结果通报需要 2 ～ 3 个月的时间。

2. 现有住宅传贳租赁

现有住宅传贳租赁是选定低收入阶层希望居住的现有住宅，公共项目人与现有住宅所有者缔结传贳合同之后，低价转租的服务。支援对象包括了低收入家庭的贫民、破产的公共租赁公寓退房者、保证受拒人、共同生活家庭、住房弱势群体、紧急支援对象、大学生、新婚夫妻、少年少女家庭等，具体内容如表 18-5 所示。

表 18-5　现有住宅传贳租赁支援对象

支援对象	条　件
基础生活供需者等贫民	基础生活供需者、保护对象单亲家庭；该家庭的月平均收入低于上年度城市工人家庭月平均收入 50% 的人，提交残疾人证的人中月平均收入低于上年度城市工人家庭月平均收入的人
破产的公共租赁公寓退房者	市长等认可的需要紧急住房支援的，作为破产公共租赁公寓的承租人不希望拍卖或不能被拍卖而退房的无住宅户主
保证受拒人	韩国土地住宅公司要求申请租赁公共建设租赁住宅的入住（预定）者（永久租赁住宅和国民租赁住宅除外）需满足以下要求：得到市长等推荐的人；申请国民住宅基金的传贳资金融资或住宅信用保证资金但未获得保证书的无住宅户主（单独户主除外）中月平均收入低于上年度城市工人家庭月平均收入 50% 的人；租赁合同中入住日和户口迁入中最早的日期开始 3 个月以内申请贷款的人
共同生活家庭	希望为被相关法令等认可的需要保护的低收入阶层残疾人、未成年儿童、老人（因重病，老年疾病患者需要疗养的人除外）、低收入未婚父 / 母及低收入父亲、性暴力受害者、家庭暴力受害者、脱离卖淫女性、离家出走青少年、教养院保护者、儿童福利设施退休人员、脱离朝鲜居民、露宿者等运营的机关或者是在得到相关中央行政机构长官认可的人，可以申请入住
住房弱势群体	居住在小屋、塑料大棚、考试院[1]、旅店、露宿者收容所、流浪汉福利设施等 3 个月以上的人中月平均收入低于上年度城市工人家庭月平均收入 50% 的无住宅户主
紧急支援对象	根据《紧急福利支援法》被选为紧急支援对象的人中，需要住房支援得到市长等认可，由韩国土地住宅公司通报的人
大学生	在大学所在地以外的其他市（特别市、广域市包含在内）、郡出生的大学在校生（该年度入学及打算复学的人包含在内）。 第一，无监护人或者监护人是低收入家庭，收入低于最低工资标准的人；第二，单亲家庭、儿童福利院毕业生；第三，残疾人（收入低于 100%），家庭月平均收入低于 50%；普通家庭大学生
新婚夫妻	无住宅户主结婚、再婚不超过 5 年或城市工人家庭月平均收入低于 50% 的人
少年少女家庭	少年少女家庭、交通事故造成的孤儿、青少年中收入低于上年度城市工人家庭月收入及无住宅的人

实施的程序是在市 / 郡 / 区内发布入住者征集公告，在镇 / 乡 / 洞居委会提交入住申请，在地方自治团体内选定入住者。之后，在市 / 郡 / 区内实施传贳租赁支援指南，入住对象人选择希望入住的住宅，在市 / 郡 / 区探讨该住宅是否可以作为传贳租赁后，项目开发商和入住对象人之间可以缔结传贳租赁合同。但如果是大学生的话，由韩国土地

---

1. "考试院"一词出现在20世纪70年代，开始是指用于考生应考准备及寄宿的房屋，现在为大学生及单身上班族提供居住服务的居多。考试院大多出现在大学院校聚集的周边地区，其主要特点是不需要交押金（或少量押金），只需缴纳月租，部分考试院还可以按天结算。大多数考试院的厨房、浴室、卫生间等为公共使用，部分考试院提供餐饮。

住宅公司选择及确定。

3. 公共住宅

公共住宅的主要目的是为低收入阶层提供住房安全及为没有住宅的人提供置办自家机会的福利性住房服务，由公共售房及公共租赁 5 年、10 年构成。公共售房是将公共住宅出售给固定收入和财产在标准以下的家庭；公共租赁是指在一定期间内（5 年、10 年）租赁后，低价转换为出售房的租赁住宅。各种对象的评选标准（收入、财产）如表 18-6 所示。

表 18-6 公共住宅入住评选标准

评选标准	供给类型	条　　件
收入标准	一般供给	·公共住宅中使用面积小于 60 平方米的住宅：上年度城市工人家庭平均收入低于 100%[1]； ·其他住宅：没有收入标准
	特别供给	·新婚夫妇及人生首次特别供给：上年度城市工人家庭平均收入低于 100%（但新婚夫妇特别供给时，双职工夫妇为 120%）； ·抚养父母及多子女特别供给：上年度城市工人家庭平均收入低于 120%； ·其他供给类型：没有收入标准
财产标准	一般供给及特别供给	·土地与建筑物：在国民健康保险保险费计算方法中规定的财产等级属于 25 等级的财产金额的上限及下限相加平均金额以下； ·汽车：2750 万韩元乘以上年度运输设备物价指数所得金额以下
	其他供给类型	·没有财产标准

服务提供程序：初期咨询及服务申请在向开发商（韩国土地住宅公司、城市公司）申请后，通过事实调查及审查后决定，最终服务通过供给程序而实现，可以通过直接访问或网上申请。

4. 永久租赁住宅

永久租赁住宅是指为了基础生活供需者、国家有功者、日本慰安妇受害者等社会受保护阶层的住房安全而提供低于市价租赁住房 30% 的、可以永久租赁的住宅供给服务。评选方法以评选标准的综合分数为主要内容，具体内容为：①《国民基础生活保障法》

---

1. 韩国统计局发布的城市工人家庭平均收入按照家庭人数及百分比进行统计。例如，在 2017 年的城市工人家庭平均收入中，3 人以下的家庭 50% 相对应的收入是 2 501 295 韩元、70% 相对应的收入是 3 501 813 韩元、100% 相对应的收入是 5 002 590 韩元、120% 相对应的收入是 6 003 108 韩元、130% 相对应的收入是 6 503 367 韩元。也就是说，3 人以下家庭 2017 年城市工人家庭平均收入低于 100%，即收入低于 5 002 590 韩元。

上的供需权利人；②国家有功者（"5·18"民主化运动 [1] 中立功者、施行特殊任务者包含在内）或其遗属的收入低于供需者评选标准中收入认证金额的人；③日本慰安妇受害者；④保护对象单亲家庭；⑤脱离朝鲜居民；⑥残疾人；⑦抚养 65 岁以上直系亲属的人，收入低于供需者评选标准中收入认证金额的人；⑧从儿童福利设施中退出的人，经儿童福利院院长推荐的人；⑨该家庭的平均收入低于上年度城市工人家庭月平均收入50% 的人；⑩属于①～④范畴内，被国土交通部部长或市 / 道知事认可的拥有入住永久租赁住宅资格的人；⑪申购储蓄用户。

永久租赁住宅可以通过直接访问或网上申请，现在没有额外供给，只有在现有居住者退房的情况下才可以入住。入住程序是在市 / 郡 / 区或镇 / 乡 / 洞居委会提交入住申请后评选入住对象，在寄出入住者对象名单后，由韩国土地住宅公司或地方公司介绍入住后便可入住。

5. 国民租赁住宅

国民租赁住宅是指为了解决低收入阶层的住房安全问题，低于市价租赁住房60% ～ 80% 的由公共支援的住宅。评选对象主要为无住宅户主、项目地区拆迁户、社会保护阶层，其中项目地区拆迁户和社会保护阶层是优先供给对象。具体对象及评选标准如表 18-7 所示。

表 18-7　国民租赁住宅入住评选标准

条件	标　　准
共同条件	无住宅户主
所得条件	· 所得：城市工人月平均所得的 50% 或 70% 以下； · 土地、建筑：126 亿韩元以下； · 汽车：2494 万韩元以下
优先供给	· 项目地区拆迁户等； · 社会保护群体等。 ① 在发布入住者募集公告当时，抚养 65 岁以上的直系亲属（配偶直系亲属包含在内）一年以上的人； ② 根据《残疾人福利法》的规定，有残疾人证书的人； ③ 国家有功者或其遇难者家属，包括"5·18"民主化运动立功者或其遇难者家属、特殊任务执行者或其遇难者家属。在满足入住资格的同时结合其实际情况得到国家认可的人； ④ 服役年限长的退役军人；

---

1. "5·18"民主化运动是1980年5月18日至27日发生在韩国光州市的民主化运动。全斗焕将军当时掌握军权，下令武力镇压运动，导致大量平民和学生伤亡。

条件	标　准
优先供给	⑤北韩离脱住民 [1]； ⑥ 在中小企业工作的工人； ⑦ 临时工； ⑧ 单亲家庭； ⑨ 由市长推荐的孤儿； ⑩ 寄养儿童的保护者； ⑪ 65 岁以上的老年人； ⑫ 家庭暴力中的受害者； ⑬ 犯罪被害人； ⑭ 煤矿工人； ⑮ 侨居海外的同胞； ⑯ 遭朝鲜绑架走的受害者； ⑰ 慰安妇（包括慰安妇家人在内）； ⑱ 有三名以上未成年子女的户主； ⑲ 搬离永久租赁住宅 [2] 的人； ⑳ 居住在简易棚里的人等； ㉑ 新婚夫妇

6. 长期传贳住宅

长期传贳住宅是指为了解决低收入群体的住房安全问题，根据《地方国营企业法》，由为了建设住宅项目而成立的地方公社所建设的可供租赁或购买的住宅，20 年年限内以传贳合同方式供给的租赁住宅。租赁条件主要是保证金是周边市价的 80%；供给对象主要是满足收入及财产标准的无住宅户主、项目地区拆迁居民、社会保护阶层，社会保护群体的分类与国民租赁住宅相同（表 18-8）。

表 18-8　长期传贳住宅收入及资产标准

标准	内　容
收入标准	• 使用面积小于 60 平方米，上年度城市工人家庭月平均收入低于 100% 的人； • 使用面积小于 50 平方米的住宅，优先提供给月平均收入低于 50% 的人； • 使用面积小于 50 ~ 60 平方米的住宅，优先提供给月平均收入低于 70% 的人
财产标准	拥有的房地产（建筑 + 土地）和机动车价值低于标准金额： • 房地产低于 2.155 亿韩元（2015 年年度标准）； • 机动车低于 2794 万韩元（2015 年年度标准）

---

1. "北韩离脱住民"又称朝鲜难民、逃北者等，是指通过非正常渠道离开朝鲜到其他国家的朝鲜公民。
2. 永久租赁住宅是指依据《租赁住宅法》由政府建设的租赁住宅，其主要目的是为弱势群体提供安全的住宅，所以其租赁价格（押金及租金）相对低廉。

申请程序为：可以通过访问地方公社的网站或直接访问申请后，提请所得财产调查，在所得财产调查结束后进行分配及决定准入住者，随后签订合同及实现入住程序。

18.4.2 居住费支援项目

1. 工人平民住宅传贳资金

工人平民住宅传贳资金项目是指为了保障无住宅工人及平民的住房安全，通过低利息贷款，5 个基金经办银行，支援传贳资金贷款的民间委托方式的住房支援服务。服务对象主要有：自贷款申请日起，包括户主在内的所有家庭成员都为无住宅者（未满 30 岁的单独住宅主除外），夫妻俩年收入应低于 5000 万韩元。贷款限度是每户 8000 万韩元（传贳价格的 70% 范围内，3 个子女以上家庭为 1 亿韩元），利息为年 3.3%[1]。偿付是 2 年以内一次偿还，可以分 3 次，共延长 8 年。申请方法是直接访问，在银行申请贷款。

2. 工人平民住宅购买资金

工人平民住宅购买资金项目是通过购买住宅的资金及融资来诱导无住宅工人及平民购置属于自己的住宅。与工人及平民住宅传贳资金贷款一样可以在 5 个基金处理银行内申请。支援对象也与传贳资金贷款一样，但其住宅的条件是使用面积小于 85 平方米（首都圈外非城市地域的镇 / 乡地区为 100 平方米），低于 6 亿韩元。计算标准是夫妻合计年收入低于 6000 万韩元（人生首次购买时为 7000 万韩元），整个家庭成员应该是无住宅者。贷款限度应该小于 2 亿韩元；其贷款的期限及收入是年 2.8% 或 3.4%[2]；偿还期间为 10 年、15 年、20 年、30 年，宽限期间是 1 年或无宽限期间。

3. 住房补贴

住房补贴的主要目的是依据基础生活保障受益人的住房实际情况，基于相对适当的价格，诱导其拥有更好的居住环境。供需补贴金额依据基础生活保障受益人评选标准，以各家庭计算的收入认可金额与各家庭规模最低生活费（100%）相比，来决定供需者和补贴金额。收入认可金额[3]如下所示：

收入认可金额 = 收入评价金额 + 资金的收入换算金额

收入评价金额 = 实际收入 − 家户各特性支出费用 − 劳动收入抵扣

---

1. 政府按照个人情况的不同，给予的利率优惠有所差异。如多子女家庭利率优惠0.5%p，抚养老人的家庭/残疾人/多文化/老年人家庭利率优惠0.2%p。注："%p"是表达最优惠利率时的常用方式之一，其中p指代"Prime Rate"。
2. 多子女家庭房贷利率优惠0.5%p；残疾人、人生首次、多文化家庭利率优惠0.2%p；购房储蓄超过2年的用户利率优惠（月24次缴纳）0.1%p，超过4年（48次）的用户优惠0.2%p。
3. 收入认可金额是指收入及所拥有的财产通过一定的比例所换算的金额。

财产的收入换算金额 = {（一般 / 金融财产各类型增加金额－基础财产金额－负债）＋汽车财产增加金额 } × 各类财产的收入换算率

如上所述，一般受益人根据各家庭收入认可补贴金额不同。现金补贴标准内，家庭的收入认可金额的收支差额，计算的金额依据各补贴支付比例（生活补贴 77.968%、住房补贴 22.032%）进行支付，2015 年现金补贴标准是 1 人家庭为 499 288 韩元、2 人家庭为 850 140 韩元、3 人家庭为 1 099 784 韩元、4 人家庭为 1 349 428 韩元、5 人家庭为 1 599 072 韩元。

18.5 结论及启示

福利性住房并不是确保国民的住房权，而是从建筑层面促进经济发展的手段。因此，可以实现短期内住宅大批量的供给，在住宅供给时，相对来说提供给无住宅者的新建住宅的价格普遍较低，对中产阶级的资产增值也起了很大的作用。但这却没有解决实际上需要住房支援的低收入阶层或社会弱者等住房弱势群体的住房问题，反而加大了阶层之间的差距和诱发了阶层之间的矛盾。为此，最近韩国政府随公民收入的增加及对住房认识水平的提高，为应对高水平的住房权要求，作出了整合法律和建立最低住房标准等的努力。但从住宅福利的角度去审视住房的历史仍然很短暂，并且在政权交替时住宅政策也随之改变的问题需要改善。

现在韩国的住宅政策总的来说主要针对低收入无住宅者及低收入阶层，针对不同的对象实施相同政策相对来说难度比较大。另外，出现了因各自治团体及公共机关内实施的政策而重复受益的问题。为此，需要编制与各类人群的自身情况相符的福利性住房优惠政策系统。最近的福利性住房政策不只是停留在住宅供给上，而是通过补贴和福利服务的支持等来实现福利性住房。今后，如果韩国的福利性住房可以更积极地应对人口减少和家庭结构的变化，理解供需者的要求并从长期的角度去构建住宅政策，那么以公民的幸福为目标的住房权就可能实现。

| 参考文献 |

[1] 金正秀 . 关于各地域住宅市场的研究 [R]. 首尔 : 国土开发研究院，1986.

[2] 朴大勋 . 个别选择手段模型的预测能力比较 [D]. 首尔 : 延世大学，1987.

[3] 徐营国，金仁河，刘完 . 按照家庭特性选择住宅的方法 [C]. 国土规划学会集，1992.

[4] 车中淑 . 关于住宅所有形态的计量分析 [M]. 首尔 : 寒宇出版社，1984.

[5] HALL P. Cities in Civilization. London: Phoenix, 1999.

[6] Charles Landry. The Creative City: A Toolkit for Urban Innovators. London: Earthscan Publications, 2000.

[7] Leckie, S. Towards an international convention on housing rights: Options at Habitat Ⅱ, Washington, D. C.: American Society of International Law, 1994.

韩国"传贳房"运作机制 [1]

第 19 章

与当前中国的大多数城市类似，高房价问题在以首尔为代表的韩国城市中十分普遍：人多地少、房地产投资、经济波动和潜在需求等诸多因素的助推和叠加效应造成了城市房价的居高不下。据韩国安全行政部统计，首尔的城市人口在 2013 年 10 月达到 1016 万，占韩国人口总数的近 1/5，而其 605 平方公里的城市面积仅占韩国国土总面积的 0.6%。显然，韩国要在十分有限的空间内为高度密集的人口提供住房并非易事，因此国家自 20 世纪 60 年代以来积极介入住房领域，通过不同执政时期和经济发展阶段中的不同举措来解决国内的住房议题，包括增加分层次、多类型、多途径的住房供给；引导市民采用租房等复合方式解决居住问题；借助市场及政府调节手段稳定和维护住房市场的健康发展等。其中，韩国租房市场中的"传贳房"，作为世界上独一无二的房屋承租模式，因其特殊的融资和储蓄理念成为学界关注的焦点。

19.1 韩国的住房市场构成

针对"买房"和"租赁"两种不同的居住需求，韩国的住房市场主要由"买卖房市场"和"租赁房市场"构成（图 19-1）。买卖市场涉及新建住房和二手房的交易，既包括市场提供的，也包括政府提供的可出售的公共住宅；租赁房市场则涵盖了公共租赁住房、民间租赁住房和组合租赁住房三种类型。公共租赁住房

---

1. 本章内容曾发表于《国际城市规划》，2016（1）：39-45.

主要是公共部门建设的供出租用的集合住宅；民间租赁住房则是依照市场规律，由个体房屋所有者向社会提供的可租住房屋，包括月租房[1]、预付月租房[2]、押金租房[3]和传贳房等；住房出租组合是基于《住宅法》的特殊规定，为一定数量的特定成员或危房改造需求而建设并供出租用的地区住房组合、职场住房组合和改建住房组合等。不同种类住房的出售或出租价格不等，人们可以按照自己的经济能力选择相应的居住形式。

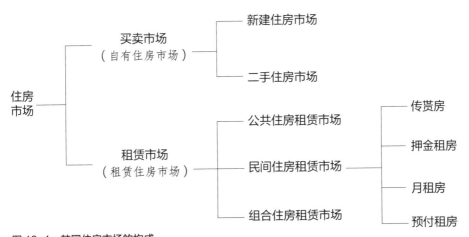

图 19-1 韩国住房市场的构成

资料来源：参考文献 [3]

在民间租赁住房市场中，"传贳房"是非常特殊的一类，它指承租人在缴纳一定数额的押金之后，签约期间内可以不用支付任何租金，"免费"使用住房直到租约期满并取回押金。由于"传贳房"租赁方式的独特性，这种韩国特有的住房制度引发了来自其他国家和地区的诸多关注，因此本章旨在探寻韩国传贳房制度的发展演进及其运作机制，以期为中国住房问题的解决寻找经验借鉴和政策启示。

19.2 韩国传贳房的起源与发展

在韩国字典中，"传"是指传给或转交，"贳"是指出租或租借，因此"传贳"可以简单理解为通过转交押金（传贳金）给房主来租住房屋的一种行为，它在一定程度上

---

1. 每月定期交纳租金的"月租房"是韩国租金相对较高的租房形式。
2. "预付月租房"是指租户提前预付全部租赁合同期间的租金后再使用他人住房的形式。
3. "押金租房"要求租户需先支付一定金额的押金，此后每个月再支付少量的租金（押金数额越大，租金越低）来获得房屋租住权，押金可在签约时间结束之后返还。

代表和反映了韩国独特的社会文化及居住传统。

　　传贳房在韩国的发展历程最早可以追溯到早期的典当制度。当时由于农耕社会根深蒂固的传统观念，人对土地有很大的占有欲，所以当需要钱的时候比起买卖更喜欢在一定的期间内将农田使用权转让出去，到了返还的时间将当初获得的钱还回并收回自己的农田，也即对"农地使用权"进行"典当"。韩国新罗（公元前57—935年）末期的土地私有化促进了这种农地典当行为的发展。高丽时代（918—1392年），韩国的贵族、僧人、官吏等会在农民以房地产为担保的基础上，将钱借给急用资金的农民。到17—18世纪，由于商业市场的活跃，巨商开始向小作坊的商人或农民放高利贷，此时没落的农民经常将自家的农田甚至房屋抵押出去，促使典当住房的"传贳"行为变得更加活跃。此后，经过近现代的转型和蜕变，"传贳房"逐步演变成为韩国特有的房屋租住形式，其发展历程可简要划分为三个阶段：

　　（1）第一阶段：传贳房的雏形期（1876—1949年）。与韩国现在采用的传贳房制度意义上相符的传贳模式是从1876年朝鲜与日本签订《丙子修好条约》之后开始正式登场的。日本用武力打开了朝鲜的国门，朝鲜被迫开放釜山港、济物浦港、元山港等港口并开始与日本进行通商。在此期间，地方上大量农村人口开始涌入首尔，人口增长导致城市出现严重的住房供给不足等问题，但也因此推动了传贳房制度的发展。依照惯例，承租人按照所租住宅价值的一部分，以押金的形式将现金抵押给出租人，出租人在承租人腾退住房时将押金返还——承租人还可以用古董等贵重物件代替现金来进行抵押。1910年朝鲜总督府编制的《惯习调查报告书》确切地记载了韩国的传贳房制度，并肯定了传贳制度的物权属性。据报告书记载，"传贳是朝鲜最常见和普遍的房屋租赁方式，承租人在租借房屋时将一定金额（按照惯例是房屋总价值的一半或者七八成）抵押给出租人，承租人不用支付租金有占用和使用房屋的权利，承租人在退还房屋时出租人退还其押金"。

　　（2）第二阶段：传贳房的普及期（1950—1979年）。20世纪50年代，伴随着战后重建和快速城镇化进程，韩国再次出现住房难问题。当时急需用钱的房主若将自己的房屋以传贳的方式租赁给承租人，不仅能快速筹措到所需资金，而且比向银行借贷要便宜。此外，战后的经济萧条导致大多人无法确保能按期支付月租，而传贳房制度是一次性付清押金，因此对于房主来说相对比较安全和便于管理，从而得以快速扩散。此时的传贳房作为一种民间租赁住房的服务形式，一定程度上扮演了公共租赁房的角色。在20世纪70年代之后的经济高速增长过程中，韩国国民收入整体有所改善，教育水平等的不断提升使得人们对住房的要求也有所提高，传贳房价格亦随之提升。

　　（3）第三阶段：传贳房的危机期（1980年至今）。20世纪80年代以来，韩国出现了多次因传贳住房供给量不足引起的供需不均衡现象,这被称为"传贳大乱"。据韩国国民银行的调查,韩国从 1980—2013 年总共出现了三次这样的"传贳大乱"——第一次从 1987 年到 1990 年,持续了四年;第二次从 1999 年到 2002 年,也持续了四年;第三次从 2010 年持续到 2013 年。传贳大乱与韩国整体经济状况的波动有着紧密的联系,其成因和影响将会在后文展开论述。

综上可以看出,传贳房是随着社会的需求和时代的变化逐步演变而成的,其发展阶段从一定程度上反映出了韩国不同历史时代的特性,影射了当时韩国人口结构、思想意识、住房供需以及经济实力等的变动情况。

19.3 传贳房的特点与运作机制

19.3.1 租赁与金融交易的双重特性

传贳房不仅是租赁房的一种,同时还扮演着金融中介的角色:在受法律政策保护的前提下,承租人将一定数额的储蓄资金抵押给出租人,并在一定时期内享有房屋使用权,不用额外支付任何租金;而房主可以将押金的利息收益作为其出租回报,或将押金作为一定期间内的个人流动资金来使用。在房屋合约到期时,出租人会把押金全额返还给承租人,从而实现租赁过程中的"双赢"。因此,传贳房在承租人和出租人之间具有"住房租赁交易"和"住房金融交易"的双重特点(表 19-1):

(1)承租人的强制性储蓄——对于承租人来说,传贳是其在购买自有住房前的一种强制性储蓄手段和居住方式[1]。承租人为传贳房所支付的押金是属于自己的、在一定期限内无法动用的资产,待未来购买自己的住房时可以将押金活用为购房资金的一部分。但是合约结束时,如果出租人无法及时返还押金则会给租赁人造成更大的经济负担,这也是传贳房的风险所在。

(2)出租人的融资行为——在制度化的住房金融提供体系不足的情况下,传贳房是设法转用或获取资金的一种私有融资手段。韩国现代研究院和住宅产业研究院的最近研究报告认为,传贳住房不仅是一种单纯的住房形式,也是住宅金融市场的一个重要组成部分。出租人在购置其他住宅时由于在银行中申请贷款比较困难,所以可以通过传贳房的押金来缓解住宅购买时的资金问题,同时还可利用传贳房押金进行其他的金融投资从而获利,并能避免被拖欠房租的危险。

---

1. 强制储蓄是指消费者的收入由于外部因素制约而被迫储蓄的行为。

总体上，传贳房能在韩国住房市场中保持可观份额并广受欢迎的原因在于：对于出租人来说，这是一种很好的融资方法；对传贳权人（承租人）而言，传贳权不但可以解决居住问题，同时也起到了强制储蓄的功能，为其日后买房等开销积存资金。

表 19-1　传贳房对出租人和承租人的正面及负面影响

对象	正 面 影 响	负 面 影 响
出租人	·容易筹到大笔金额； ·资本利益最大化（容易拥有大住房）； ·交易危险的最小化（防止租金滞纳）； ·公共住房租赁体系的不足得以弥补	·助长利用资本负债率进行投机的行为； ·将交易危险转嫁给租赁人； ·在利率低的情况下，传贳房的收入会下降
承租人	·强制性储蓄（购买自有住房的基石）； ·用少量的费用享受好的住房服务； ·交易费用最小化（减少和避免取得税／登记税、财产税等）	·无法摆脱房屋主人的负债风险； ·随着传贳房押金的上涨，负担也上涨

资料来源：参考文献 [8]。

19.3.2 "传贳权制度"的法律保障机制

传贳房在韩国的流传，除了韩国人固有的传统思想理念使其沿用至今外，同时还得益于政府出台的相关政策和法律的有效保障。1981年韩国已经制定有《住宅租赁保护法》，但它在承租人保护问题上还存有许多漏洞，因此1983年的第一次法律修改针对押金上涨、居民登记是否要结合租赁权等问题对其进行了完善。1989年第二次修订的《住宅租赁保护法》特别法将传贳房的租赁时间从原有的一年时间延长为两年，以保证承租者权益。1998年第三次修订的《住宅租赁保护法》增加了两项规定：一是当租赁签约到期后，若承租人的租赁押金未能全额返还，承租人可以继续居住在租赁住房之中，并可申请将住房拍卖；二是开设租赁权登记命令制度，同意承租人单独一方也可以进行租赁权登记以强化承租人地位。

在《韩国民法》修订之前，韩国并未制定优先偿还权方面的规定，国内对是否应将传贳权作为一种物权放入法律条文中也广有争议。直到1984年4月，《韩国民法》修订并确定了传贳权的优先受偿效力，承租人的地位和利益才由此获得极大限度的肯定和保护。依《韩国民法》第303条："传贳权人（承租人）支付传贳金（押金）占有他人不动产，有对其不动产的用途进行使用和收益的权利。对整个不动产后顺位权利人就传贳金享有优先受偿权的物权"，这就确保了当租房合同到期后，如果出租人无法返还押金，承租人可以按照《竞卖法》通过房屋拍卖等方式取回损失——比起其他债权人来，承租人具备优先享有这种申请拍卖和获得补偿的权利。传贳权作为《韩国民法》中的一项重要制度，对规范传贳房市场起到了十分重要的作用。

19.4 政策变化及经济波动影响下的传贳房市场

19.4.1 政策变动对韩国住房市场的影响

住房对于个人来说是一种高级消费商品；而对于国家来说，住房在国民经济中占有很大的比例并影响着整个国家和社会的稳定，所以韩国任何一届政府都非常关注住房问题，会针对执政阶段的社会需求来调整住房政策。因此，韩国五年一次的政府换届不仅影响着政治体系的变动，同时带来了包括住房在内的各种方针和政策的变革。总体来看，韩国政府对住房市场的干预历程可以简要划分为三大阶段（图 19-2），执政党在不同时期确立了不同的住房目标和政策手段（表 19-2）：

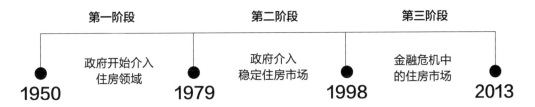

图 19-2 韩国政府介入住房市场的三大阶段

资料来源：作者自绘

（1）政府介入住房领域的起步期（1950—1979 年）。1950 年韩国战争之后到第二次石油危机之前的 1979 年，急剧的商业化和人口城市化导致韩国城市住房不足，但当时韩国政府主要关心的只是如何促进经济发展。韩国政府 1962 年之前出台的住房政策多为救济难民的对策，直至 1962 年第一次经济开发五年计划将住宅政策包含进来后，韩国政府才开始明确地介入住房领域，并逐步出台了与住房有关的各种规定——五年一阶段的经济发展规划成为制定各种住房政策手段的基础。从解放后到 1979 年间，韩国建立起了各种与住房相关的机关，国家层面的住宅法律和政策也陆续颁布。此阶段制订的"住房建设十年计划"明确了住房规模小型化、以租赁房为中心供给和为了低收入人群的政策指向，同时与住房建设相关的许可制度以及与供给销售相关的各项制度也得到完善。

（2）政府增加住房供给稳定住房市场（1980—1998 年）。20 世纪 80 年代开始，为了实现全国的经济稳定，政府将促进地区间的均衡发展作为其首要任务，激活住房建设的相关措施陆续出台。20 世纪 80 年代初期，政府住宅政策的主要目标是扩大住宅供给和稳定住房价格。但是，1982 年韩国住房经济开始复苏后，严重的房地产投机现象造成了极大的社会问题，为此政府开始设法抑制住房经济和减少房地产投机，其间推行的一系列举措让韩国在大规模的住房供给后，出现了较长一段时间的住房价格稳定期。举措包括：卢泰愚政府于 1989 年发布"紧急房地产投机遏制对策"；金泳三政府在 1993—1998 年间设立了房地产登记实名制度，以提高房地产交易的安全度和透明度，减少住房投机。

（3）抵抗金融危机的特殊住房政策（1998—2013 年）。由于 1997 年 IMF 外换危机 [1] 造成的高利息、失业率增加、金融机关资金回收等原因，韩国的房地产市场交易基本处于"麻痹"状态。1998—2000 年的两年间，韩国政府先后发布了 10 次激活开发建设的相关对策，结果却导致了 2000 年以后的房地产投机加大、国民住房不安定、泡沫经济等一系列问题。2003—2008 年，卢武铉政府出台住房稳定政策并强化相关法规，韩国经济逐渐恢复到均衡发展期。然而，待到李明博政府期间，由于 2008 年次贷金融危机的影响，韩国的商品经济连同整个房地产市场都陷入了极不稳定的动荡之中。为此，政府转而致力于强化住房供给，完善转让税来激活住房市场，同时通过援助未售公寓、对建筑行业的流动性援助等来恢复城市经济活力。

表 19-2　1980—2013 年韩国历届政府的住房目标及政策手段

时期	执政人	执政背景和环境	政府目标和对策	政策手段
1980—1987 年	全斗焕	房地产风行，传贳房和其他住房价格上涨	住房的大量建造及稳定住房价格	·增加小型住房及改善住房供给制度； ·提高住房购买力； ·扩大国民住房基金及住房金融途径； ·消减住房建设成本和遏制投机
1988—1992 年	卢泰愚	库存住房不足，通货膨胀，房地产价格暴涨	通过住房的大量建设来稳定住房价格，解决社会不安因素	·扩大包括租赁住房的住房建设； ·支援国民住房建设； ·协调土地供给； ·住房规模的小型化和整顿供给体系
1993—1997 年	金泳三	总统竞选时承诺解决国民住房难问题	通过大量住房的建设实现到 2000 年年初住房普及率达到 100%，增加住房市场的自由性	·择址供给的多样化； ·扩大公共部门住房建设； ·健全的租赁文化及提升公共住房质量； ·住房行政体系的效率化

---

1. 1997 年随着泰铢的大幅贬值和股市的大跌，一场席卷亚洲乃至全球的金融危机爆发，对泰国、印度尼西亚、马来西亚、韩国等地造成了重大冲击。国际货币基金组织（IMF）表示为促进外汇稳定可以向需要的国家提供贷款，而韩国便是提出这种紧急金融支援要求的国家之一。国际货币基金组织提供贷款不是无条件的，它要求受援国必须接受其制定的政策建议和一些强制性的措施。

↘ 续表

时期	执政人	执政背景和环境	政府目标和对策	政策手段
1998—2002 年	金大中	IMF 经济危机	通过激活建筑行业来稳定宏观经济，确保市民居住生活的安定	· 完善住房出售价格自由化等规则； · 扩大国民住房基金支援； · 扩大国民租赁住房建设； · 设定最低住房标准
2003—2008 年	卢武铉	房价急剧上涨	保证国民的居住安定，通过提供居住福利来稳定住房市场	· 解决住房大量不足的问题； · 无住房市民的居住安定； · 调动支援手段； · 调动管制手段
2008—2013 年	李明博	世界金融危机	通过完善规则和减免税金来稳定房地产价格、激活房地产交易（纪郑勋，2009）	· 持续扩大首尔市和首都圈的住房供给； · 为扩大供给废除各种规定； · 为恢复经济对建筑行业实施内需政策； · 通过金融政策调整市场需求主力（纪郑勋，2009）

资料来源：参考文献［14］。

19.4.2 经济波动下的传贳危机

韩国各类住房在市场中所占比例随社会经济、政府政策、人口结构、供给需求等的变化而改变（图 19-3）。买卖房（含新建和二手房）的市场份额除了 1970 年的峰值 64.1% 和 1990 年的最低比例 49.9% 之外，其他年度基本保持在 55% 左右，占据住房市场的半壁江山。月租房比例大致保持在 15% ～ 20% 之间，从 1995 年之后呈持续增长之势，到 2010 年已经高达 21.7%。伴随月租房的增长，相反地，传贳房所占市场比例在从 1975 年的 17.6% 增长到 1995 年的最高值 29.7% 之后开始逐年减少，到 2010 年下降到 20.6%，经济动荡给传贳房带来的消极影响可见一斑。

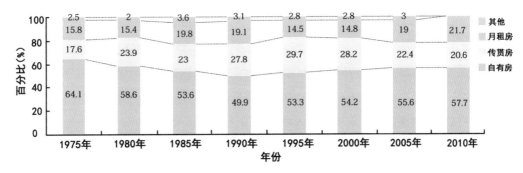

图 19-3 韩国住房市场中各类住房所占比重的变化趋势

资料来源：参考文献［16］

造成传贳房比重减少的主要原因在于各种因素导致的传贳房价格持续上涨，加重了租住传贳房的经济弱势群体的租金负担，甚至引发出一些极端的社会问题：一方面，在

20世纪90年代以来出现的传贳房价格暴涨时期，承租人由于无法支付押金而发生了很多自杀事件；另一方面，因受1997年外换危机的影响，韩国整体住房价格在1998年一度出现暴跌，经济困境导致很多承租人不能及时拿回传贳房押金，由而引发出诸多诉讼。所有这些现象都给传贳房的承租人和出租人在居住不稳定问题上造成了强烈的心理负担。分析韩国的三次"传贳大乱"不难发现，其间皆出现了传贳房价格的大幅波动（图19-4）。

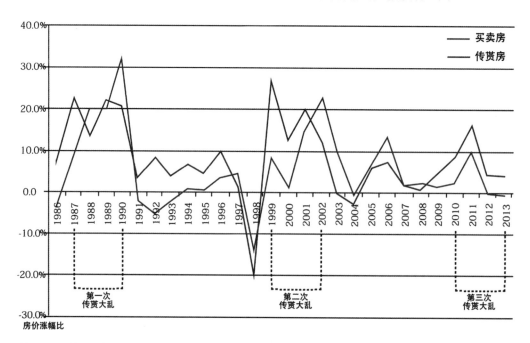

图 19-4　韩国买卖房和传贳房的价格变动率（1986—2013 年）

资料来源：参考文献 [17]

　　第一次"传贳大乱"（1987—1990年）出现在20世纪80年代末期。韩国整体经济的不断增长伴随着物价上涨，住房供给不足引起传贳房价格急速飙升。传贳房价格上涨率从1986年的7.6%快速攀升至1987年的23.1%。住房恐慌随之扩散，政府开始认识到传贳房价格暴涨带来的严重后果。1989年政府出台《住房租赁保护法及施行令》延长了传贳住房的签约期以保护承租人，1990年韩国政府推出《200万户的住房供给》政策，扩大住房供给量，使传贳房价格有所稳定。

　　第二次"传贳大乱"（1999—2002年）因外换危机的后遗症所引起。1997年国家经济的整体萧条直接拉低了个人的经济收入。很多人开始出售自有住房致使买卖房价格急剧下降。同时，经济困难也使得许多承租人纷纷要求拿回传贳房押金，导致传贳房价格在1998年下降了20.2%，但1999年又反弹上涨26.7%，之后的三年中传贳房价格持续上涨。这次"传贳大乱"随着韩国经济的逐渐复苏，直到2003年才有所缓解。

第三次"传贳大乱"（2010—2013 年）因 2008 年世界金融危机所致。金融危机不仅打击了韩国的整体经济实力，同时严重影响到住房经济，使得传贳房供给量减少、传贳房价格上涨，主要原因在于：国内大部分城市的再开发和再建设项目无法正常进行，抑制了住房供给；银行持续的低利率使传贳房出租人的收入减少，很多传贳房因此转变为押金租房或者纯粹租赁住房；购买力以及对住房买卖价格上涨预期的下降，使得更多人放弃买房计划，选择租住支出较低的传贳房。

值得关注的是，最近持续的"传贳大乱"除了源自经济变动、供需不均衡等传统因素外，同时还由于近几年来韩国人对住房财产价值的认识从自己拥有到短期居住的变化，以及因个人学习、工作及其他社会因素导致的偏好小户型月租房或者押金租房的 1～2 人家庭数量的逐年增多。因此，据韩国住宅产业研究院、韩国现代经济研究院、韩国国民银行经济研究院等的推测，韩国传贳房的价格还将持续增长。

19.5 韩国现政府的传贳危机应对措施

2008 年后，住房市场的萧条和普遍的"住房穷/租房穷"等社会问题严重地影响着韩国社会经济的稳定发展。"住房穷"（House Poor）是指那些拥有自有住房的穷人们，他们大多是在住房价格上涨时通过贷款购买了住房，却因为住房价格的下跌造成了巨大的经济损失。因此，从表面上看，他们是拥有自己住房的中产阶层，但实质上却是苦于无法顺利还上房贷的"房奴"们。"租房穷"（Rent Poor）是指 2010 年后由于传贳房价格上涨而无法支付传贳押金的人群，以及因房主将传贳房转变为"半传贳房"（也即需支付一定租金的传贳房）而无力支付租金的人群。

持续的住房市场萧条还影响到与房地产相关的室内装饰、房屋中介、搬家等行业的发展，国民消费的持续低迷动摇着金融市场。为了排除国家宏观经济的不稳定因素，保证住房和民生的安定，新当选的朴槿惠政府于 2013 年 4 月发布了住房市场正常化对策，随后又在 2013 年年底先后发布了四次住房政策，试图采用多种途径稳定传贳房和月租房市场（图 19-5）。

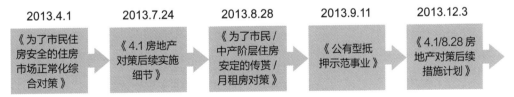

图 19-5 朴槿惠政府自 2013 年 4 月以来先后发布的五次住房政策

资料来源：作者自绘

《为了市民居住安全的住房市场正常化综合对策》主要通过放宽政府介入、限制与改善税制、金融支援等途径来恢复住房市场，帮助住房穷和租金穷人群，扩大对低收入等群体的住房支援服务，实现普遍的福利性住房（表19-3）。《为了市民/中产阶层住房安全的传贳/月租房对策》则主要涉及以下四方面举措：

（1）将传贳房需求转化为购房需求。由于韩国当前对传贳房的需求量远远大于对买卖房的需求量，为此政府出台了一系列的税收、利息、抵押等政策来鼓励租住传贳房的人们去购买住房，例如废除房产转让税、降低房产登记税、降低房贷利息、增加长期抵押供给，以及扩大"国民住房基金"对工人/市民购买住房的资金支援，建立1%低利息住房基金的住房购买支援制度，将可享受抵押保险的对象从无住房者、一户一住房者扩大到一户多住房者等。

（2）扩大租赁住房供给来弥补供需失衡。包括扩大公共租赁房供给和激活民间租赁住房供给，具体做法是扩大中长期公共租赁住房的库存量，将民间竣工后未出售的住

表19-3 《为了市民居住安全的住房市场正常化综合对策》要点

政策指向	措　施	具 体 做 法
促进住房市场正常化	调整住房供给量	·按照市场情况和需求适当调整住房供给量； ·调整公共宅地等项目规划； ·调整民间供给
	通过改善税制、金融、申请制度来创造有效需求	·通过扩大国民住房基金等来支援首次购房者； ·通过减免转让所得税和改善申请制度促进购买住房； ·利用闲置资金激活民间租赁市场
对"住房穷"和"租金穷"的支援	住房穷支援	·希望拥有自家住房的人，担心滞纳或者长/短期滞纳者可以通过金融机构或者信用恢复委员会来调整债务； ·希望卖掉自有住房的人在租赁住房房地产信托中心（包括支付一部分）进行房屋出售； ·享有住宅退休金的年龄从60岁降低到50岁
	租金穷支援	·房主担保贷款方式； ·租赁押金返还的申请权转让方式； ·扩大住房基金的传贳资金支援
普遍的住房福利	公共住房供给	·幸福住房等，每年13万户公共住房供给
	需求支援	·强化针对受益者的住房费用支援； ·强化对大学生、新婚夫妇等各生涯周期的支援； ·强化对公共租赁住房管理的公共性

资料来源：参考文献［18］。

房活用为租赁房，诱导并激活民间租赁市场等。

（3）减少一般市民／中产阶层的传贳房负担。具体措施包括：①扩大月租所得控除[1]以缓解居民的月租负担，将控除率[2]从50%扩大到60%，将所得控除限度从原有的年300万韩元扩大到年500万韩元；②设立"住房担保人制度"[3]减少低收入人群的月租负担；③完善住房基金中对低收入人群的传贳资金支援条件；④明确住房租赁保护法中提出的优先偿付权所适用对象的押金金额标准，增大可优先得到的偿付金额；⑤合同到期后承租人的租赁押金未被返还时，实施代替出租人偿还承租人押金的公共保证项目（大韩住宅担保），扩大市传贳金赔偿保险的参与对象及降低保险费率（首尔担保保险）[4]。

（4）解决搬家季节的租赁困难[5]。重点是预防搬家季节中房屋经纪人的不公正交易行为和防止承租人利益受损。政府为保护承租人和避免住房纠纷，宣传并强化"标准租赁合同书"的使用，通过韩国土地住宅公司（LH）运营的"传贳／月租支援中心"来加强咨询服务。

韩国鉴定院以2013年10月21日为基准，对韩国全国以星期为周期的公寓楼价格动向进行了调查，结果发现买卖房价格与前几周相比8个星期持续上涨，而传贳房的价格连续61个星期保持上涨；与2012年11月19日相比，买卖房价格上涨了0.81%，而传贳房价格上涨了6.15%。这侧面反映出政府出台的各项对策短期内并未缓解房屋的价格上涨问题。但是从长远来看，一方面韩国政府的金融、税率支援可以加速住房市场的经济调整，引导住房市场的复苏；另一方面有针对性的住房政策有助于满足韩国多个阶层人群的住房需求，实现福利性住房的普化，并逐步缓解韩国的住房难题。

19.6 结论：韩国传贳房制度对我国的启示

综上所述，韩国独特的传贳房市场虽然正遭遇着挑战，但传贳房以融资和储蓄理念为基础的运作机制，为帮助中国城市解决"高房价"和"住房难"等问题提供了重要的

---

1. "所得控除"是一种减少纳税人的税金负担，保障其最低生活费用的做法。根据《所得税法》，计算应纳税的所得额时，需要在各种所得（劳动所得、商业所得、退休金所得、利息所得等）的总金额中扣除必要的费用来计算总所得金额，此外再个别扣除一定金额的方式称为所得控除。
2. 控除率（扣除率）是指在采用超额累进税率计税时，为简化计算应纳税额所使用的数据。
3. 住房担保人制度（Housing Voucher Program）是指低收入人群的租赁费用超出其收入的一定标准以上时，政府以优惠券（使用优惠券是为了防止收益人将政府给予的住房补助用于其他用途）形式对其进行租赁补助，这是一种是政府对低收入人群的传贳、月租租赁费用的补助制度。
4. 保险费率（Rate of Premium）是指应缴纳保险费与保险金的比率（保险费率=保险费/保险金额）。
5. 韩国大多数人选择秋天搬家。

案例参考和思路借鉴。

首先，传贳房作为一种兼具储蓄、租住、融资等多种功能的住房解决途径，提供了一种处于"购房"和"租房"之间的居住状态，既有利于出租者的稳定获利与融资，也有助于租房者日后的存钱购房，因此对于补充和完善住房市场具有特殊意义。但同时也需注意，传贳房作为民间的一种"金融中介"，它受宏观经济的整体影响并产生波动，因此在韩国之外的其他国家和地区尝试引入传贳制度时，需警惕和避免经济萧条期可能出现的"传贳大乱"。

第二，传贳房作为一种特殊的租赁住房制度，有助于缓解中低收入人群的住房难题。尚不具备购房实力的中等收入人群只要攒够了一定的押金，就可以获得一定时期内"免费"租住房屋的权利，并通过"强制储蓄"为渐进式的住房改善创造可能。在我国一些条件适宜的地区，或许可以尝试在政府的主导之下试点性地推行这种租住模式——其成败一定程度上取决于社会接受的程度，以及配套机制和保障体系的建设情况。

第三，韩国传贳房制度的有效运行很大程度上得益于国家法律、相关制度、政府政策等的规范化管理和有力保障。当前，我国在各项住房制度的建设方面还相当不完善，特别是对"租房"市场的法制化、规范化管理基本仍处于空缺状态，这无论是对于引导市民的住房观念从"追求拥有"朝着"稳定租住"的方向转变，还是试图引入诸如传贳房等新的居住机制来说，都是短期内难以逾越的重大障碍。

第四，韩国传贳房的演进历程说明，社会经济变化、政府执政理念及住房政策制定等会对住房市场产生深刻影响。因此政府对住房领域的干预需要谨慎，应明确"政府"与"市场"各司其职的基本范畴，既不做"不作为"的政府，也不能"管得过宽"。韩国现政府在应对传贳危机时，其着眼点主要聚焦在公房供给、中低收入人群的住房支援、法制保障建设等相关方面，从而对获得适宜且足够住房这项基本人权施加保障，其余很多问题交由市场处理和配置。

最后，传贳房的特殊案例给予我们的思想启示还在于——除了常规、传统的住房提供途径和政策举措之外，结合自己本土化的文化习俗、居住喜好、行为惯例等，通过更加创新、开放、勇于突破的探索寻找一些具有"创意"的本土住房供给模式现实可行。这对于那些受困于历史遗留、制度困扰、强制拆迁等问题的居住人群来说，或许能够找到一些更加积极妥善的解决之道。

参考文献

[1] 南基正 . 住宅政策比较研究：韩国和瑞典为中心 [D]. 水源：水源大学，1989.

[2] 金善雄 . 传贳住房制度和传贳住房金的流通方案 [J]. 住宅金融，2001：69-89.

[3] 河晟奎 . 住房政策论 [M]. 3 版 . 首尔：博英社出版社，2006.

[4] 朴新英 . 住宅传贳制度的起源及传贳市场的展望 [J]. 住宅城市，2000：36-46.

[5] 金泰卿 . 住宅市场的构造变化和政策的启示 [R]. 水源：京畿开发研究院，2011.

[6] 崔昌军 . 住宅金融体系中的传贳住房制度的意义 [J]. 聚焦房地产，2008：35-41.

[7] 庐喜顺 . 考虑传贳住房特性的住房政策方向 [R]. 首尔：住宅产业研究院，2012.

[8] 针对传贳房转化为月租房的趋势的任务 [R]. 首尔：现代经济研究院，2011.

[9] 柳贤升 . 关于传贳制度改善的研究：自家 / 传贳 / 月租的费用 / 利益分析为中心 [D]. 首尔：建国大学，2000.

[10] 房地产政策的方向和对应方案 [R]. 韩亚金融经营研究所，2009.9.

[11] 朴槿惠政府的房地产政策 [J]. 城市情报，2013（375）：3-22.

[12] 金恩美 . 韩国住房政策变化分析—历史性制度主义分析 [D]. 首尔：高丽大学，2012.

[13] 权周安 . 2020 住房需求展望 [R]. 首尔：住宅产业研究院，2012.

[14] 郑光燮 . 韩国历代政府的住房政策满足度研究 [J]. 住房研究，2007（15）：149-187.

[15] 纪郑勋 . 李明博政府的国土政策模式研究 [J]. 社会科学论文，2009（29）：1-15.

[16] 传贳市场动向及结构变化 [R]. KB 金融控股经营研究所，2011.

[17] http://www.newstomato.com/ReadNews.aspx?no=411593.

[18] http://www.molit.go.kr/doc/housing/housing.jsp.

城市住宅品牌开发

第20章

20.1 住宅品牌的出现

公寓虽然是西方住宅的产物，但这种住宅形式在进入韩国社会之后，很快成了韩国住宅的主流，并且发展成了韩国特有的居住文化。在21世纪初开始的住宅商品化趋势中，为了提高公寓的品牌价值，出现了各种各样的革新。这样的革新的目的是让公寓的主要消费阶层——中产阶层的取向高档化。随着中产阶层对高档消费需求的增加，公寓也发生了翻天覆地的变化。与此同时，公寓商品化的竞争也趋于激烈，主要体现在公寓品牌上。品牌化是指在各种各样的商品中只有本公司才具有的、不同于其他公司的价值，其主要目的是诱导消费者去选择。

公寓作为韩国具有代表性的住宅样式，在进入21世纪之后，形态上发生了各种各样的变化，但这种变化主要发生在民营建筑企业开发的公寓中。在预售供给的制度下，韩国公寓的供给系统中建筑企业负责公寓设计、销售、施工的整个过程。但是在进入千禧年之后，公寓文化出现了很大的变化。其中最具代表性的变化便是公寓的品牌化。建筑企业对自己所建的公寓重新进行命名，而这些公寓品牌的名字取代建筑企业自己的名字。公寓品牌化的主要原因是逐渐增加的住宅普及率。伴随着建筑企业的增加，公寓市场也开始由之前的以供给为主的市场转变为以消费者为主的市场。在以消费者为主的公寓市场中，公寓的品牌化可以帮助建筑企业更有效地将公寓商品出售给消费者。

品牌塑造的主要目的是取得商品和市场竞争中的胜利，而成功的前提是差异化发展。此外，品牌也是一种无形的资产，但是品牌不能像公寓的外观或内部布局一样可视，为了让消费者意识到品牌也是一种无形资产，并与公寓的购买结合在一起，需要提出相应的策略。此策略是用无形的品牌刺激多数消费者的购买欲望，也可以说是呼唤消费者积极的响应心理，是一种从心理上接触公寓的商品企划活动。具体的公寓商品企划是指让商品具有差别化的特性，提高其在市场上的竞争力并且集思广益设定商品的主题，以此为基础结合规划和设计、市场和销售，构建完善的路线图的决策过程。

20.2 商品概念中的公寓

20.2.1 韩国公寓的概念

在《住宅建设促进法》中，公寓被定义为共同住宅中的一种。共同住宅是指"各家户在一个建筑物内，共同使用用地及建筑的墙壁、走廊、台阶和其他设备等的全部或一部分，并且各自可以独立生活的住宅"。法律规定，共同住宅中超过5层的被称为"公寓"。其种类和范围由总统令决定。《住宅建设促进法》中规定的共同住宅的种类和范围如下：

①公寓：5层以上用于居住的住宅；②联立住宅：用于居住且单栋住宅的建筑总面积（地下停车场面积除外）超过660平方米，4层以下的住宅；③多家户住宅：用于居住且单栋住宅的建筑总面积（地下停车场面积除外）小于660平方米，4层以下的住宅；④宿舍：供学校或工厂等的学生或职工等使用的、可以共同做饭、不具备独立的居住形态。

但在韩国，伴随着公寓所占比例的增加，一般来说"共同住宅"的意义类似于"公寓"。本章中所提及的2000年之后民营建筑企业的共同住宅因为在法律上都属于公寓的范畴，所以本章将共同住宅统称为"公寓"。

20.2.2 公寓的商品化倾向

在资本主义的体系中，像公寓一样大量生产的住宅被认为是"具有居住功能的商品"，即公寓具有商品化的倾向。对于居住者来说，住宅所提供的功能水平可以使其得到相应的资本价值，也就意味着住宅是交易的对象。这是按住宅所具有的商品价值在市场中定价，在销售和消费的过程中自然而然衍生出来的概念。在后福特主义（Post-fordism）之后灵活的价值体系中，伴随着市场追求高级化的趋向，建筑公司也开始努力提高公寓的商品价值。

20.2.3 作为住宅商品的公寓

在建筑学及居住学中，住宅不仅是人们物质生活与心理上的庇护所，也具有商品的特性。但由于住宅兼具庇护所的角色，所以不同于市场上一般意义的商品。尤其是受儒家思想的影响，在韩国人的世界观中住宅和商品的结合存在一定距离。在韩国的传统上看，虽然土地和住宅是受尊重的对象，但从商业角度来看因为受房地产交易及房地产投机的概念影响，所以对其产生了负面看法。综合来说，商品本身不具有正面或负面的特性。

进入 2000 年之后，韩国社会开始正式迈入资本主义社会。因此，住宅被认为是商业交易对象及价值实现对象的趋势也越加强烈。在资本主义的经济体系中，如果将住宅看作是购买及销售对象，接受其所具备的中立价值——"住宅商品"时，可以通过现实的视角来发掘其现存的问题及相应的解决方案。换句话说，应该不排斥住宅作为商品，与现实进行靠拢，经由住宅商品生产消费过程的研究确定其发展的改善方向。在西方社会中，已经认可了商品本身的学术价值，将其为对象进行研究并开始接受其理论化的概念。因为消费者在选择商品时具有一定的目的性，在选择的过程中会考虑其符号的价值、使用的价值、外形的价值、交易价值的商品学特征，所以为了让消费者接受，商品的生产者需要制订相应的策略和计划。在这样的过程中，公寓作为商品的品质和性能得到了很大的发展。

20.3 韩国公寓商品化趋势的分析

20.3.1 20 世纪 90 年代之前公寓的商品性概念

伴随着 20 世纪 60 年代经济增长五年计划的实施，以首尔为中心开始建设公寓。麻浦公寓（1962）是韩国最早的小区型公寓，当时新型的居住形式并没有赢得大众的响应。但是此后由于对西方生活方式的憧憬、对生活便利的公寓的偏爱，以及当时住房紧张的情况，公寓这种新兴居住形式被大众快速接受（表 20-1）。

1970 年 4 月 8 日卧牛公寓坍塌事件的发生，可以说是重新定位住宅价值的一个重要时期（日常生活相关的中层建筑的平面布局与结构的安全性）。在 20 世纪 70 年代商品化公寓概念的萌生时期，以首尔市江南区为中心的大规模公寓小区的建设形成了韩国国内的公寓文化。以大韩住宅公社（现韩国土地住宅公司）为首，以盘浦及蚕室为中心大量建设公寓。当时主要致力于结构和使用价值，却没有摆脱简单的外形。而之后民营建筑企业建设的公寓，如狎鸥亭洞的现代公寓、蚕院洞韩信公寓等开始尝试在满足使用者的价值的同时，考虑外形的价值。在先销售后施工制度的背景下，由于供不应求的消费市场，所以房地产市场并不需要考虑对公寓的企划。

进入 20 世纪 80 年代之后，公寓开始作为一种商品的概念逐渐普及。但起初这种现象是因房地产投机的负面影响而滋生的，20 世纪 80 年代韩国政府的住宅普及政策推动建设了大规模的新市区（果川、木洞、上溪洞），在奥运会前后出现了投机等负面现象，如房地产经济过热、公寓的价格暴涨等。公寓的交易价值开始受到关注，当时主要通过有奖设计竞赛等从外形方面给予其具有差别化的商品性价值，摆脱过去（如奥运会选手村公寓）单一的平行布局的盒子形态，也可以说是通过不同于过去的外形来实现其价值所在。

20 世纪 90 年代，公寓作为住宅商品的倾向已经被普及，第一期新城中建设的公寓采用了福特主义（Fordism）的大量生产模式，福特主义一般认为公寓跟工厂中生产出来的千篇一律的商品一样。随着公寓价格的不断飙升，于公寓作为家的场所来说，其作为交易商品的属性更为强烈。公寓普遍被看作是交易价值高、投资及理财价值较高的商品。由于 20 世纪 90 年代民营建筑企业增多，公寓供给的增加进一步深化了公寓作为市场流通中的商品的意识。

通过各大新闻媒体（《每日经济》《京乡新闻》《韩民族新闻》《东亚日报》）对 20 世纪八九十年代住宅商品倾向的分析来看，"住宅商品"一词最初使用在 1981 年的《每日经济》中，而后开始出现在其他主要的日报上。这一词语的概念起初来源于与房地产投机相关的负面内容，之后逐渐发展成为具有中立性的概念。进入 20 世纪 90 年代后半期之后，伴随着公寓供给的增加，"住宅商品"的用语也被普遍使用。在此过程中商品企划的必要性得到广泛认可，1996 年前后，大型企业的住宅建设部门开设了商品开发或商品企划部门。

表 20-1　20 世纪 60—90 年代公寓的建设趋势比较

时间	20 世纪 60—70 年代	20 世纪 70—80 年代	20 世纪 90 年代前期	20 世纪 90 年代后期
阶段	公寓小区的萌生期	公寓小区的形成期及生长期	公寓小区的成熟期（公共主导的第一期新城市）	民间主导的公寓（商品化的需求增加）
案例	麻浦公寓（1962 年）、卧牛公寓（1969 年）、汝矣岛示范公寓（1971 年）、南山外人公寓（1973 年）	狎鸥亭、盘浦地区、蚕室地区、果川、奥运会选手村公寓、木洞、上溪、高德地区	盆唐、日山、坪村、山本	I'PARK、来美安、Prugio、e-舒适世界、Xi
商品特征	公寓作为新的住宅形态开始供给	• 江南最先开发； • 小户型 5 层公寓； • 政府主导公寓供给	• 新城开始正式开发的标志是 200 万户住宅的建设项目； • 政府主导的宅地普及和公寓建设的民间参与	• IMF 开始（1997 年）； • 住宅建设 200 万户完工； • 民间供给公寓商品化开始（韩国型公寓、网络公寓）

时间	20 世纪 60—70 年代	20 世纪 70—80 年代	20 世纪 90 年代前期	20 世纪 90 年代 后期
设计趋势	统一的主楼栋形态、平屋顶、走廊式平面、白色等单一色彩、为主楼栋的出入营建出入路、造景（主要是通过最小规模的植物）	大规模的公寓小区、避免公寓的阳台及颜色等单一的趋向、为了小于 30% 的地上停车场和车辆接近设置最小限度的道路、根据《住宅供给促进法》（1979）营建最小限度的造景（确保楼与楼之间宽敞的绿地空间，以草坪为主的最小限度的植物）	具备大规模公寓小区的形态、阳台及主楼栋颜色等避免单一的趋向、为了小于 30% 的地上停车场和车辆接近设置最小限度的道路、根据《住宅供给促进法》（1979）营建最小限度的造景（确保楼与楼之间宽敞的绿地空间，以草坪为主的最小限度的植物）	在以消费者为主的转型期对于作为商品的住宅，开始加强使用的便利、注重外形价值（外部装修、室内装修）的趋势、使公寓外部空间更具特色，如导入各种各样的设施和功能（旱冰场、果树园、个人庭院等）
相关照片				

20.3.2 21 世纪白热化的公寓商品化倾向

进入 21 世纪后韩国公寓商品化进入白热化的主要原因主要体现在经济、文化及社会三个层面。第一，经济方面。从 20 世纪 70 年代到 90 年代是建成即可售完，是以供应商为主的市场。进入 21 世纪之后，随着住宅的普及和建筑企业的增加，公寓的供给量也开始逐渐超过市场的需求，开始转变为以消费者为主的市场。同时，根据新资本主义的理论，建筑企业努力实现生存和利益的最大化，在这样的生存法则下公寓被认为是高附加值的商品，需要实施相应的商品销售策略。在这样的背景下，正式出现了公寓商品化的竞争，品牌是其具体的产物。在公寓品牌化的过程中，公司赋予其独有的价值，来诱导消费者对其公寓的选择。公寓商品通过品牌化为消费者展现了喜好、交易、使用、外形四个方面的价值。

第二，文化方面。由于韩国公寓的主要需求层——文化阶层文化取向的提高，公寓商品化倾向也随之活跃。过去出生在1965—1976年之间的消费群体由于接受了高等教育、有过在国外的各种各样的经历，他们的生活习惯也不同于过去的消费群体。为了应对逐渐提高的文化趋向和需求，公寓的品质需求也随之提高。从2000年开始，韩流成为了韩国文化生根发芽的土壤，也是人们重新认识公寓文化的一个契机，公寓成为了韩国普及的居住文化。在韩国的特殊文化中，人们也开始认识到满足各自需求的具有差别化的公寓商品的重要性。

第三，社会方面。伴随着社会中出现各种各样的供给及需求的变化，消费者也期望公寓可以符合各自的生活需求，从而公寓商品也开始重视其商品的个性化，如"健康生活""绿色""节能"等。产生这种倾向的主要原因是韩国社会在进入21世纪之后，社会结构转变为后福特主义（Post-fordism）。在这种社会结构中，生产方式不同于过去快速经济化过程中出现的统一的大量生产体系，开始转变为品种多、产量小、有弹性的生产体系。在这种生活结构和生产方式下，公寓也不同于过去统一的大量供给方式，开始试图向商品特性独特、附加值高的概念靠拢。同时，2000年之后由于网络的迅速普及，消费者的意见与想法也得到迅速传播。在保护消费者权利方面，也开始增加对商品价值及品质的应对。其应对方法主要体现在建设企业对住宅商品价值、品质及性能的完善。公寓项目初期阶段主要考虑的是消费者，推行可以得到消费者信任和选择的，突出其喜好、交易、使用、外形价值的策略。设定实现公寓设计及施工的总体路线图，将其延伸至管理，这样的过程也就是建筑企业所谓的"公寓商品企划"。通过这个过程建成公寓的价值不同于过去，满足了公寓的主要消费阶层——文化中产阶层的需求。

在这样的背景下，进入21世纪后韩国公寓商品化的趋势主要体现在四个方面。第一，韩国公寓商品的消费主体主要是中产阶层。但是由于中产阶层是上流阶层和市民阶层的综合体，所以很难对其进行明确的定义。据布鲁尼（Leonardo Bruni）的理论，中产阶层是对资产阶级文学的消灭或羡慕。因此，把握中产阶级的喜好及需求，为其提供其所需的魅力十足的公寓商品显然尤为重要。

第二，通过对公寓商品的不断优化，应对消费者需求的变化。这是由于作为公寓商品消费主体的中产阶层生活水平的提高，因此这些消费群体也对公寓有了更高的要求。伴随着消费者生活环境的高端化，建筑企业也开始通过采取更具差异性且独特的商品企划策略，提高公寓商品的品质。通过对商品企划案例的解析不难发现，人们对喜好价值的需求主要体现在外形价值和使用价值中。为此，这个阶段公寓的整体形态、造景、外部环境得到了很大程度的提升。

第三，进入 2000 年后，建筑企业内部关于公寓的"资本""设计""技术"三要素呈辩证的关系。"设计"主要侧重的是满足中产阶层的喜好价值、外形价值；"资本"主要是确保公寓项目的盈利，通过限制"设计"元素来降低不必要的资金投入；"技术"是解决"设计"与"资本"之间矛盾的手段，主要是为相关主体搭建其达成共识的平台及使结果合理化。如此，"设计"与"资本""技术"相对且互补，韩国的公寓文化在这种辩证关系中得到了改善。

第四，公寓商品的一次性营销方式趋于严重化。如同在高级的卖场内出售名牌消费品一样，建筑企业开始通过建设满足中产阶层取向的样板房来高价销售公寓。在这样的体系中，建筑企业开始通过增强公寓的交易价值、喜好价值来实现公寓在短期内的出售。为此，主要是通过宣传及营销实现一次性的集中销售。然而，如果要实现公寓从本质上得以发展，那么就应忠实于对住宅使用价值的革新及尝试具有创意性的外形设计。而这种只重视公寓商品宣传及营销的方式却忽视了其"外形价值"，所以相关工程师和设计师失去了创造新商品的热情和动力，市场中出现了消费者偏爱商品泛滥的现象。这种现象导致了公寓品牌商品同质化的现象。

20.4 民营建筑企业的公寓商品企划

20.4.1 公寓品牌化的原因

进入 21 世纪后，由于经济、社会、文化、技术的变化，住宅建筑企业采用不同于过去的方式建设公寓。从 20 世纪 70 年代开始到 20 世纪 90 年代的公寓建设的经验中，可以发现建筑企业之间的技术和住宅的品质、性能的相似，而建筑企业只有从"商品"这个角度出发才能在竞争中胜出。即，制定具有差异性的品牌销售策略。

20.4.2 品牌建筑公司的种类

品牌建筑企业提出其所追求的价值，而这种价值观也影响到了消费者的喜好价值，韩国具有代表性的公寓建筑企业的排名及其品牌如表 20-2 所示。

表 20-2　各建筑公司的品牌特征

建筑公司	品牌及商标	意　义	主要概念
1. 现代建设	HILLSTATE	顶尖的名品价值	超越家的价值，成为历史和文化的住宅名品
2. 三星物产	来美安 래미안	展望未来、承载美丽舒适且安乐的空间	追求人间、自然、技术相和谐，来美安居住环境
3. GS 建设	모두가 꿈꾸는 그곳 – Xi 자이	让顾客在超智能空间体验特别的生活	创造受瞩目的空间、提供高水准的生活
4. 浦项制铁建设	The Sharp	从音符符号"#"将基本音级升高半音而来	集中本质，通过真诚和关照为顾客提供生活中真正的富饶
5. 大林产业	e편한세상	橙色云彩的安逸世界	健康的、经济的、便利的 -> 实用和自信心
6. 大宇建设	PRUGIO	干净、清新 PR（绿色）+ GEO（空间）	人与自然共存的居住文化空间
7. 乐天建设	LOTTE CASTLE	传统的自信心和荣耀的形象	人间中心的奢华
8. 现代产业开发	IPARK	梁柱代表着企业扎实的根基	走出基本生活空间，走进文化空间
9. SK 建设	SK VIEW	相聚就是力量	便利、舒适、智能、关怀
10. 斗山建设	We've	We+Have=We've 意味着富饶的生活	超凡意识（Sense of extraordinary），您的生活、您的感觉、您的价值

20.4.3 品牌对公寓的影响

在韩国，公寓的数量超过了整体住宅总量的 50%，关于品牌对这种特殊商品的影响的研究及调查也开始不断增加。房地产综合信息企业"房地产114"所进行的调查显示，进入 2012 年之后住宅经济虽然逐渐停滞，但人们对品牌公寓的偏爱仍未减少。有 43.6% 受访者愿意为了选择自己喜好的品牌多支付"小于住宅总购买费用 5%"的费用。在关于"品牌是否影响公寓价格"的问题中，首都圈及地方受访者中分别有 87.7% 及 83.8% 的人回答说"有影响"。在"购买新公寓或选择现在所居住的公寓时，是否考虑品牌"的问题中，受访者中有 65.8% 回答"会考虑公寓的品牌"。尤其是在购买时，高达 71.3% 的人说"会考虑品牌"。

另一方面，受访者偏好的品牌公寓都是韩国排名前十位的大型建筑企业的公寓。更确切地说，消费者偏好的不是公寓品牌，而是资本雄厚、安全系数高的大型建筑企业。譬如，三星物产"来美安"品牌之所以受到大部分人的欢迎，并不是因为其优秀的公寓商品，最基本的原因是公寓是由三星物产这个大企业建设。造成这种情况的主要原因来自先付款后入住的售楼制度，如果在建设的过程中建筑公司破产的话，消费者自己无法承担相应的损失。从消费者的立场来看，投入的资金安全与否非常重要。从将来的金钱交易价值方面来看，购买作为资产的公寓显然非常重要。

20.5 结论及启示

公寓作为一种西式的居住形式，在引入韩国之后，在韩国特殊的社会、经济、文化中演变成了韩国具有代表性的居住文化。公寓在满足中产阶级需求的过程中，不断地发生着变化。在这种过程中出现了被建筑企业称为"商品企划"的模式，并形成了"设计→资本→技术"环环相扣的循环结构。尤其值得关注的是在 21 世纪初，各个建筑企业为了加大品牌公寓之间的差异，开始尝试各式各样的革新。但十多年后的今天，从公寓的功能和设计层面来看，各品牌建筑企业之间的公寓并没有太大的差别。在未来时代，由于高龄化和劳动人口的减少以及世界经济的萧条等，韩国可能会面临不同于过去的居住需求及困境。无论是拥有各自品牌的建筑企业，还是相关设计师和工程师都应该肩负时代使命去面对新的挑战。

| 参考文献 |

[1] 姜英换.重写的韩国住宅文化历史 [M]. 首尔：技文堂，2002.

[2] 姜英换.家的社会史：韩国的生活和风俗 [M]. 首尔：熊津出版社，1993.

[3] 日本街道景观研究协会.城市建筑的景观创造 [M]. 首尔：技文堂，1998.

[4] 共同住宅研究协会.韩国共同住宅规划的历史 [M]. 金浦：世进社，1999.

[5] 共同住宅研究协会.通过7个关键词解读的题本现在房屋 [M]. 首尔：施工文化社，2002.

[6] 国土研究院.空间理论的思想家们 [M]. 首尔：寒宇出版社，2009.

[7] 国土研究院.国土研究方法论总览 [M]. 世宗：国土研究院，2011.

[8] 金经闵.城市开发迷路了：龙山、新城、花园五、汉江文艺复兴 [M]. 首尔：时空社，2011.

[9] 金统一.诱惑艺术的社会学：通过布迪厄的社会理论解读文化 [M]. 首尔：处理社，2012.

[10] 金世镛，等.我们的社会营造 [M]. 首尔：树木城市出版社，2012.

[11] 孔金禄.高层公寓主栋外观的历史性变化及影响因素 [D]. 首尔：首尔大学院，2011.

[12] 郭润正.关于激活使用高层公寓小区外部空间的研究 [D]. 大田：忠南大学院，2012.

[13] 金明燮.关于决定地域间购买共同住宅的原因的研究 [D]. 首尔：汉阳大学，2009.

[14] 金世镛.关于城市公共空间的快适度的定量分析方法研究 [D]. 首尔：高丽大学，1997.

[15] 金英启.公寓品牌形象对居住满足度和公寓喜爱度的影响 [D]. 首尔：西京大学，2011.

[16] 金进喜.首尔1960—70年代城市规划中蚕市地区综合开发基本规划的意义 [D]. 首尔：首尔市立大学，2011.

东大邱综合换乘中心　李南善（Lee,Nam-Sun）摄于 2016 年

第 6 部分

步行城市、轨道交通
站点周边地区开发与
公共空间提供

首尔步行城市建设

第 21 章

21.1 以人为本的道路环境

20 世纪初,以汽车为中心的交通政策导致了道路空间被汽车通行占用的现象,道路的社会功能开始持续减退,甚至连必要的步行空间都已无法得到保证。简•雅各布斯(Jane Jacobs,1961)、阿普尔亚德(Donald Appleyard,1981)、艾伦•雅各布(Allen Jacobs,1995)等学者对这种以汽车为中心、导致道路社会功能弱化的交通政策及制度进行了批判。他们主张应该恢复道路的社会功能,认为道路空间不仅要保障车辆的高效通行,还应该具有实现步行、容纳行人活动的场所性及承载美丽景观的审美性。

20 世纪中后期交通政策开始涉及行人。1963 年英国麦克米伦(Macmillan)政权的交通部长任命布坎南(Buchanan)教授制定交通政策,布坎南(Buchanan)教授主张人们应该认识到汽车对步行环境造成的恶劣影响,提出了隔断和分离汽车交通的政策。1975 年荷兰将温奈尔弗(Woonerf)[1]地区指定为"居住区内道路不划分车道和人行道,行人、自行车及机动车可以共享道路的居住区"。后来,温奈尔弗(Woonerf)政策发展成了德国的"交通稳静化区(Traffic calming area)"和"限速 30 码区(Tempo 30 Zone)"、英国的"家园地带(Home Zone)"、瑞士的"会议区(Meeting Zone)"和日本的"社区(Community Zone)"。

最近,社会各界所关注的不仅是步行者的一般通行,同时

---

1. "Woonerf"在荷兰语中是生活庭院的意思,Woonerf概念源于1972年荷兰Delft市 Westerk-Wartier地区的居民在家门前的道路上营建小花坛或放置石头来阻挡过境交通 进入小区(张硕龙、郑贤英、吴承硕,2010)。

也开始考虑步行者在道路空间内的日常活动。英国 2007 年的街道手册（Manual for Streets）不仅强调道路的"移动"功能，同时强调其作为"场所"的功能。美国为了对以行人为中心的道路空间进行管理而引入了"完整道路（Complete Streets）[1]"的概念，编制了涉及道路空间内行人活动的设计指南，对机动车道、人行道、道路两侧建筑物加以管理。自 20 世纪中后期开始，这些努力使得道路空间内行人的地位逐渐得到提高，而关于行人的政策和制度已经开始从空间、功能等方面扩展开来。

在韩国，人们关注的关于步行环境的问题主要体现在两方面：一是由于人行道内的违章停车及人行道与车道划分不明确等引发的步行安全问题；二是由于道路设施的位置不得当或路上堆砌物等对道路环境造成的损害。引发此类安全和景观方面道路问题的主要原因是以单个设施、管理者为中心的道路空间管理体系及制度。为此，韩国国内开始认识到原来的以车辆为中心的道路管理存在一系列问题，开始尝试改善提升与步行环境等相关的政策及制度。

21.2 以人为中心的道路

道路是营建"行人优先"的城市空间中重要的组成部分，是诱导市民社会、文化交流和生产等城市活动的核心公共空间。但是近年来强调容纳汽车通行的交通空间设计，成为阻碍地域之间联系、妨碍行人移动及社会活动的绊脚石。本章在这样的大背景下，通过探悉行人和道路之间的关系变化，从而解析当今韩国社会在以人为中心的道路建设中作出的各种努力。

21.2.1 行人和道路的关系变化

步行是将道路变成社会空间的行为，在步行的过程中人与人之间会发生交流，所以简单地说，步行和人类之间的交流活动是互补的关系。相反，汽车的移动方式是简单的，因为只有下车才可以与他人进行交流。在以步行和骑马作为主要移动方式的时期，移动空间也就是所谓的社会空间，移动和社会空间基本算是同一空间。但是伴随着新的交通方式的出现，这同一空间划分成了两部分——汽车通行空间和以步行为依托的社会交流的空间。随着汽车日趋占领公共空间，道路的社会性功能逐渐萎缩，结果导致道路只留

---

1. "完整道路"的概念来源于美国，其认为以机动车为中心的道路是不完整的（Incomplete），作为与其相反的概念指出了完整道路。完整道路"不仅是机动车，也是可以保障包括公共交通、自行车、步行者在内的所有道路交通工具使用者安全的道路"。依据美国联邦法（Title 23 USC 217），FWHA制定的"bicycle and pedestrian guidance"是其后盾。最近，采纳美国的完整道路政策的团体在不断增加，截至2013年年末共有610个地方自治团体采用了相关政策（法律、条例、决议书、内部政策、规划、设计指南等）及正在对其进行整顿，仅2013年一年就通过了83项政策。

下了交通功能。这个时期交通空间和社会空间并不是对立的,但是伴随着运河和铁路等具有特殊装置的交通工具的出现,交通空间和社会空间也随之被交通基础设施划分开来。但电车和汽车仍然与行人共同使用同一个空间,因此出现了激烈的交通和社会空间的需求竞争。最后,汽车占领了公共空间中行人的空间,汽车道路自此登上了历史的舞台。

各个时期道路空间和行人之间的关系都在不断地发生着变化(表 21-1)。从 18 世纪到 19 世纪,许多城市采用了将行人从汽车通行空间中隔离出来的政策,汽车可以优先使用道路,将道路两侧边沿的空间作为行人通行的空间。20 世纪初,为了可以更有效地容纳不断增加的汽车,出现了更加极端的方式——汽车专用道路。在这种发展过程中,道路也开始逐渐变成了车辆通行优先的空间。

表 21-1　各个时期道路空间和行人的关系变化

区　　分	主要移动手段	道 路 政 策	内　　容
18 世纪之前	步行、马	—	移动和社会交流空间的认识
18—19 世纪	运河、铁道、汽车	道路上行人从车辆空间内隔离出来的政策	社会功能萎缩
20 世纪初		导入汽车专用道路	车辆通行优先空间的认识

资料来源:参考文献 [4]。

21.2.2 恢复行人和道路关系

在实现汽车交通安全化和速度优先的过程中,道路具有的社会空间功能也随之被移动空间取代。进入 20 世纪中期之后,人们才开始认识到排除行人、以汽车为中心的道路问题,并开始意识到恢复行人和道路之间关系的重要性。于是,很多城市开始研究能够满足包括步行在内的各种交通工具功能及社会交流的城市设计。当今,新的移动工具盛行,如果要恢复行人和道路之间的关系,需要将道路的物质环境恢复为新移动工具出现之前的状态。然而不可能通过禁止道路上的汽车通行来恢复行人和道路的关系,所以恢复行人和道路关系应该在现有道路空间内实现车行和步行共存的前提下进行。

世界各国为了恢复道路的社会性空间功能,作出了各种尝试(表 21-2)。荷兰的"温奈尔弗(Woonerf)"算是国外最具代表性的案例之一。"温奈尔弗(Woonerf)"旨在营建以行人为主的道路环境。其基本概念是人与车辆共存,在改善居住区内生活道路的项目中,不刻意划分人行道与车行道,而使用车行道扇形转弯、缩小路宽、设置路面驼峰等迫使车辆减速行驶的道路设施。同时,"温奈尔弗(Woonerf)"的尝试影响了英国、日本等国家。其中,英国开展的"家区(Home Zone)"项目旨在改善交通量不到每小时 100 辆、总长不到 600 米的居住区内道路的交通安全及步行环境。日本营建的"社区（Community Zone）"是通过杜绝过境交通进入小区，从而减少区域内居民步行的不安全感及维持良好的生活环境。

表21-2　各国为了恢复道路社会性功能的尝试

分　类	内　容	备　注
温奈尔弗 （Woonerf） （荷兰）	消除人行道和道路的高差；采用统一的路面铺设材料；除去道路车线；营造以行人为主的人类尺度	 资料来源：参考文献 [13]
家区 （Home Zone） （英国）	使用设置护柱、缩小路宽、曲折车行道（Chicanes）[1]等交通慢行化方法；在30英里区间设置速度缓冲带（buffer zone）	 资料来源：参考文献 [8]
交流区 （Community Zone） （日本）	通过单向通行、禁止左右转弯、禁止大车通行、设置暂停标志等方式杜绝过境交通	 资料来源：参考文献 [14]

　　在韩国，步行空间和汽车空间的关系可以划分为行人专用道路、人车分离道路、人车混用道路、人车共存道路四类，与"温奈尔弗（Woonerf）"的步行空间和汽车空间的"人车共存道路"分类方式比较相似。

---

1. 为了降低车速而设置的"S"形车行道。

人车共存道路是行人和自行车、慢速通行车辆共同使用同一路面，包括为行人而营建的空间和汽车可以附带使用的空间。人车共存道路也被称作"行人优先道路"（图21-1），另外，步行专用道路也是以行人为中心，此类道路通过基础设施或交通规则来禁止或限制车辆通行，是保障行人专门享有通行权的步行空间。在努力恢复道路作为移动及社会空间的过程中，为了提升城市形象，也开始强调道路在城市景观形成中扮演的角色。在当今社会，道路在提供交通网的同时，也应该恢复其社会空间的功能并满足景观方面的需要。

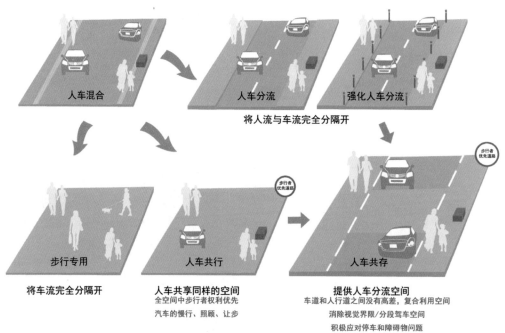

图21-1　人车分流－共存概念比较

资料来源：参考文献 [3]

21.3 韩国适宜步行的政策

21.3.1 适宜步行政策的变迁过程

首尔作为韩国的首都，经历了20世纪80年代的奥运会道路和江边道路的建设、20世纪90年代内部循环路等城市高速道路的建设后，形成了以汽车为主的城市空间。如今，虽然已经具备世界先进水平的道路基础设施，但行人和自行车的安全与便利性仍需改善。

1997年，在《首尔特别市关于确保步行权和改善步行环境的基本条例》中首次提到了行人应该拥有安全且舒适的步行环境的权利，即"步行权"。以以此条例为依据，1998年编制了《步行环境基本规划》，正式开始实施改善步行环境的相关项目。2005年制定的《增进交通弱者移动便利的法律》，主要是为了确保残疾人、老年人、孕妇等交通弱者的"移动权"，基于此法律开展了"增进交通弱者移动便利的规划"，提出了设置移动便利设施的标准，并指定了步行优先区域。伴随着 2012 年《增进步行安全及便利的法律》的制定及实施，营建适宜步行的城市空间的工作也开始迈入正轨。通过此法律，开展了"增进步行安全及便利的基本规划"，指定了步行环境待改善地区，开展了步行环境改善项目。

最近，首尔市启动了《适宜步行的城市——首尔长远规划》综合规划，内容包含改善步行环境及相关制度等在内的 10 个项目，预计截至 2020 年将实现步行方式分担率由现在的 16% 提高到 20%，努力实现市民对高品质步行环境的追求（表 21-3）。

表 21-3　营建适宜步行城市的政策变迁

分　类	背　景	内　容
《首尔特别市关于确保步行权和改善步行环境的基本条例》（1997 年）	·作为韩国国内最初的为了确保步行权的条例，为以行人为中心的交通政策创造了契机	·设置人行道、广场、人行横道、文化设施等，构建以行人为主的步行环境
编制《步行环境基本规划》（1998 年）	·认识到首尔步行环境的问题（交通事故的发生、人行横道的危险、人行道及公共交通使用不便、缩小生活道路[1]尺度等）	·改善基础步行环境； ·改善公共交通的步行环境； ·扩大舒适的步行空间； ·改善残疾人步行条件
《增进交通弱者[2]移动便利的法律》（2005年）	·认识到通过设置电梯及轮椅升降机等方式增进交通弱者便利的局限性； ·提出了通过综合考虑交通工具扩充乘客设施及便利设施、改善步行环境的必要性	·义务设置便利设施； ·引入低地板式公共汽车； ·构建各区域特殊的运输服务体系； ·支援残疾人自驾； ·提供交通使用信息； ·引入行人优先地区
《增进步行安全及便利的法律》（2012 年）	·通过新设步行权和系统地整顿步行环境来解决行人交通事故的问题	·设置安全设施、营建人行道、行人优先文化扎根； ·各自治团体营建特色道路； ·营建类似于偶来路（OLLE TRAIL）、山路等观光型行人专用道路
编制《适宜步行的城市——首尔长远规划》（2013 年 1 月）	·反思以机动车交通为主的城市及不便且危险的步行环境； ·要求解决因为没有人行横道而引发的乱穿马路的危险、机动车占据生活道路、市内 250 多个天桥和地下通道、不均一的人行道宽度等步行问题	·促进 10 大主要项目（包括扩大行人专用道路、构建适宜步行的区域、在生活圈内引入行人优先道路、儿童步行专用道路、加强生活圈内道路车辆的限速、综合改善交通弱者的步行环境、延长红绿灯的绿灯时间、举办徒步比赛、开发城市中心人行道等）

1. 生活道路是指很难明确区分人行道和车道，宽小于9米的道路。
2. 交通弱者是指在使用交通工具移动时因为各种原因受到制约的人群。

21.3.2 建立行人优先道路的法规体系

如上所述，韩国在进入 2000 年之后才开始真正认识到以行人为中心的步行空间的重要性。20 世纪 90 年代后期制定的《首尔特别市关于确保步行权和改善步行环境的基本条例》虽然考虑了步行权，但是相比已经体系化的交通和车道的法律来说，缺乏关于确保行人安全和便于行人使用的法律基础，为此很难确保其政策的实效性。因此，韩国为了指定行人专用道路、设置步行安全设施、宣传步行文化，于 2013 年 3 月制定了《增进步行安全及便利的法律》，自此以后，行人的安全在法律上得到了保护 [3]。

为了改变以汽车为中心的城市环境，实现所有市民可以安全及便利地漫步在城市中，2013 年 1 月首尔市颁布了名为"步行优先，营建适宜步行的城市——首尔"的长远规划。通过此长远规划，首尔市推行包括改善步行环境及相关制度等在内的 10 个项目，其中为了保护步行及交通事故多发的宽度在 10 米左右的生活道路中行人的安全，全国首次提出了"行人优先道路"。2012 年 4 月公布的《城市 / 郡规划设施的决定 / 结构及设置标准的规则》中规定了关于决定行人优先道路的标准、行人优先道路的结构、设置标准的具体内容（表 21-4）。

表 21-4 《城市 / 郡规划设施的决定 / 结构及设置标准的规则》内行人优先道路的相关内容

区　分	法律条款	内　容
行人优先道路的决定标准	第 19 条第 2 项	①在车辆与行人混行的城区干线道路的支路上，行人优先道路应设在行人通行量较大的地区内； ②为了行人的安全，不应该设置在坡度很陡的地区； ③行人优先道路要经过有关车辆速度、车辆通行量、行人的通行量的研究规划后设置，道路内规划的车辆时速小于30公里/小时； ④为了安全且舒适地步行，通过最短的距离来连接行人专用道路和绿地
行人优先道路的结构及设置标准	第 19 条第 3 项	①为了确保行人的通行安全，在行人优先道路的一部分区间或所有区间内设置步行安全设施及车辆减速设施等； ②为了车辆及行人顺畅的通行，禁止在行人优先道路路边停车。但要综合考虑道路宽度、车辆通行量、行人通行量及周边土地使用现况等因素做出相应调整； ③步行空间的铺地应该使用更适合步行的材质，行人优先道路在与一般道路的人行道交叉时，在交叉点铺设可以保护行人的地面结构； ④为了防止因雨水造成的车辆及行人的通行不便，应具备完善的排水系统； ⑤在满足行人各种活动的同时又不妨碍车辆通行的前提下，在适当的位置上为行人设置便利设施

资料来源：参考文献 [12]。

21.4 首尔市行人优先道路示范项目

设计行人优先道路的前提应该是以行人为中心。因此行人优先道路设计的成功在于不仅发现了地区居民在使用道路中的不便及感到的危险之处，而且提出了相应的解决方案 [3]。首尔市在 2012 年制定《行人专用道路的法律》之后以此为基础，由地方自治团体、服务公司、专家和地域居民共同建设了韩国的首个行人优先道路。本节将会探悉位于首尔市南部"九老区开峰路 3 街"的行人优先道路示范项目的详细规划方案和项目实施过程。

21.4.1 行人优先道路示范项目：九老区开峰路 3 街

1. 项目地区的现况

九老区位于首尔特别市的西南部地区，人口约 43 万，整个九老区约有 35% 的面积都是准工业地域 [1]。项目位于开峰路 3 街，据统计街道人口约为 2.2 万，这一带是韩国土地住宅公司指定的区划整理项目的示范地区，生活道路与主要道路网呈直角交叉，是典型的居住区（表 21-5）。

表 21-5 项目地区现况

位置	规模	道路条件	交通现况	土地使用现况	备　　注
开峰路 3 街	总长 450 米、路宽 10 米	平地	交通量为 350 辆/小时、速度为 30 公里/小时、步行量为 310 人/小时（8—9 点）	居住区	

资料来源：参考文献 [3]。

2. 详细规划方案及项目实施过程

2013 年 7 月开峰路 3 街项目的劳务招标拉开了项目的序幕，本项目在收集地区居民的意见的同时结合劳务公司（service company）、专家、自治区的意见后，提出了综合反映相关意见的规划方案。2013 年 12 月 30 日项目竣工。

开峰路 3 街在通行高峰时段每小时约通过 700 人和 650 辆汽车，堪称这一带的交通要道，但是道路的地面铺装是沥青混凝土，所以被认为是为车辆而营建的空间。规划中

---

1. 准工业地域是韩国《国土规划及利用法》中规定的工业地区之一，指其中不仅包括轻工业，也包括住宅、商务设施在内的地域。

应该解决的核心问题主要有：劣质的路面铺装给交通弱者的步行带来了不便；违章停车阻碍了步行空间；路边违章的商业活动设施使步行空间变得更加狭窄有限；车辆减速设施及设备的不足造成事故频频发生。具体的规划方案制度共经过了一次居民说明会、三次洽谈会和三次咨询委员洽谈会，三次洽谈会的过程如下：

第一次居民洽谈会的目的在于说明行人优先道路项目的概要和优化方向，另外在与居民委员会协商及听取其意见的基础上完成了基本设计方案（表21-6）。其中居民提出：基本设计方案中的道路中央休息区可能会妨碍车辆通行，激化行人和机动车之间的矛盾；交叉路周边的凸起式石材路面铺装、噪声等可能会给生活带来不便；对于公交车站位置的变更方案和饮水台设置地点的选定，居民担心会给附近商业活动带来负面影响，因此需要重新探讨及调整。综合来看，第一次居民洽谈会提出了有关激活整条道路，以及针对各个地块进出入口与路面铺装优化等方案编制的重要性。

表21-6　第一次居民洽谈会各区间的规划方案

各区间规划方案	内　容	具体内容
	① 设置有色路面铺装	·赋予确保步行空间的感觉
	② 营建港湾（Port）型公交车站	·确保公共交通使用者的安全及为其提供休息空间
	③ 改善公交车站环境	·设置公交候车厅； ·重新铺设不良的沥青路面
	① 完善道路花坛植物	·给予行人安全感及舒适感
	② 设置凸起式人行横道	·诱导车辆减速
	③ 营建交通岛，设置车辆超速报警系统	·诱导车辆减速； ·完善行人的休息空间； ·减少交通安全事故； ·宣传行人优先道路
	④ 使用外凸型铺装材料	·达到车辆减速的效果
	① 营建港湾（Port）型公交车站	·保障公共交通使用者的安全及为其提供休息空间（区分车道和高差、在人行道上设置照明、座椅、遮阳设施等）
	② 营建凸起式交叉路	·通过车辆减速确保行人安全
	③ 营建有色道路铺装	·赋予确保步行空间的感觉

资料来源：参考文献［3］。

第二次居民洽谈会（表 21-7）陈述了结合第一次洽谈会提出的问题而修改的规划方案，并再次收集了居民的相关意见。针对修改后的第一次规划方案，居民要求区分人行道及车行道的路面铺装；希望人行道铺设四方型石砖。在街道设施层面，居民决定在公交车站附近设饮水台，并重新探讨部分公交车站位置的选定。

表 21-7　第二次居民洽谈会各区间的规划方案

各区间规划方案	内　容	详细内容
S-1 开峰路3街 Keymap	① 营建台式休息空间	· 设置木质台（设置座椅及遮阳设施、提供休息空间）
	② 改善短程公交车回转点	· 减少交通安全事故
	③ 设置凸起式人行横道	· 达到车辆减速的效果
S-2 开峰路3街 Keymap	① 集中管制违章停车	· 确保人行道行人集中移动的时间
	② 营建港湾（Port）型公交车站	· 诱导交叉路口车辆减速
	③ 营建公交车候车厅及植物	· 提供休息空间
S-3 开峰路3街 Keymap	① 导入"之"字形	· 为驾驶者提供视觉上的形变（诱导车辆通行减速及诱发驾驶者警惕之心）
	② 设置车辆超速报警系统（DSF）及监控系统（CCTV）	· 诱导车辆减速； · 加强防范

资料来源：参考文献 [3]。

最后一次居民洽谈会综合了第一次及第二次洽谈会中居民对设计方案的意见，并进行了细微的调整。将示范项目区域中从新城农贸市场到韩进公寓路段定为优先项目建设区。项目的整个区域实施了通行限速（30公里/小时），对交通高峰期的违章停车进行集中管制；在区间交叉路的前方铺设方砖路面，探讨人行道及道路铺设方砖的范围、形式和材质。项目根据项目用地内车辆减速及安全设施的相关意见，设计了车辆超速报警系统，确定了减速带的位置、短程公交车站的环境改善及营建方案，通过优化短程公交车回转点的方案使行人的安全得到保障。

表 21-8 第三次居民洽谈会各区间的规划方案

各区间规划方案		内　　容	详细内容
		① 营建台式休息空间	·设置木质台
		② 改善短程公交车回转点	·减少交通安全事故
		③ 设置凸起式人行横道	·达到车辆减速的效果
		① 改善公交车站	·确保公共交通使用者的安全并为其提供休息空间； ·变更不合理的公交车站位置； ·改善公交车站标志牌
		② 设置行人优先的交叉路口	·设置行人优先的交叉路口； ·诱导进入交叉路口的车辆慢行
		③ 改善公交车站	·营建公交车候车亭（设置亭子及座椅）； ·提供植物
		① 改善公交车站	·提供休息空间
		② 设置行人优先的交叉路口	·诱导车辆减速； ·加强防范
		③ 设置车辆超速报警系统（DSF）	·诱导车辆减速； ·宣传行人优先道路

资料来源：参考文献 [3]。

3. 最终设施方案

在最终实施方案中，根据开峰路3街的特征划分了三个大区间，其中第二区间是行人与机动车发生冲突频率相对较高的地区。设计方案的重点也就是优化第二区间，整个项目区域限速30公里/小时。集中对造成行人不便及威胁人身安全、有碍车辆通行的违章停车现象进行了管制，并且通过对超速车辆的管制，改善道路秩序。

在重点改善区（第二区间），为了防止由于人行道的高差给使用婴儿车及轮椅的步行弱者带来不便，方案将道路路边铺设成方砖，取消与道路之间的高差，通过路缘石来确保步行空间。该区域的两个丁字路口及第二区间内的各节点分别铺设块状凹凸铺装，引导机动车在交叉路口减速。此类块状凹凸铺装的主要效果是通过空间本质来确保行人通行的安全、区间内车辆的减速，减少行人与机动车之间发生冲突的频率及降低行人与机动车之间发生冲突的危险。

第一区间的设计重点是整顿短程公交车回转点，通过设置短程公交车站（公交车候车亭）和营建候车空间来改善行人的候车环境。第一区间和第三区间的主要规划措施是在原道路边缘标注步行区域、维持原来的人行道、将车道宽度最小化及扩大步行空间。在路面上用颜色标注步行安全区域和行人优先道路，向所有的行人与车辆驾驶者通告此道路是步行优先的道路。其设计核心是通过整体凹凸铺装缩小路宽及限制车辆的速度，通过扩大步行空间及改善环境来实现步行的便利性与安全性。

表 21-9　开峰路 3 街最终规划方案

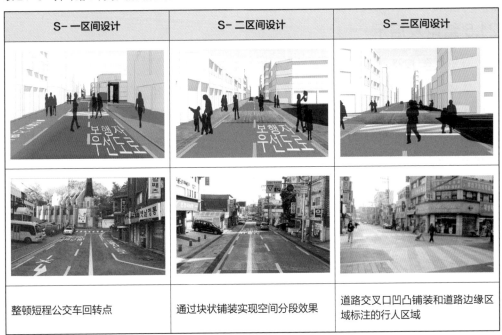

S－一区间设计	S－二区间设计	S－三区间设计
整顿短程公交车回转点	通过块状铺装实现空间分段效果	道路交叉口凹凸铺装和道路边缘区域标注的行人区域

资料来源：参考文献 [3]。

21.4.2 行人优先道路示范项目的成果

在《适宜步行的城市——首尔长远规划》四个领域十大主要项目中，第六个项目是关于开展"行人优先道路"的内容。《城市／郡规划设施的决定／结构及设置标准的规则》中指出,行人优先道路是"行人和车辆通行宽度小于10米,优先考虑行人的安全和便利"。2013年首尔市将九老区开峰路3街选定为首批示范项目地区,在项目实施之前,开峰路3街是没有人行道且以车辆通行为主的双车道。项目通过缩小路宽,将步行空间的面积从554平方米扩大到了2828平方米。

规划主要是集中优化九老区行人与机动车之间发生冲突频率较高的第二区间,具体实施的改善措施包括:第一,在交叉路和道路中间设置块状凹凸的地面铺装,从而给予驾驶者视觉上区分的效果;第二,在道路边缘区域设置与道路颜色接近的人行道;第三,改善居民提议较多的空间,如调整公交线路经停站点或增设候车空间等;最后,在整个项目区域实施限速(30公里／小时)并集中管制妨碍车辆通行的违章停车 [3]。

行人优先道路示范项目是从本质上解决行人和车辆混用道路的问题,其最大的成就是在不损害住区及来访车辆便利的前提下,为行人提供了安全的步行空间,同时确保在建设最少的物质设施和花费最少资金的条件下,改变了使用者的通行认识。

21.5 结论及启示

首尔市在1998年启动首次《步行环境基本规划》之后,一直不断地致力于步行环境的优化。尤其是2010年实施的"适宜步行的城市——首尔"综合规划,通过示范项目营建了行人优先道路。2014年提出了"人行道地砖十大注意事项"和"人行道十大注意事项",以期提高道路环境的品质。首尔市虽然为改善步行环境作出了不少努力,但是狭窄的人行道、混乱的道路设施、不平整的人行道路面等问题仍然给交通弱者的出行带来了不便。另外,在优化人行道环境方面仍存在着一定的局限性。为此,需要从宏观的角度去审视首尔存在的道路问题,探讨可以优化各种类型道路的设计体系。

| 参考文献 |

[1] 金知洙.通过使用综合指南实现以行人为中心的道路空间营建:以美国完整道路(Complete Streets)设计指南为中心 [D]. 首尔:中央大学建筑学院,2014.

[2] 徐敏豪,郑真规.城市道路的适局性导入方案 [R]. 世宗:国土研究院,2012.

[3] 吴圣勋,朴艺率.2013行人优先道路 [R]. 首尔:建筑城市研究情报中心,2014.

[4] 李余庆，等 . 关于为了营建以行人为中心道路环境的道路管理体系的研究：以美国完整道路政策及设计指南为中心 [C]. 韩国城市设计学会集，2014.

[5] 李畅，等 . "营造适宜步行的城市"道路设计 / 管理指南的基本方向 [R]. 首尔：首尔研究院，2014.

[6] 郑武硕，郑载龙 . 关于城市道路步行环境问题的研究 [C]. 大韩建筑学会秋季学术发表大会论文集，2006.

[7] 张硕龙，郑贤英，吴承硕 . 为了确保步行权的步行安全对策的导入方案研究：以发达国家步行安全对策为中心 [C]. 大韩土木学会论文集，2010.

[8] 余仁淑，姜正龙 . 探悉欧洲的交通稳静方法使用现况 [EB/OL]. https://en.wikipedia.org/wiki/Home_zone.

[9] Appleyard, D. Livable streets[M]. Berkeley: University of California Press, 1981.

[10] Jacobs, A. Great streets[M]. Cambridge: MIT Press, 1995.

[11] Jacobs, J. The Death and Life of Great American Cities[M]. New York: Random House, 1961.

[12] 韩国法制处 [EB/OL].www.law.go.kr.

第 22 章

韩国轨道交通站点周边地区开发的模式变迁

22.1 城市轨道交通站点周边地区的地位及角色

工业革命之后，伴随着城市的迅速扩张出现了以铁道为中心的交通体系和人口及经济集中在城市的现象。在这个过程中，火车站成为了城市经济及产业的中枢。与近代城市空间结构变化相关的规划理论大多关注的是铁道及道路与周边地域之间的关系，或者是以铁道及道路为中心的城市居住及商务区的分布（图22-1）。霍伊特（Hoyt，1939）的扇形原理就是其中之一，根据该理论可获知近代城市的空间结构是从火车站所在的城市中心发展成中心商务区，轻工业地区沿交通干线、航线形成扇形分布（图22-2）。第二次世界大战之后，世界各国为了战后重建开发了大规模的新城，其中，汽车作为经济增长的产物也开始得到普及，在这样的过程中城市扩张的步伐也随之加速。因此，相对于环境恶劣的城市中心来说，居住在郊区是当时的城市居民更佳的选择。另外，居民在选择交通方式中相比铁路出行方式更加偏好使用汽车出行。

韩国城市与世界各国其他城市一样经历了类似的跌宕起伏的历程。在20世纪初日本殖民统治时期，政府建设铁路网的主要目的是搜刮粮食及运输军用物资，当时建造的铁路网不仅扩大了地区间的交流，同时也使有火车站的大田、天安、群山、堤川等城市实现了飞跃发展。此后至1970年，位于城市中心的火车站及其周边地区一直履行着城市经济活动的核心功能。在迈入20世纪70年代中期之后，通过开发新城、扩大高速道路网、活化城市干线道路网等，实现了居住及商务地区之间的连接，同时铁路也不再

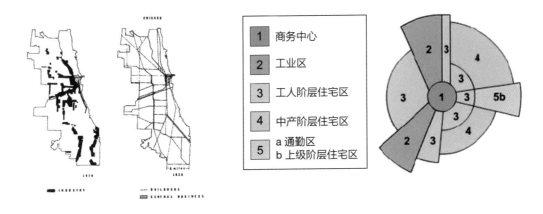

1	商务中心
2	工业区
3	工人阶层住宅区
4	中产阶层住宅区
5	a 通勤区 b 上级阶层住宅区

图 22-1　20 世纪 20 年代芝加哥产业地域 / 铁路网现况

图 22-2　霍伊特（Hoyt）的扇形原理

是主要的通行手段（图 22-3）。随着新城的开发及城市干线道路网的增加，城市空间内火车站的选址也不再位居城市中心要地（图 22-4）。

　　近年来，伴随燃料消耗导致的全球气候变化问题及汽车和道路网的盲目扩张引起的各种城市失败案例的增加，火车站作为城市空间的中心要地进行选址的方式以及以铁路和火车站为中心的城市开发模式再次受到世界各国关注。美国、欧洲、日本等发达国家已开始通过城市空间的高密度及综合开发来减少汽车的移动距离，以及通过增加公共交通的使用来实现城市环境的"可持续"发展。紧凑城市（Compact City）和公共交通为

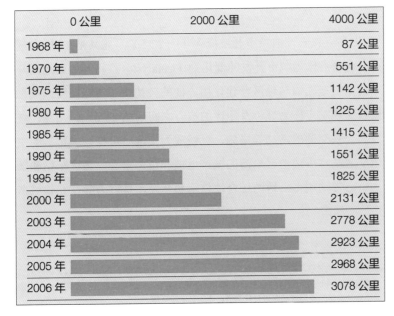

图 22-3　韩国的高速道路总长度的变化

资料来源：参考文献［10］

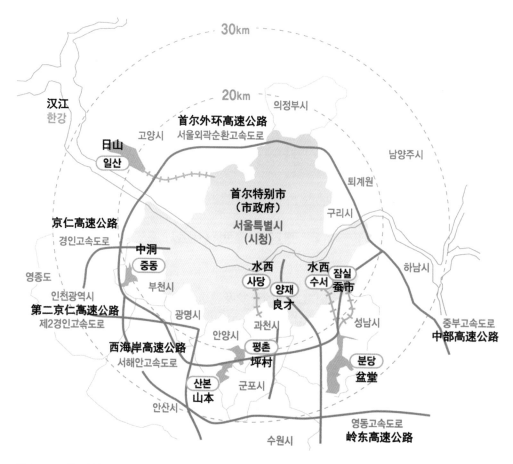

图 22-4　韩国首都圈新城和高速道路网建设现状

导向的开发（TOD）[1] 是其中具有代表性的城市开发概念（图 22-5）。尤其是 TOD 的规划原则是将火车站或公共交通站点作为城市开发的催化剂（Catalyst），将其周边地区开发为综合性的用地；规划的原则是在周边地区营建使用方便的公共交通道路环境；规划的关键则是将火车站及公共交通站点作为城市及地区的核心空间（图 22-6）。当今，城市空间的高密度混合开发和公共交通的增加等措施，已经成为实现"可持续城市"的主要手段。从火车站和轨道交通站点周边地区扮演的城市地位和角色来看，将火车站和轨道交通站点周边地区作为中心带动城市土地的综合性使用和开发，是努力尝试完善城市整体空间结构和交通体系的必然产物。

---

1. 据卡尔索普（Calthorpe, 1993）和高（GAO, 2008）等的研究，公共交通为导向的开发（TOD）是以火车站或公共交通站点为中心布置人车共行的居住/雇佣设施和购物中心密切混合的城市开发类型。构建最佳的步行道路网和提供最高水准的公共交通方式，以此提高公共交通的使用率和促进公共交通站点的高密度使用。

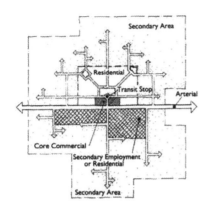

图 22-5 卡尔索普（Calthrope）的
公共交通为导向的开发（TOD）模式

资料来源：参考文献［11］

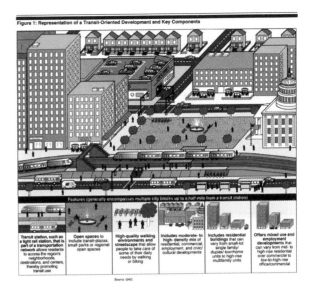

图 22-6 TOD 主要规划原则
资料来源：参考文献［12］

　　在上述提及的霍伊特（Hoyt，1939）的理论中，我们应该从城市功能及活动的角度解析轨道交通站点周边地区作为中心的功能。过去城市居民与经济及产业设施一直都集中在火车站和轨道交通站点周边地区，而这个时期的火车站和轨道交通站点周边地区被作为各种各样社会及文化活动的场所使用。当下，火车站和轨道交通站点周边地区承担着连接国家和城市商务的经济中心的角色。纵观世界，巨型城市（Mega Region）占全世界人口的 6.5%、生产的 43%、专利权的 57%。这些巨型城市（Mega Region）倾向于国家之间的联系，并以区域间或国家内的机场或铁路等交通设施为基础。在此前提下，高附加值的第四产业（FIRE[1]，即金融、保险和房地产）慢慢开始往轨道交通站点的周边地区聚集，平均地价虽然增长缓慢但趋于持续上升的倾向。

　　欧洲及日本从很久之前便开始努力让轨道交通站点周边地区功能变得多元化。其主要目的不仅是让轨道交通站点周边地区作为便于人们使用的城市活动中心，同时满足多数流动人口的社会及文化产业、活动聚集的要求。亦即，打造兼容各种各样城市功能[2]的尖端的、综合性的轨道交通站点周边地区。从最近城市发展的趋势来看，轨道交通站点周边地区在城市发展中从过去单纯的以交通和产业为中心的发展模式转变成了集社会

---

1. FIRE（Finance, Insurance, and Real Estate）即金融、保险及房地产。
2. 英国伯明翰新街道（New Street）轨道交通站点内有大型商业/文化设施，一年约有4000多万的访客和20亿欧元的销售额，并提供了2.4万个工作岗位；日本东京的新宿站日均人流量约为350万人；京都站具有文化中心的功能，以车站广场为中心一个月约举办180余次的文化表演。

及文化等各种各样城市活动为一体且具有创意的空间。

22.2 韩国轨道交通站点周边地区开发的变化模式和法规

从韩国的火车站和轨道交通站点周边地区的变化过程可以发现，轨道交通站点周边地区与城市空间结构及功能的变化密不可分（图22-7）。20世纪90年代，起初是针对铁路落后设施的整顿，到后来开始利用轨道交通站点周边地区流动的人口开发购物中心，如在火车站上部营建民资客站楼等。进入21世纪之后，轨道交通站点周边地区建设开始成为国家构建高速铁路网（KTX）项目的一个环节，城市郊外（光明、五松、金泉等）开始大规模开发轨道交通站点周边地区；针对原来位于城市中心的火车站，主要采用的是拆迁重新开发的模式。另外，为了老城区轨道交通站点周边地区的再生，以及为火车站乘客及周边地区流通人口提供文化、购物、休息的空间，最近政府正在完善火车站及公共交通之间的连接及换乘，建设集商业、文化、娱乐设施等为一体的综合换乘中心。

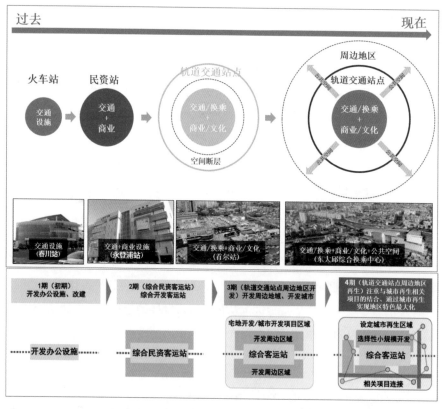

图22-7 韩国火车站及轨道交通站点周边地区的功能（上）及空间（下）变化过程

资料来源：参考文献 [9] 修改编辑

前面探讨了韩国的火车站及轨道交通站点周边地区开发过程的变化，以下将会对开发和规划概念的演变进行说明。首先，过去的轨道交通站点周边地区开发主要是通过拆迁、大规模开发和大型商住两用建筑建设来确保轨道交通站点周边地区的高效使用。最近是通过修复型开发方式，来确保轨道交通站点周边地区及其周边地区资产的高效使用。从城市蔓延的角度来看，过去是将大型火车站和轨道交通站点周边地区建在郊外地域，依赖汽车来连接城市；而现在是通过在城市中心火车站和轨道交通站点周边地区增加娱乐及文化设施或优化公共空间等方式，增加创新的城市活动和市民间交流的机会。

韩国正在通过编制各种各样的法规，有效促进轨道交通站点周边地区的开发和再生（表22-1）。与轨道交通站点周边地区相关的法律包括《国家综合交通体系高效法》《轨道交通站点周边地区开发法》《城市再生特别法》等。与轨道交通站点周边地区开发直接相关的项目有"城市再生带头地域支援项目"和"综合换乘中心开发项目"等。与轨道交通站点周边地区的公共空间整顿相关的法律有《增进步行安全及便利性法律》《交通弱者移动便利增进法》《城市／郡规划设施的决定／结构及设置标准的规则》。与火车站周边公共空间再生直接相关的项目有"城市再生领先地域支援项目"和"综合换乘中心开发项目"。

然而，这些法规的主管部门和项目大多是混杂的，在实施层面很难实现整体且综合的轨道交通站点周边地区开发。例如，在实施轨道交通站点周边地区再生项目及相关其他项目时，由于面临着不同的开发阶段以及多元的执行者、项目促进主体等，相关法规很难得到统一，从而出现了项目延期的现象。同时，各项目各自的规划方案，也加深了项目执行主体之间的矛盾。例如，在建设新的客站楼时，一旦将周边地区指定为开发地区，周边地价则会剧增，正在开发的项目也会受到影响。今后为了轨道交通站点周边地区的高效开发，首先应该克服此类问题。

表22-1 韩国与轨道交通站点周边地区开发相关的法规与主要项目

法 律 名 称	法律主要内容	主 要 项 目
《轨道交通站点周边地区开发与使用的法律》	主要目的是激活轨道交通站点周边地区开发、指定／告知轨道交通站点周边地区开发区域、支援民间主导的轨道交通站点周边地区开发项目	轨道交通站点周边地区开发项目
《激活城市再生与支援的特别法》	主要目的是新建城市基础设施、提高竞争力、恢复地域共同体，规定关于城市再生战略规划／激活规划及城市再生领先地域的事项及国家支援	城市再生项目、城市再生带头地域指定及支援的项目
《城市开发法》	关于城市开发区域的指定与城市开发项目施行的法律	城市开发项目

↘ 续表

法律名称	法律主要内容	主要项目
《国家综合交通体系高效法》	主要目的是提高交通体系的高效性、综合性、连接性，关于综合换乘中心开发项目和国家支援的规定	综合换乘中心开发项目
《城市及住宅环境整顿法》	关于改善居住环境、住宅再开发、重建、城市环境整顿等各种城市/居住环境整顿项目的规定	城市整顿项目（改善居住环境、住宅再开发、住宅重建、城市环境整顿、居住环境管理、道路住宅整顿）
《为了促进城市重整的特别法》	为了广范围的规划/促进整顿城市/居住环境的特别法	城市重整促进项目

资料来源：参考文献 [6]。

22.3 韩国轨道交通站点周边地区开发案例：东大邱综合换乘中心

"构建综合换乘中心的项目"是韩国政府根据《国家综合交通体系高效法》提出的最具有代表性的轨道交通站点周边地区再开发项目。2011 年为了保障城市增长的新动力，综合换乘中心项目的主要目标是将使用火车站、客运站等换乘设施的乘客及使用商业、办公、文化等换乘设施的流动人口集中到城市及广域圈[1]。

下面将以最近韩国具有代表性的轨道交通站点周边地区再开发项目——东大邱综合换乘中心项目的推进过程为例，介绍韩国轨道交通站点周边地区开发的概念、详细规划、项目促进过程等模式转变。东大邱综合换乘中心是韩国启动建设的第一个综合换乘中心项目，2011 年开始规划，2014 年正式动工，民间投资了 7000 亿韩元。这一项目的建设，成为过去 20 年间停滞不前的轨道交通站点周边地区开发的助推器。2016 年综合换乘中心竣工时，这里会是一个集办公与商业为一体、新增住宅约达 10 000 户、投入民间资本约 6000 亿韩元的轨道交通站点周边地区。

22.3.1 综合换乘中心政策概要

综合换乘中心项目的主要目的是将商业、文化、办公等设施与高速铁路网车站、换乘地铁站、大城市外汽车客运站等相结合，从而形成高密度的综合开发，提高交通及物流的便利性和移动效率，活化公共交通[2]。为了实现此目的，作为主管部门的国土交

---

1. 广域圈：城市向郊区扩张的领域，是可以连接城市功能的空间。
2. 根据《国家统合交通体系高效法》第2条第15项，作为集散中心，综合换乘中心是指为了火车、飞机、船舶、地铁、公共汽车等交通工具之间畅通连接/换乘，和聚集综合性的支援商业、办公等社会经济活动，连接换乘设施及换乘支援设施的场所。

通部编制了与综合换乘中心开发相关的"第一次综合换乘中心开发基本规划"（2011—2015 年），自 2010 年 9 月 8 日起公布并生效。综合换乘中心根据设施的特性、功能、选址可以分为国家综合换乘中心、广域综合换乘中心、一般综合换乘中心（表 22-2）。综合换乘中心及轨道交通站点周边地区可以分为综合换乘中心、步行及公共交通整顿、支线交通整顿、广域交通整顿四个区域（表 22-3）。从 2010 年到 2011 年间共推出了八个国家示范项目，2014 年东大邱换乘中心开工之后大部分项目也随之启动（表 22-4）。

表 22-2　综合换乘中心各类型的特性

内容	国家综合换乘中心	广域综合换乘中心	一般综合换乘中心
指定权者	国土海洋部长官	市 / 道知事[1]（国土海洋部长官审批）	市/道知事
换乘特性	国家基础交通网等区域间大容量换乘交通	以广域内换乘交通为主	支线交通
功能	换乘功能＋商业 / 文化 / 住宅等综合功能	换乘功能＋商业 / 文化 / 住宅等综合功能	换乘功能+商业/文化/住宅等综合功能
规模	大规模	中型规模	中小规模
途径	国家、战略性层面	广域圈层面	地域内层面
影响范围			

资料来源：参考文献 [2]。

---

1. 市知事相当于中国的市长；道知事相当于中国的省长。

表 22-3　综合换乘中心及轨道交通站点周边地区区域的分类及特性

区分	范围	主要内容	类型	概　念　图
综合换乘中心区域	综合换乘中心	提高主要交通工具及直接使用的交通工具间换乘的便利性	国家/广域/一般	
步行及公共交通整顿区域	半径约为500米的区域	提高步行、自行车、公共交通使用的便利性（加强与公共交通专用地区等的连接）	国家/广域/一般	
支线交通整顿区域	半径约为5~10公里的区域	提高区域内综合换乘中心使用的便利性	国家/广域	
广域交通整顿区域	半径约为40公里的区域	保证综合换乘中心与国家交通网之间顺畅的连接	国家	

资料来源：参考文献 [2]。

表 22-4　综合换乘中心示范项目指定及促进现况（以 2014 年为准）

站名	使用乘客（人/日）	人口（万人）	促进现况	区　位
东大邱站	46 638	250.7	通过建筑交通综合审议（2013.7）→开工（2014.2.24）	
益山站	9985	31	指定优先协商对象（2012.5）→申请指定地区（2013.12）→预成立有特殊目的的公司（Special Purpose Company，简称SPC）	
蔚山站	10 524	113.5	编制开发规划（2012.12，蔚山市）	
光州松汀站	3969	146.3	指定优先协商对象及缔结谅解备忘录（MOU）（2013.8）→开发规划协商及完善中	
釜田站	2535	355.1	开发规划编制中	
东莱站	393	355.1	与优先协商对象缔结实施协议（2013.4）→确定/告知开发规划（2013.12）	
大谷站	1662	96.1	开发规划编制中	
南春川站	11 852	27.3	开发规划编制暂停	

22.3.2 东大邱站轨道交通站点周边地区开发和综合换乘中心项目促进过程

东大邱综合换乘中心项目不仅是韩国东南地区的经济中心，也是大邱市（人口 250 万）的对外门户及城市副中心。东大邱站是韩国首批高铁站之一，也是首尔—大田—大邱—釜山的高速铁路网中转站之一。以 2014 年为例，东大邱站年末累计使用乘客达到约 1900 万人次，是韩国排名第二位的国家交通要地。大邱市在 2007 年开始推进的以东大邱站为中心的轨道交通站点周边地区开发规划项目的主要目的是建设商住两用的小型新城，在项目实施的过程中共拆除了约 210 万平方米的现有建设，投资达到约 8000 亿韩元。但是，以商业建筑为主的住商两用建筑开发方式自身存在一定的局限性，同时，由于 2008 年的世界金融危机，此规划也随之搁浅。2011 年韩国政府将综合换乘中心示范项目纳入国家政策之中，此举措成为东大邱站轨道交通站点周边地区再开发项目的助推器。之后，东大邱综合换乘中心结合周边基础设施的整顿项目，发展成为包括整个东大邱轨道交通站点周边地区在内的再生项目（图 22-8）。

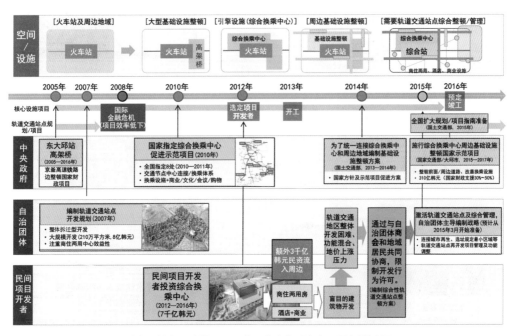

图 22-8　东大邱区域轨道交通站点周边地区再开发及综合换乘中心项目促进过程

作为轨道交通站点周边地区再开发（或再生）的开端，东大邱综合换乘中心项目（图 22-9）可以不断得以扩大延伸的主要原因是持续不断地对项目实施过程中问题的检查与改正。与此同时，还有为优化城市与交通环境，国家及自治团体的不断努力。最初综合换乘中心的规划目标是通过民间投资的 7000 亿韩元在东大邱站附近建设大型购物中心和部分换乘设施。在决定开发之后，平均每年投入高达3000亿～4000亿韩元的民间资本，大多数资金主要用于商住两用楼的开发。针对这种情况，国家及地方自治团体编制了后续规划，其主要目的是为了打破以拆迁为主导、过度关注效益的轨道交通站点周边地区再开发模式、控制盲目无序的开发。

图22-9　东大邱综合换乘中心开发概要及轨道交通站点周边地区开发现况

　　最近编制的综合换乘中心开发规划的主要目的是：第一，基于国家层面对综合换乘中心开展开发规划，使以民间投资为主导的综合换乘中心建设在轨道交通站点周边地区中扩散开，完善综合换乘中心及周边地区的基础设施；第二，轨道交通站点周边地区层面的再生战略先由地方自治团体编制，实施综合换乘中心项目，建设适用于轨道交通站点周边地区的用途及功能，编制城市 / 建筑管理导则；第三，在推进过程中，结合国家相关项目，促进地区居民、商人和民企之间的互相协作，构建牢固的轨道交通站点周边地区再生管理方式。

22.3.3 东大邱综合换乘中心开发及轨道交通站点周边地区规划

编制国家轨道交通站点周边地区规划是为了综合换乘中心的建设及轨道交通站点周边地区优化。规划的核心思想主要体现在：第一，通过完善综合换乘中心前的道路及交接道路之间的联系体系，解决交通设施与周边地区的公共交通等基础设施之间脱节的问题。通过公共交通走廊（Transit-Oriented Corridor）优化综合换乘中心前的道路，通过综合性道路完善交接道路，在道路主要节点内增设基础设施（小绿地 / 公共空间）。同时，将公共交通走廊道路扩展为步行道路，并且引入公交专用车道及自行车道路，通过"Zone 30"（车速小于 30 公里 / 小时）区域改善通行的安全性及便利性。扩大周边建筑的综合用途和建设可负担的住宅（或公共租赁住房）。街道整体整顿是步行道路及车行道整体整顿，它与"Zone 30"（车速小于 30 公里 / 小时）和单行体系实现步行安全及便利的最大化。此外，通过综合道路的商业及文化功能、增设供休息的基础设施，实现道路公共空间的统一整顿。

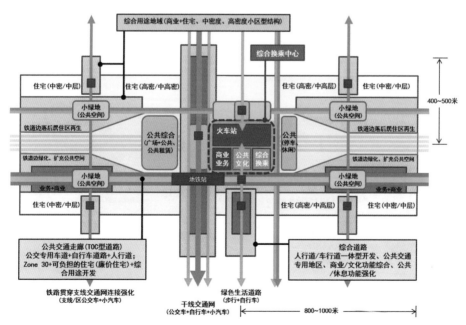

图 22-10　综合换乘中心开发及轨道交通站点周边地区整顿国家规划模式

资料：参考文献［1］

第二，通过与交接道路周边地区功能的综合，以及附近地区中高密度住宅布置使用的最大化，实现商业、办公、公共、文化、换乘功能混合的综合换乘中心。因此，（全面/交接）道路周边开发及整顿目标从以综合换乘中心基础设施整顿转变为商住两用高密度小区的建设。同时，周边地区采用中高密度开发模式，活化综合换乘中心及周边地区，一部分住宅作为以政府为中心的可负担的住宅或公共（租赁）住宅，改善公共交通及步行的环境。

第三，采用民间自主型再生模式，整顿分散在综合换乘中心周边的老旧商住区和连接综合换乘中心的步行及自行车道路。为此，从大型交通设施选址及使用层面的便利性和可达性的角度出发，考虑因居住环境老化和因产业结构变化而衰退的商务设施，完善步行及自行车道路网，构建与综合换乘中心之间的直接连接，扩大公共空间，从而增强

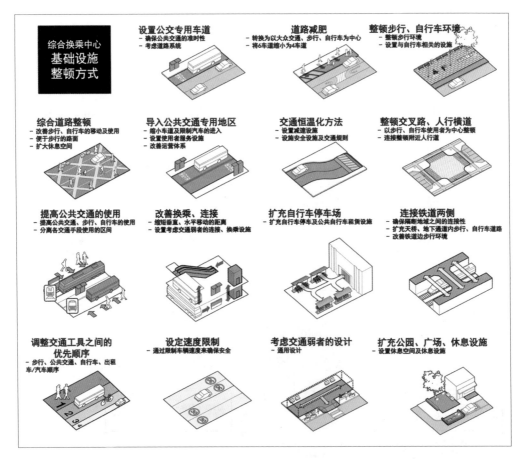

图22-11　综合换乘中心开发及轨道交通站点周边地区整顿的十五个设计

资料：参考文献［1］

地区的活力。在综合换乘中心周边地区开展以住宅为中心的中高密度开发模式，实现综合换乘中心及周边地区的活化；选取一部分住宅作为可负担的住宅或公共租赁住宅，鼓励市民使用公共交通及步行出行。

为了实现此规划概念，设计了包括设置公交专用车道、道路减肥、整顿步行及自行车环境等在内的关于提高使用便利及安全、提高换乘便利性的十五个整顿方式。[1]以这样的设计为基础，鼓励促进与项目地区条件相符的规划战略（图 22-11）。

22.3.4 东大邱综合换乘中心及主要轨道交通站点周边地区整顿项目

综合换乘中心开发、轨道交通站点周边地区规划概念、十五个整顿方法集中体现在了东大邱综合换乘中心及轨道交通站点周边地区整顿中，其中最突出的是构建综合换乘中心和整顿基础设施两大类主要项目。首先，构建综合换乘中心项目的核心是在位于东大邱站南侧的 32 731 平方米铁道设施及老汽车客运站用地一带，建设总建筑面积约 27 万平方米的换乘设施和商业、文化、集会等换乘附属设施。综合换乘中心由约 14.5% 的汽车客运站及与换乘相关的换乘设施、约 47.1% 的商业设施、6.0% 的文化及集会设施、31.4% 的停车场组成，规模为地上九层、地下七层。为了连接东大邱站，综合换乘中心的北侧及西侧设有巨型的上部步行平台及连接通道。考虑到东大邱站和综合换乘中心乘客换乘连接及使用的便利性，换乘设施集中布局在地上一层和与东大邱站相连的第三至第四层处。此外，为了更好地向轨道交通站点周边地区流动人口提供便利的移动及休息设施，以道路交接边为中心设大型私有公共空间、绿地、宽敞的步行道路，优先将汽车站布局在换乘设施出入口处（图 22-12、图 22-13）。

现在东大邱轨道交通站点周边地区人口日流量约为 17 万人，2016 年在综合换乘中心竣工后人口日流量预计会超过 30 万人左右。但是，建筑总面积约达 12.7 万平方米的商业设施入驻综合换乘中心后，可能会导致周边轨道交通站点周边地区商业圈的萎缩。为了让此类负面影响最小化并且增加流动人口在轨道交通站点周边地区的分布，政府与大邱市正在促进以公共主导的综合换乘中心周边地域基础设施的整顿规划。

第一，准备开展综合换乘中心站前道路的公交专用车道和步行道路扩宽项目。项目

---

1. 关于全面支线道路整顿的设施是设置公交专用车道、车道减肥、整顿步行/自行车环境；整顿交接商业道路的设计是导入道路统一、整顿公共交通专用地区、交通恒温化方法；关于改善换乘/连接便利的设计是提高大众交通/步行/自行车使用的便利性、改善换乘/连接便利设施、扩建自行车停车场、铁道设施两侧通过步行道路/自行车道路连接；关于提高使用的便利及安全的设计是确定交通工具之间的优先顺序、设定限速区域、考虑（Barrier-Free）交通弱者的设计、扩建公园/广场/休息设施、整顿交叉路/人行横道。

城洞天桥及北侧连接道路

共同车库用地

东大邱站

东大邱站连接台

东大邱站无桥
扩张及个体公司

东大邱站
综合换乘中心用地

城市铁道
上部广场

地铁站入口

地铁站入口

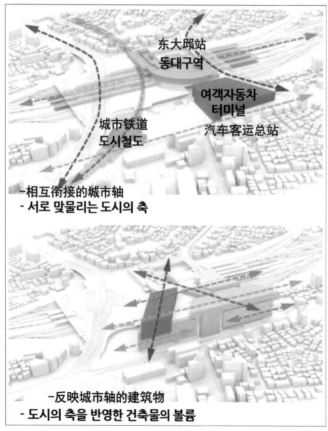

东大邱站

城市铁道

汽车客运总站

-相互衔接的城市轴

-反映城市轴的建筑物

图 22-12　东大邱综合换乘中心
用地现状（上）及构建概念（下）

资料来源：参考文献［4］

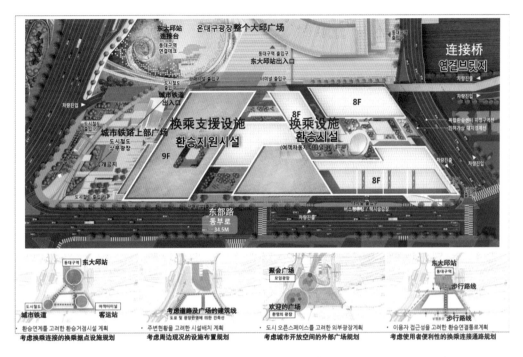

图 22-13　东大邱综合换乘中心布置及空间、设施布置规划

资料来源：参考文献 [4]

的主要目标可以说是控制由于新建设的东大邱站综合换乘中心而引起的车辆通行增加；为了确保乘客可以准时使用公共交通，在东部建设公交专用车道和公交车站；加强乘客换乘及使用的便利性。另外，考虑到自行车使用者换乘及移动的便利性，建设自行车专用及两用车道并设置自行车管理设施（自行车停车场等）。

第二，旨在将综合换乘中心周边流动人口吸引到轨道交通站点周边地区内部，将主要交接道路整顿为综合型道路，优化步行环境，加快地面层综合用途的变更，加强道路的场所感及诱导商业设施的活化。尤其是营建以连接交通设施（道路、停车场等）、空间设施（广场、公园、绿地等）、居民公用设施等的步行及自行车为中心的道路规则，实施单向通行制度，以此增进流动人口在周边地区的扩散和移动的便利性，活化商业设施。

最后，为了加强被铁路隔断的城市空间之间的联系，开展改善东大邱区域附近地区及综合换乘中心交接道路使用情况的项目。考虑到地形上的高低差异，设电梯或步行及自行车坡道，提高使用者的便利性并且引导交接处老旧住宅区的再生（图 22-14）。

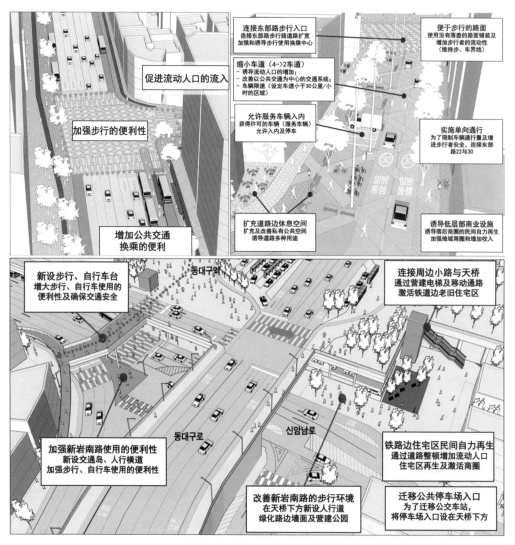

图 22-14　东大邱综合换乘中心周边轨道交通站点周边地区基础设施整顿项目

资料来源：参考文献 [1]

22.3.5 东大邱综合换乘中心和轨道交通站点周边地区整顿项目效果

　　东大邱综合换乘中心项目投资约 7000 亿韩元，自 2011 年开始推行，2014 年开工，2016 年年末竣工。从经济方面来看，有望实现 6000 余名的直接雇佣及 18 000 余名的间接雇佣，为总计 3.4 万余人提供就业机会。更值得关注的是，自政府决定在这个过去 20 年间没有投资、发展滞后的东大邱轨道交通站点周边地区内构建综合换乘中心项目之后，此区域的直接投资每年大约达到 3000 亿～ 4000 亿韩元。此项目不同于过去大拆大建的开发模式，主要是通过引入引擎设施来实现民间自主的城市再生，这种开发方式的成功使用，使东大邱综合换乘中心项目成为轨道交通站点周边地区开发的典范案例。

此外，公共部门正在投入约 450 亿韩元对相关基础设施进行优化。项目竣工后，预计每天来到轨道交通站点周边地区内的流动人口将达到 3.8 万余人，商业年销售额预计会增加 887 亿韩元。此外，伴随着公共交通使用及步行移动便利性的增强，预计将会有约 17% 的小汽车使用者选择公共交通、步行、自行车出行。轨道交通站点周边地区流动人口的通行时间和交通费用每年将会节省 146 亿韩元。不仅是轨道交通站点周边地区的流动人口会有所增加，而且在营建各种公共空间的过程中所创造的社会文化活动及交流机会也会随之增加。另外，基于这种"量"与"质"的变化，也有助于活力四射的轨道交通站点周边地区的形成和道路场所感的营造。

22.4 启示

综上所述，工业革命之后，轨道交通站点周边地区在城市中扮演着经济及社会活动据点的角色，但由于城市郊区化及汽车普及等因素，其角色也随之淡化。最近，在城市发展的过程中轨道交通站点周边地区再次成为连接城市和市民各种社会文化交流的中心，引领着城市的发展。轨道交通站点周边地区的开发模式从过去的基础设施开发变为大规模拆迁型开发，最终转变为通过开发引擎设施和连接轨道交通站点周边地区各种用途及功能的公共空间，以及与基础设施整顿并行的开发模式。从城市层面来看，这种变化的主要原因是轨道交通站点周边地区地位和角色的变化，也可能与城市可持续发展或城市再生等城市规划模式的变化相关。从结果来看，韩国轨道交通站点周边地区开发的模式变化与城市规划或城市开发的变化是同步的。

韩国轨道站点开发的模式变化与其结果给予与韩国的城市发展及经济社会变化相似的其他国家以各方面的启示。需要关注的是，此变化的主要动机从过去物质设施的扩充转变为依据大规模投资来扩大城市剩余空间的供给，而且在最近转变成以社会文化活动为媒介的场所的营建。在这个变化过程中，与轨道交通站点周边地区开发相关的核心热点从设施转变为资本，再从资本转变为人，从拆迁型开发转变为逐步地保护再生。韩国的轨道交通站点周边地区开发无论是过去还是现在都是以人为中心，主要是为了向人与人的交流提供活动空间。另外，轨道交通站点周边地区的价值提高主要是通过官民的共同努力来实现。

[1] 国土交通部 . 综合换乘中心基础设施整顿及示范项目促进方案 [R]. 世宗：国土交通部，2014.

[2] 国土海洋部 . 第 1 次综合换乘中心开发基本规划（2011—2015）[R]. 世宗：国土海洋部，2010.

[3] 金址晔 . 为了营建作为激活城市据点的铁道轨道交通站点周边地区的法制改善方案 [C]// 大韩国土城市规划学会 . 为了激活轨道交通站点周边地区开发项目的政策研讨会，2014.

[4] 大邱市 . 东大邱站综合换乘中心建设项目建筑交通综合审议资料 [R]，2013.

[5] 朴文秀 . 关于轨道交通站点周边地区开发及使用法律的主要内容 [C]. 月间国土第 343 号，2010.

[6] 韩国国土研究院法律处 [EB/OL]. http://www.law.go.kr/.

[7] 徐敏豪，等 . 为了实现绿色城市的大众交通走廊建设方案研究 [R]. 世宗：国土研究院，2011.

[8] 徐敏豪，等 . 面向未来的综合基础设施的开发方向 [R]. 世宗：国土研究院，2012.

[9] 徐敏豪 . 轨道交通站点周边地区城市再生的现况、焦点、改善课题 . 经济基础型城市再生基础项目激活方案讨论会 [R]. 世宗：国土交通部 / 国土研究院，2015.

[10] 国土交通研究院 . 交通发展的足迹 100 选 . 世宗：国土交通研究院，2006.

[11] Calthropre, P. Next American Metroplois: Ecology, Community, and the American Dream. Princeton: Princeton Architectural Press，1993.

[12] GAO（United States Government Accountability Office）. Affordable Housing in Transit-Oriented Development，2008.

第 23 章

城市公共空间扩充的挑战：私有公共空间

23.1 公共空间与私有公共空间

公共空间是在冷漠的商业化城市空间内，为市民提供相聚与休息等各种日常活动场所，以及为城市生活注入活力的重要空间（李润锡，2009）。尽管公共空间如此重要，但由公共资金主导扩充公共空间却并不是一件容易的事情，主要原因是高密度城市中高额地价的成本压力。因此，私有公共空间（Privately owned public space），由于不需公共部门支付额外费用，因而在保障城市公共空间的提供中扮演着重要角色。

在韩国，一般认为私有公共空间是"私人用地中为了市民的步行、休息而开放的场所"。[1] 简单地说，也就是在私人空间内营建的公共空间。韩国规定，总建筑面积超过 5000 平方米的建筑，必须营建一定比例的用地用于提供私有公共空间，如果提供了超过规定的私有公共空间营建面积时，会在地块容积率及限高上给予奖励。

23.2 私有公共空间概念与相关法规

23.2.1 私有公共空间

为了阐明韩国国内所定义的私有公共空间，有必要了解公共

---

1. 1991年在编修《建筑法》的时候定义了私有公共空间，在现在的《建筑法》第43条中私有公共空间是指"为了营建舒适的地域环境，总建筑面积超过5000平方米的文化及集会设施、宗教设施、销售设施、运输设施、办公设施及住宿设施中占地面积10%以下的范围建设的小型休息空间"。

空间、公共空地、后退空地等用语。首先，公共空间（Public Space）是上述用语中最广义的概念，是指所有市民都可以使用的具有公共性的开放空地。私有公共空间与公共空地[1]都具有公共性，但可以根据空地的所有权进行区分。私有公共空间是在私人用地内提供的公共空间，而公共空地是利用国家所有的土地所营建的公共空间。

另外，后退空地[2]和私有公共空间都是在私人用地内营建，但其目的与营建方式却大相径庭。后退空地因建筑线及围墙线后退位置而被指定，其主要目的是为了确保主要通路等的步行空间。相反，私有公共空间所营建的位置不受指定，其主要目的是为保障公共性而营建的小规模公园和休息空间等。

23.2.2 关于私有公共空间的法规

在韩国，"私有公共空间"名称的正式出现是从 1991 年《建筑法》的全面修订开始的。当时，通过《建筑法》的修订，新设了有关城市设计的章节。在城市设计的章节内规定了具有一定规模和用途的建筑物必须确保私有公共空间，同时引入了放宽规定的政策。

之后，两个相关法律对私有公共空间进行了规定。其主要原因是由于《建筑法》内关于城市设计的内容被并入《城市规划法》的地区单位规划内，所以关于私有公共空间的规定同时列入了《建筑法》和《城市规划法》。其中，《建筑法》的私有公共空间主要是提出针对个别建筑的规定，《城市规划法》对私有公共空间的规定主要是为了实现各个地区的差别化规划设计。2003 年，《城市规划法》与《国土规划法》合并之后，重新修订形成了《国土规划及利用法》。因此目前，由《建筑法》（表 23-1）和《国土规

表 23-1　《建筑法施行令》第 27 条第 2 项（保障私有公共空间等）的主要内容（2015.6.4）

- 确保要提供私有公共空间的建筑物包括：文化集会设施、宗教设施、销售设施（农水产物流通设施除外）、运输设施（只限乘客用设施）、办公设施及住宿设施等；"占地面积"总和大于 5000 平方米的建筑物；其他用于多重功能的设施，以及通筑条例明确要求的建筑物。
- 私有公共空间的面积：按照建筑条例，小于用地面积 10% 的规模。
- 禁止在私有公共空间内堆积杂物或设置设施及栅栏等隔断出入、妨碍私有公共空间使用的行为。
- 出于便利目的应在私有公共空间设置长椅和亭子。
- 建筑物在设置私有公共空间时，根据私有公共空间面积占用地面积的比例，可以获得容积率和限高的放宽（放宽范围是在该地域／建筑物的容积率和限高标准的 1.2 倍以内，建筑条例内规定的标准优先使用）。

---

1. 根据《国土规划及利用法施行令》第二条规定而营建的城市规划设施。
2. 前面空地是指《建筑法》第58条内规定的用地内空地。

划及利用法》（表 23-2）对私有公共空间设置规定，分别涉及针对个别建筑和第一种地区单位规划区域[1]的城市设计内容。

表 23-2　《国土规划及利用法施行令》第 46 条第 3 项（城市规划区内地区单位规划的建筑密度等放宽）的主要内容（2015.6.4）

> - 可放宽的容积率≤根据《建筑法》第四十条第二项的放宽容积率 +（适用该用途地域的容积率 × 超出规定面积的私有公共空间或私有公共空间面积的一半 ÷ 用地面积）
> - 可放宽的高度≤根据《建筑法》第四十条第二项的放宽高度 +（根据《建筑法》第六十条的高度 × 超出规定面积的私有公共空间或私有公共空间面积的一半 ÷ 用地面积）

　　《建筑法》和《国土规划及利用法》是关于私有公共空间的最上位法规，因此只是提出了关于私有公共空间规定的大致内容。特别是在《国土规划及利用法》中，对私有公共空间的规定只是针对城市地域中第一种地区单位规划地区要如何做出放宽奖励。国土交通部的《地区单位规划编制指南》在“私有公共空间等用地内空地”这部分条款中提出了更加具体的内容要求，主要强调私有公共空地应布置在建筑的前面，朝向用地相邻的部分，并可以与其他空地相连（表 23-3）。

表 23-3　国土交通部的《地区单位规划编制指南》中关于私有公共空间的具体内容

> - 私有公共空间为底层架空结构时，有效高度应超过 4 米。
> - 私有公共空间形式为广场时，应布置在建筑前面。
> - 私有公共空间不应分散，尽可能布置在朝向相邻用地的部分，以便高效地使用。
> - 在扩建私有公共空间时，不仅应考虑与相邻用地间的关系，而且应连接地区单位规划区域整体的道路网、绿地轴。
> - 尽可能摒弃局限在一个地块内指定用地内的空地，应考虑家庭及区段内用地相互之间或家庭及区段相互之间的连接体系。
> - 营建与各个地域特性相关的外部空间，并通过探讨关于前面空地、私有公共空间、公共空地、用地内造景、人车共行道路等布置、营建方式和形态等，改善步行环境。

　　在这样的体系中，对私有公共空间的规定可以理解为两大层面。首先，《建筑法》和《国土规划及利用法》内对私有公共空间的规定是在私有公共空间最大化的框架内，

---

1. 地区单位规划是针对设定的城市规划片区，为增进土地的合理使用、改善地区景观及确保良好的环境，对其进行的系统、法定的规划管理。第一种地区单位规划区域的主要对象有城市开发区域、再开发区域、择地开发预期地区、住宅环境改善地区、旅游特区等。

根据私有公共空间属性和私有公共空间营造，判断给予其奖励的标准。但是《建筑法》和《国土规划及利用法》的标准是对一种"范围上限线"的规定。各地方正在基于此范围制定与各地区情况相符的详细标准。其次，直接影响到对私有公共空间规定的是地方建筑条例和地区单位规划。地区单位规划区域内的私有公共空间根据地方的地区单位规划来设定，除此之外的地区直接受地区建筑条例的影响（图23-1）。

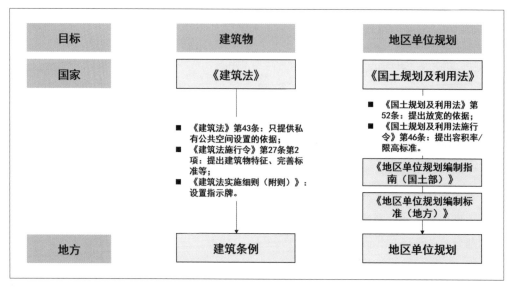

图 23-1　国家与地方自治团体层面的关于私有公共空间的法规

资料来源：作者自绘

23.3 各地私有公共空间具体法规的差异

如上所述，由于有关私有公共空间具体的法规是以地方为单位实现的，为了了解有关私有公共空间的具体法规，有必要探讨地方的建筑条例和地区单位规划。本节将以建筑条例为中心，基于李相珉与金英宪（2012）的研究结果探讨地方的私有公共空间的差异之处。李相珉与金英宪（2012）对韩国全国 245 个地方的建筑条例中规定私有公共空间的 151 个地方建筑条例进行了比较，解析了各地方关于私有公共空间的规定中私有公共空间的面积标准、最小面积及最小宽度标准等的差异。

首先，关于私有公共空间面积的标准。法律规定了私有公共空间面积为"小于用地面积的 10%"。各地方在此范围内规定了私有公共空间面积的具体核算标准，大多数地方主要根据建筑的总建筑面积和建筑用途进行计算。如果私有公共空间与总建筑面积 / 用途无关的话，一律按照比例进行计算。其中，根据建筑总建筑面积进行计算的有 54 个地方，计算标准为用地面积的 5% ～ 10%；根据建筑用途进行计算的有 64

个地方；其中有 12 个地方与总建筑面积和用途无关，一律按照比例进行计算。最近，2015 年 6 月《建筑法施行令》中规定必须设置私有公共空间的建筑物的标准由"总建筑面积"超过 5000 平方米变更为"占地面积"超过 5000 平方米的建筑物，各地方的标准也会有所变更。

其次，关于最小面积及最小宽度标准。在《建筑法》和《建筑法施行令》内并未规定有关私有公共空间的最小面积及最小宽度等具体内容。但是地方层面将最小面积规定在 30 ～ 60 平方米之间，在 54 个地方中有 35 个地方将最小面积规定为 45 平方米。最小宽度规定为 3 ～ 6 米，其中有 45 个地方将最小宽度规定为 5 米。

最后，关于底层架空结构有效高度标准。底层架空结构的有效高度规定在 3 ～ 6 米范围内，在 48 个地方中有 31 个将底层架空结构有效高度规定为 6 米。

表 23-4　全国地方自治团体的关于私有公共空间法规的比较（2012 年 7 月，以地方自治团体建筑条例为准）

项　目	内　容
设置规模计算标准	• 按照建筑总建筑面积规定，私有公共空间规模为用地面积的 5% ～ 10%（54 个地方自治团体）。 • 按照建筑用途规定，私有公共空间规模为用地面积的 5% ～ 10%（64 个地方自治团体）。 • 统一规定用地面积内特殊面积的比例（12 个地方自治团体）
最小面积	• 30～60 平方米，大多为 45 平方米（54 个中的 35 个地方自治团体）
最小宽度	• 3～6 米，大多为 5 米（53 个中的 45 个地方自治团体）
独立支柱高度	• 3～6 米，大多为 6 米（48 个中的 31 个地方自治团体）

资料来源：根据参考文献 [6] 的研究内容整理。

注：2015 年 6 月《建筑法施行令》中规定必须设置私有公共空间的建筑物从"总建筑面积"变更为"占地面积"。

23.4 案例：关于首尔市私有公共空间的规定

首尔市是当前韩国国内私有公共空间最多的城市，涉及私有公共空间的内容较为全面。本章将会通过首尔市的"建筑条例"和"地区单位规划"来探讨私有公共空间规则的具体特征。

23.4.1 建筑条例

首尔市建筑条例中规定，根据建筑的总建筑面积，将用地面积的 5%、7%、10% 营建为私有公共空间，其最小宽度大于 5 米和最小面积大于 45 平方米。此外，首尔市建筑条例还提出，如果私有公共空间超出法规中规定的最小面积时，可以放宽容积率和限高标准。私有公共空间虽然有上述规定，但是不足以覆盖所有的内容。在此将会探讨建筑条例中有关私有公共空间规定的变化过程。

自从 1993 年在首尔市建筑条例中新设了有关私有公共空间的条例起，截至现在有关私有公共空间的条例共修订了 11 次，构建私有公共空间的标准也随之发生着变化。在 1996 年、1998 年、2007 年的修订中，这种标准相对来说变更最多。

1996 年的修订旨在扩大私有公共空间的数量。增编了总建筑面积在超过 30 000 平方米时，应将 10% 以上的用地面积营建为私有公共空间的内容。1993 年的条例内虽然涉及建筑密度、容积率、限高三个方面的奖励，但是 1996 年的修订版删除了关于放宽建筑密度的制度，但将用地内空地的标准定为小于其 1/5。[1]

1998 年对私有公共空间的修订是为了将其规模合理化。将最小宽度规定从 3 米增加到 5 米，底层架空结构的有效高度从 4 米提高到 6 米。同时这次修订还新设了最小面积的标准，私有公共空间的最小面积规定为 45 平方米，并只限营建 2 个。此规定是为了防止私有公共空间的规模过小，其相应功能无法实现。

2007 年的修订旨在兼容新类型的私有公共空间的同时，为广大市民提供真正可以使用的私有公共空间。为了防止私有公共空间营建在不便人们使用的建筑后方，新增规定提出，私有公共空间须布置在与用地毗连的最宽的道路边缘旁。这次修订还提出了两种新的私有公共空间的类型：一种是与地铁站连接通路相邻的开放型私有公共空间（sunken garden）；第二种是设置在地下的私有公共空间。与此同时还规定了在私有公共空间处应设置一处以上的标识牌。

通过上述的过程，形成了如表 23-5 所示的关于私有公共空间的规定。

表 23-5　首尔市建筑条例第 26 条（保障私有公共空间等）的主要内容（2015.1.2）

项目	内　容
建筑对象	文化及集会设施、销售设施（农水产品流通设施除外）、办公、住宿、医疗、运动、娱乐、宗教、运输、殡仪馆中总建筑面积超过5000平方米的建筑物
设置规模	• 总建筑面积在5000平方米以上，10 000平方米以下：用地面积的5%； • 总建筑面积在10 000平方米以上，30 000平方米以下：用地面积的7%； • 总建筑面积在30 000平方米以上：用地面积的10%

---

1. 关于放宽用地内空地的规定在1999年改编首尔市建筑条例的过程中被删除。

项目	内　　容
设置方法	• 在便于一般市民使用（台阶使用除外）的与地块毗连且最宽的道路边（一面1/4以上毗连）营建与道路环境和谐的小公园（但上空设置连接地铁站的通道或因其他用途使用上空时，需要提交委员会审议）。 • 设置两处以上，每一处的面积须大于45平方米。 • 最小宽度为5米以上。 • 独立支柱有效高度为6米以上。 • 设置造景、长椅、亭子、钟楼、喷泉、露天舞台、小型公共厕所等。 • 设置一处以上的标识牌。 • 建筑业主提交管理登记，区长一年至少对其进行一次以上的管理
放宽适用	• 容积率：{1＋（设置面积－必须设置面积*）/用地面积}×容积率限制标准 • 限高：{1＋（设置面积－必须设置面积*）/用地面积}×限高标准 * 不属于必须设置对象时，适用于用地面积的5%。 ※ 造景面积除外，设置在底层架空结构下方的私有公共空间面积只计入1/2。

※ 在最近《建筑法施行令》中私有公共空间必须设置的标准从"总建筑面积"变更为"占地面积"。

23.4.2 地区单位规划

　　与地区单位规划编制相关的首尔市官方指南可以分为两大类。2014 年修订的"地区单位规划编制标准（2014 年）"（以下简称编制标准）和"首尔市第一种地区单位规划民间部门施行指南标准（2011 年）"（以下简称实施指南）。前者是作为地区单位规划编制时各种委员会等判断标准的指南，主要是关于私有公共空间的各种注意事项。相反，后者是以地区单位规划决策为基础，在区分规范和鼓励的详细内容时提出的参考指南。编制标准内提出了包括开放型、床榻型、底层架空结构型在内的三类私有公共空间类型（表 23-6），以及与各个类型相关的容积率奖励事项（表 23-7）。

表 23-6　私有公共空间形态

开放型私有公共空间	床榻型私有公共空间	底层架空结构型私有公共空间
与步行道路和支线道路边缘毗连，开放的私有公共空间	与地铁站及地下人行道（商业街）等的设施相连，营建一般人可以随时使用的下沉式庭院等方式的屋外开放型私有公共空间	不设置与地表接触的支柱等的承载负重结构体之外的外墙、设备等，开放的结构

资料来源：参考文献 [3]。

表 23-7　首尔市地区单位规划中私有公共空间容积率奖励标准

• 私有公共空间容积率奖励：原容积率 × {（设置面积 − 最小设置面积 *）/ 用地面积} × 3 以内

资料来源：参考文献 [3]。

注：最小设置面积不属于必须设置对象时，适用于用地面积的 5%；可按营建形态（底层架空结构、开放型结构等）调整系数（底层架空结构倍数不能超过 2）。

　　同时，实施指南中除建筑条例中规定的内容之外，还提出了对"私有公共空间位置"的规定。如果地区单位规划内已指定了私有公共空间的选址，则私有公共空间须设置到该位置；如果没有指定具体位置，应将其设置在与用地毗邻的道路中最宽的道路边缘、街角处、步行交叉节点处，并与相邻的空地、公园相连。但并没有规定除了私有公共空间所处位置之外的其他内容（表 23-8、表 23-9）。

表 23-8　首尔市地区单位规划编制标准（2014 年）

（1）私有公共空间的选址

• 选址在用地毗邻的道路中最宽的道路边缘。但是如果设置在最宽道路边缘或行人使用最活跃的道路边缘不合理时，可以另外决定设置位置。

• 不仅考虑与相邻用地的关系，还要同时考虑在地区单位规划区域整体的道路网、绿地轴、主要道路及主要步行通路旁选址，便于一般市民的使用。

• 考虑与周边地区之间的联系，营建反映各地域特色的外部空间。

• 与道路环境相连，防止被用于建筑物通路，通过集中布局来增加休息空间的连续性及使用。

• 与地铁连接通路及地下道毗邻或多数上空可以被使用时，可以设置床榻型私有公共空间。在此情况下积极鼓励布局便于使用的开放空间。

• 选址要保证最短日照时间。

• 保证视觉上的开敞，如果营建为广场时应布置在建筑物前面。

• 在活化道路方面，规划时应考虑与私有公共空间相邻的道路用途，且对其进行相应的支援。

（2）私有公共空间的形态

• 出入口不可堆放杂物或设置隔断。

• 设置环境友好型的造景、长椅、亭子、钟楼、喷泉、露天舞台、小型公共厕所等。

• 设置与道路环境相和谐的小公园（下沉式庭院）。

• 设置为底层架空结构时，有效高度保证在 6 米以上。

• 考虑周边环境，如果步行环境比较恶劣的话可设人行道型私有公共空间。

• 如果与地铁等相连，通风口应设在道路中央隔离带或用地的造景空间内，地铁出入口应尽量设在建筑内部。

• 在地面铺装材料和图案等方面，要注意与周边地区的连续性。

• 防止私有化和保证公共性的规划。

↳ 续表

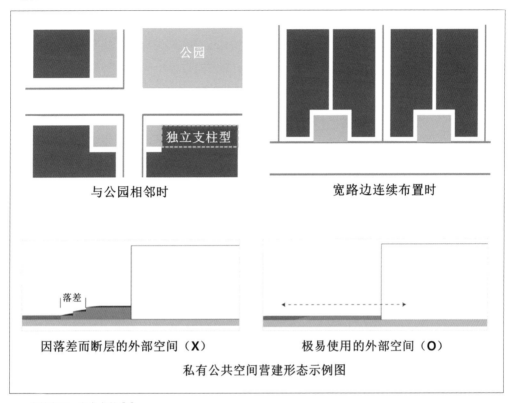

与公园相邻时　　　　　　　　宽路边连续布置时

因落差而断层的外部空间（**X**）　　极易使用的外部空间（**O**）

私有公共空间营建形态示例图

资料来源：参考文献 [3]。

表 23-9　首尔市第一种地区单位规划民间部门实施指南标准（案）

（1）规定事项

- 关于构建私有公共空间的建筑物及面积、构建及管理等的规定，应符合《建筑法》《建筑法施行令》、建筑条例的内容。
- 若已指定私有公共空间的位置，私有公共空间应该建在所指定的位置上。
- 若未指定私有公共空间位置，应建于用地毗邻的道路中最宽的道路边缘、街角处、步行交叉节点处。
- 如果毗邻用地内有公园、广场、小规模的空地或私有公共空间等，应建设与其相连的设施。

（2）鼓励事项

- 鼓励将与地铁站出入口等公共地下空间相连的私有公共空间建为床榻型私有公共空间。
- 使用特殊材料或组合式铺装方式铺建私有公共空间的地面时，鼓励使用具有渗水性的地面铺装。[1]

资料来源：参考文献 [4]。

---

1. 建筑条例中对独立支柱型有所规定，认可营建面积的一半。

以下将会通过"德黑兰路第二地区第一种地区规划区域"的"民间部门地区单位规划运营指南"（2009）的内容来探讨关于私有公共空间的具体规定。此运营指南中提出的关于私有公共空间的规定如下：首先，关于私有公共空间的位置。建在与用地毗邻的道路中最宽的道路（一面相邻 1/4 以上）旁，便于市民的靠近和使用。并规定了优先顺序，首先在用地中最宽的道路边缘的街角处设私有公共空间。

其次，关于出入口的规定。规定了在前面道路面向的道路的 1/2 以上的位置，并允许一般市民步行进入，人行道和私有公共空间的地面铺装相同。如果地面出现高差时，应该修建斜坡便于残疾人通行。

再次，关于面积组成的规定。规定造景面积超过私有公共空间面积的 30%，将整体面积的 40% 以上铺设为可供行人使用的铺装。

与此同时，按图纸上标注的私有公共空间的位置进行建设时，可以获得原容积率 5% 的奖励。但是如果在建筑条例中已决定为开放型、床榻型、底层架空型等私有公共空间的话，没有其他额外的奖励。

23.5 私有公共空间的现况及营建实况

23.5.1 营建现况

据推测，现在韩国全国虽然约有 6000 处私有公共空间，但只有首尔、大田、釜山等一部分地方运营了私有公共空间登记管理系统，到现在为止仍未对全国范围的私有公共空间进行过准确的统计。首尔市 2012 年年末已经建成 1176 处、共计 910 100 平方米的私有公共空间，此规模相当于首尔广场（13 207 平方米）的 70 倍左右和汝矣岛公园（229 539 平方米）的 4 倍左右[6]。虽然按照规定是如果所建的私有公共空间面积超过所规定的最小建设面积时可以在容积率上予以奖励，但是实际上获得奖励的私有公共空间并不多。在首尔，获得奖励的私有公共空间仅有约 17.3%，其他约 80% 的私有公共空间只建了所规定的最小私有公共空间[6]。

23.5.2 建设实况

好的私有公共空间应该建在便于人们使用的位置上，为人们提供足够的休息空间，并提供舒适性较高的具有"公共性"的环境。根据大邱市经济正义实践市民联合会的实况调查结果，被评选为优秀私有公共空间的两个私有公共空间都满足了此标准（图 23-2）。

图 23-2　私有公共空间优秀案例

资料来源：参考文献 [2]

　　另外，现实中大多数私有公共空间很难对其价值进行明确的判断（图 23-3）。这两处私有公共空间都是位于江南区德黑兰路建筑两侧。虽然选址都位于人流量最多的交叉路与红绿灯之间，使用者也很多，但从某种程度上来看很难被称为是优秀的案例。

图 23-3　江南区德黑兰路私有公共空间

资料来源：作者自摄于 2009 年 9 月 30 日

到现在为止，现实生活中的私有公共空间仍存在着许多局限性。2006年首尔市国政监督对韩国国内最贵公寓中之一的江南区道谷洞皇宫公寓（Tower Palace）进行了检查，结果发现其私有公共空间内设有"禁止入内"的告示牌，这成了当时的热点。这一现象又被称为私有化的私有公共空间。虽然已经经历了不少岁月，但仍有不少类似的情况被报道。2009年大邱的一个酒店禁止人们使用私有公共空间，2011年位于釜山市东区的一个咖啡店门前的私有公共空间被栅栏围住成为了私有空间。

根据经实联（Citizens' Coalition for Economic Justice）于2011年针对首尔市的119处（包含地区单位规划内的地域）私有公共空间的调查结果，其中有4处私有公共空间是封闭的状态，市民无法使用；26处（22%）私有公共空间内未设置长椅等配套设施，完全不具备私有公共空间的功能；有10处改为停车场及商业活动空间等其他用途；其中有98个（82%）私有公共空间没有设置标识牌。另外，出现了很多市民无法使用的私有公共空间，其中具有代表性的现象是由于私有公共空间的选址不当，导致市民无法在其中逗留休息的现象（图23-4）。

图23-4 "禁止进入"的私有公共空间

资料来源：作者自摄于2009年9月30日

此外，根据上述经实联的调查结果可知，位于建筑前方的私有公共空间只占38%，位于建筑后方的约占30%。位于建筑后方的私有公共空间一般被认为是私有空地，一般市民无法使用。下图23-5为位于建筑后方的私有公共空间，图23-6是位于路边的私有公共空间，但是由于被招牌遮挡所以很难被识别出是私有公共空间。

图23-5 位于建筑后部的私有公共空间

资料来源：参考文献 [1]

图23-6 被招牌遮挡很难识别的私有公共空间

资料来源：作者自摄于2009年9月30日

私有公共空间中很大的空间实际上是用于休息活动。虽然，寻找可以坐下来休息的私有公共空间也并不是一件难事，但是这样的私有公共空间大多变成了一个个吸烟空间。此外，有的私有公共空间面积虽然很大，但是由于没有设供休息的座椅所以市民也无法很好地利用此类空间（图23-7）。

图23-7　休息空间不足的私有公共空间

资料来源：作者自摄于2009年9月30日

另外还有一种现象不容忽视，私有公共空间本身建设得很完善，但是出于各种原因出现了人们无法使用的现象。2009年在调查江南区德黑兰路的私有公共空间的过程中，发现其中一个大企业公司的私有公共空间看起来虽然相当舒适，但由于空调设备的遮挡致使行人很难发现此私有公共空间的存在，并且此空间内并未设置足够的休息长椅。相反，在私有公共空间外的人行道却成为了市民休息的地方。这些市民认为旁边的私有公共空间虽然有树木，但是长椅并不在树荫下，所以相对来说路边更舒适（图23-8）。

图23-8　无人使用的私有公共空间（左）和同时间附近路边现况（右）

资料来源：作者自摄于2009年9月30日

23.6 结语

课题组与撰写《美国纽约市的私有公共空间》的美国哈佛大学 Jerold S. Kayden 教授一起对首尔市的私有公共空间进行了调研。Jerold S. Kayden 教授提到，纽约市已经开设了介绍私有公共空间的信息网站，网站上不仅介绍私有公共空间的物质特征，而且提供了市民关心的有关私有公共空间的使用、24 小时开放与否、长椅是否充分、附近餐饮等信息。更有趣的是市民可以在网站上对各个私有公共空间进行评价，并且此网站上还提供了建筑内部私有公共空间的信息。首尔市等每年都会对私有公共空间现状进行检查，并努力通过设置指示牌等来告诉市民私有公共空间的存在。将来的韩国也可以借鉴美国制作网站的做法，来解决私有公共空间内出现的各种问题等，并通过市民的智慧与协助发掘新的解决方式。

通过 H.Gans 的概念可知，理想的私有公共空间是为市民提供休息的"潜在环境（potential environment）"，而使用者对私有空间活跃的使用可以使其成为"高效环境（effective environment）"（李润锡，2009）[7]。私有公共空间因为是由个人建设而成，所以一旦建成就很难重新对其进行改建。而现实生活中，这些私有公共空间并不能完全实现其所具备的公共功能。最后，从营建真正便于使用的私有公共空间层面来看，其重点并不是以面积为标准的奖励制度，而是从市民使用特性方面给予鼓励。

| 参考文献 |

[1] 经实联城市革新中心 . 首尔市私有公共空间实况调查结果 [R]. 2011.

[2] 大邱经济正义实践市民联合 . 大邱地域私有公共空间实况调查 [R]. 2014.

[3] 首尔市 . 2014 首尔特别市地区单位规划编制标准 [R]. 首尔，2014.

[4] 首尔市 . 首尔市第一种地区单位规划民间部门施行指南标准 [R]. 首尔，2011.

[5] 首尔市 . 德黑兰路第二地区第一种地区规划区域的民间部门地区单位规划运营指南（内部资料）[R]. 首尔，2009.

[6] 李常民，金英宪 . 为了城市公共空间确保及质量提高的私有公共空间制度改善方案研究 [R]. 首尔：建筑城市空间研究所，2012.

[7] 李润锡 . 以使用者为中心的公共空间营建方向：以江南区德黑兰路边 39 处私有公共空间为中心 [D]. 首尔：高丽大学，2009.

|作者简介|

唐燕 (Tang Yan)

博士，博导，清华大学建筑学院副教授

德国洪堡学者，*China City Planning Review* 杂志编委委员和责任编辑。担任中国城市规划学会城市更新学术委员会副秘书长、中国建筑学会城市设计分会理事、中国城市科学研究会生态城市研究专业委员会委员、国务院学位办建筑学学科评议组秘书、欧盟"H2020"地平线重大科研项目基金特邀会评专家。曾为麻省理工学院 SPURS 学者、卡迪夫城市大学访问教授、柏林自由大学访问学者、多特蒙德工业大学博士后。长期从事城乡规划设计、城乡治理等研究，在国内外期刊及会议上发表学术论文 100 余篇，主持过德国洪堡基金、英国国家学术院基金、国家自然科学基金、"十二五"科技支撑计划（子项）、教育部人文社科基金等重要国内外课题，曾获中国城市规划学会求是论坛论文竞赛奖、全国青年城市规划论文竞赛佳作奖、金经昌中国城市规划优秀论文佳作奖、中国城市经济学会年会优秀论文三等奖。出版有《城市设计运作的制度与制度环境》《创意城市实践：欧洲和亚洲的视角》《文化、创意产业与城市更新》《控制性详细规划》《德国大都市地区的区域治理与协作》等著作。参与的规划设计项目曾获北京通州城市副中心城市设计国际招标总体城市设计获胜方案奖、全国优秀城乡规划设计二等奖、北京市优秀城乡规划设计评选一等奖、河北省优秀城乡规划设计编制成果一等奖等。

金世镛 (Kim, Sei-Yong)

博士，博导，首尔住宅城市公司（Seoul Housing and Communities Corporation）董事长兼首席执行官，高丽大学建筑学院教授

担任韩国景观学会学术委员长、韩国国土地理学会理事 / 副会长、韩国住宅学会理事、大韩国土城市规划学会城市信息编辑委员 / 理事、韩国城市设计协会理事 / 论文编辑委员 / 国际交流委员长 / 学术委员长，哥伦比亚大学兼职教授，悉尼大学访问教授，哈佛大学富布莱特访问学者。长期从事城市设计、城市再生、创意城市、低碳城市等研究，已参加韩国国家及市级重点科研课题 80 余项，在韩国国内外期刊及会议上发表学术论文 160 余篇，曾获高丽大学石塔讲课奖、大韩建筑学会会论文奖、韩国城市设计学会学术发表优秀论文奖、韩国住宅学会学术发表优秀论文奖、新万金设计竞赛国土海洋部长官奖、韩国文化观光部长官表彰、建设交通部长官表彰、William Keene 奖、首尔市蚕室地区重建基本构想优秀奖、首尔市水色地区开发基本构想优秀奖、首尔大学优秀毕业论文奖等，出版有《我们，社区营造》《城市的理解》《城市设计 30 年史》《韩国的城市设计》等 20 余部著作。

魏寒宾 (Wei Hanbin)

博士，华侨大学建筑学院讲师

高丽大学工学博士。曾任高丽大学建筑学院副研究员，曾为清华大学建筑学院博士后。主要研究方向为

城市更新、文化遗产保护、外国人密集区等。曾获韩国高丽大学留学生全额学费奖学金与城市再生导向下可持续社区人才培养 BK21+ 奖学金，韩国城市设计竞赛奖。在国内外期刊、会议上发表学术论文 10 余篇。文章《甘川洞文化村：通过文化艺术改善城乡居住环境》收录于《文化、创意产业与城市更新》一书中。

沈眩男（Sim, Hyun-Nam）

博士研究生，高丽大学校园城支援中心副研究员

2008 年、2011 年毕业于北京林业大学园林学院、首尔大学环境造景学院，先后获学士学位与硕士学位；2014 年开始攻读高丽大学城市再生学院的博士学位。主要研究方向为城市再生、城市保护、园林设计、景观设计等。2011—2014 年就职于韩设 Green 公司。曾获韩国城市设计学会优秀论文奖（2015 年），在韩国国内外期刊、会议上发表数篇学术论文，曾参与《环境部新一代核心环境技术开发项目；营建水边绿地及生态带技术开发》《通过开发标准的农业材料及其使用技术实现城市农业的扩散》《营造尝手艺文化道路的基本规划》等韩国国内报告的编写，合译了在韩国出版的《中国的传统园林文化》一书。

李正中（Lee, Jung-Joong）

博士，东海综合技术公司董事长

首尔市立大学城市工学学院工学博士。曾任大韩国土城市规划学会法制部委员会副委员长，首尔特别市城市规划委员会常任企划团长，大韩国土城市规划学会、韩国城市设计学会理事。主要研究方向为城市规划与设计相关的法律、城市再生、城市综合开发等，曾获大韩国土城市规划学会董事长功劳奖、大韩民国总统（朴槿惠）表彰（公务员功劳奖）、首尔特别市（朴元淳）表彰（蚕室综合运动场附近城市再生方案国际征集），出版有《城市规划业务手册第六次修订版（1991—2015）》《城市规划法变迁史》《城市规划术语集》等著作。

徐敏豪（Seo, Min-Ho）

博士，国土研究院城市再生研究所所长

高丽大学建筑学院工学博士。2015—2016 年受美国国务院"Fulbright Visiting Scholar"资助，赴美国学习。主要研究方向为城市再生、城市设计、轨道交通站点周边地区再开发、步行及道路环境等，曾获大韩建筑学会优秀论文奖、经济人文社会研究会（国务总理室）优秀研究院奖、国土研究院优秀研究奖，在韩国国内外期刊、会议上发表学术论文 10 余篇，参与《综合换乘中心基础设施整顿及示范项目促进研究方案》《关于编制国家城市再生基本方针的基础研究》《提升城市道路宜居性的研究》《以公共交通走廊（Transit-Oriented Corridor）为导向的绿色城市开发》等韩国国内权威报告的编写。

李建远（Lee, Gun-Won）

博士，Hoseo 大学讲师

高丽大学建筑学院工学博士。Hoseo 大学建筑土木环境学院讲师，主要研究方向为绿色城市和建筑、城市气候、GIS、城市再生、城市历史等。曾获城市设计学会优秀论文奖、越南 North An Khanh 新城市第

一生活圈竞赛二等奖、建设交通部行政复合城市 4-1 第二生活圈建设竞赛一等奖、忠南北部商工会议所创意竞赛三等奖、蒙古 Ulaanbaatar Lenin Square 国际学生创意竞赛一等奖等，作品入选第 24 次空间国际学生创意竞赛，在韩国国内外期刊、会议上发表学术论文 20 余篇，参与了《韩国城市设计史》《城市与环境》等著作的编写。

丁允男（Jeong, Yun-Nam）

博士，首尔研究院特聘研究员

高丽大学工学博士。主要研究方向为城市景观、城市形态、城市再生、绿色城市等。曾担任绿色生长城市评价委员（2012 年）、韩国城市设计学会委员（2013 年）、国土部城市大奖评估委员（2013 年）、韩国景观学会理事（2013 年）、首尔研究院客座研究员（2015 年）。曾获韩国城市设计学会春季学术发表大会优秀论文奖、韩国住宅学会春季学术发表大会优秀论文奖、韩国城市设计学会秋季学术发表大会优秀论文奖等，在韩国国内外期刊、会议上发表学术论文 10 余篇，参与了《韩国城市设计史》的编写。

李润锡（Lee, Yun-Suk）

博士研究生，Rutgers University

2008 年、2010 年毕业于高丽大学建筑学院，先后获学士学位与硕士学位，现在 Rutgers University 攻读博士学位。主要研究方向为公共空间、参与型规划、城市及地域规划、产业选址、地域开发等。曾就职于韩国国土研究院，获得国土研究院优秀研究员奖。在韩国国内外期刊、会议上发表数篇学术论文，参与《产业城市的诊断及可持续发展方案的研究》《新万金项目基本规划变更研究》《为营建各地域特化产业的产业选址政策研究》《基础设施建设中国家及地方自治团体资金分担的研究》等韩国国内权威报告的编写。

金俊來（Kim, Jun-Lae）

博士研究生，仁川发展研究院研究员

2007 年、2009 年毕业于加图立大学（Catholic University of Korea）消费者住宅学院；2009 年开始攻读高丽大学建筑学院的博士学位。曾就职于韩国城市住宅公社土地住宅研究院、韩国建设技术研究院、Next Urban 城市建筑研究所，目前就职于仁川发展研究院。主要研究方向为公共建筑、建筑政策、城市再生等，在韩国国内外期刊、会议上发表数篇学术论文。

吴株锡（Oh, Joo-Seok ）

博士，高丽大学讲师

高丽大学工学博士。主要研究方向为城市品牌、城市农业、城市设计等；2008 年担任 Design group AMO 的设计师，2008—2011 年就职于李吴综合建设公司。曾获韩国造景师协会 Memorial Park 创意竞赛金奖、韩国城市设计学会秋季学术大会新万金城市设计竞赛学会会长奖、大韩建筑师学会首尔市建筑学院优秀毕业生奖、 Competition of Professional Industrial Design Association, UK 特别奖。在韩国国内外期刊、会议上发表数篇学术论文。

白周和（Baek, Juhwa）

博士研究生，地方国企评估院专家

2004 年、2014 年毕业于高丽大学建筑学院、代尔夫特理工大学（Technische Universiteit Delft）建筑与城市设计学院，先后获学士学位与硕士学位；2014 年开始攻读高丽大学建筑学院的博士学位。主要研究方向为城市再生等。2010—2014 年就职于韩国首尔的 SIAPLAN Architects & Planners（2010—2012 年）及荷兰的 OMA, Rotterdam（2014 年）；2014 年参与了首尔 Dutch creative code exhibition 及荷兰 6th IABR International Architecture Biennale，"Urban by Nature"。曾获韩国 One Design 大奖，参与的设计竞赛中入选作品有国立现代美术馆首尔国际设计竞赛（2010 年）、松岛 5 工区 RC2 区共同住宅（2010 年）、忠南道厅搬迁新城市 RM11 共同住宅（2010 年）、仁川国际冰上竞技赛场（2011 年）、IMPZ CR001 Block, Dubai, UAE（2014 年）。

金东贤（Kim, Donghyun）

博士研究生，高丽大学讲师

2008 年、2012 年毕业于高丽大学建筑学院，先后获学士学位与硕士学位；2012 年开始攻读高丽大学建筑学院的博士学位。主要研究方向为城市再生等。先后就职于韩国双龙建设（2008—2009 年）、高丽大学（2013 年至今）、Next Urban 城市建筑研究所（2015 年至今）。曾获韩国城市设计学会 2010 年秋季学术大会优秀论文奖、高丽大学优秀讲义奖（2014 年）。在韩国国内外期刊、会议上发表数篇学术论文，参与《利用 Urban Farming 的低碳住宅区再生技法》《通过构建制度及政策编制的基础实现先进的住宅福利》《三仙洞 1 街住宅环境管理项目整顿规划编制》等韩国国内报告的编写，此外还参与了《了解适居的水原》的编写。

李钟勋（Lee, Jong-Hoon）

博士研究生，高丽大学校园城支援中心秘书长

2010 年、2014 年毕业于汉城大学的社会科学学院与房地产学院，先后获学士学位与硕士学位；2014 年开始攻读高丽大学建筑学院的博士学位。主要研究方向为城市再生、住宅政策、城市规划等。曾就职于韩国建设经济产业学会（2013—2014 年）、城南市城市开发公司城市再生科（2015—2016 年）。曾获韩国能率协会 2006 年优秀经营案例研究铜奖、汉城大学长期总体规划优秀奖。在韩国国内外期刊、会议上发表数篇学术论文，参与《通过构建制度及政策编制的基础实现先进的住宅福利》《城市政策案例分析及教育项目的开发》等韩国国内报告的编写。

朴权淑（Park, Kwon-Sook）

博士研究生，高丽大学

2006 年、2008 年毕业于悉尼大学（University of Sydney）建筑学院，先后获学士学位与硕士学位；2012 年开始攻读高丽大学建筑学院的博士学位。主要研究方向为低碳城市等。2007—2008 年就职于悉尼 Morrison Design Partnership 公司，2008—2011 年就职于韩国建设技术研究院，2011 年就职于韩国能源技术评价院。在韩国国内外期刊、会议上发表数篇学术论文。

编译者简介

魏寒宾（Wei Hanbin）

博士，华侨大学建筑学院讲师

高丽大学工学博士。曾任高丽大学建筑学院副研究员，曾为清华大学建筑学院博士后。主要研究方向为城市更新、文化遗产保护、外国人密集区等。曾获韩国高丽大学留学生全额学费奖学金与城市再生导向下可持续社区人才培养 BK21+ 奖学金，韩国城市设计竞赛奖。在国内外期刊、会议上发表学术论文 10 余篇。文章《甘川洞文化村：通过文化艺术改善城乡居住环境》收录于《文化、创意产业与城市更新》一书中。

沈昡男（Sim, Hyun-Nam）

博士研究生，高丽大学校园城支援中心副研究员

2008 年、2011 年毕业于北京林业大学园林学院、首尔大学环境造景学院，先后获学士学位与硕士学位；2014 年开始攻读高丽大学城市再生学院的博士学位。主要研究方向为城市再生、城市保护、园林设计、景观设计等。2011—2014 年就职于韩设 Green 公司。曾获韩国城市设计学会优秀论文奖（2015 年），在韩国国内外期刊、会议上发表数篇学术论文，曾参与《环境部新一代核心环境技术开发项目；营建水边绿地及生态带技术开发》《通过开发标准的农业材料及其使用技术实现城市农业的扩散》《营造尝手艺文化道路的基本规划》等韩国国内报告的编写，合译了在韩国出版的《中国的传统园林文化》一书。

唐燕（Tang Yan）

博士，博导，清华大学建筑学院副教授

德国洪堡学者，China City Planning Review 杂志编委委员和责任编辑。担任中国城市规划学会城市更新学术委员会副秘书长、中国建筑学会城市设计分会理事、中国城市科学研究会生态城市研究专业委员会委员、国务院学位办建筑学学科评议组秘书、欧盟"H2020"地平线重大科研项目基金特邀会评专家。曾为麻省理工学院 SPURS 学者、卡迪夫城市大学访问教授、柏林自由大学访问学者、多特蒙德工业大学博士后。长期从事城乡规划设计、城乡治理等研究，在国内外期刊及会议上发表学术论文 100 余篇，主持过德国洪堡基金、英国国家学术院基金、国家自然科学基金、"十二五"科技支撑计划（子项）、教育部人文社科基金等重要国内外课题，曾获中国城市规划学会求是论坛论文竞赛奖、全国青年城市规划论文竞赛佳作奖、金经昌中国城市规划优秀论文佳作奖、中国城市经济学会年会优秀论文三等奖。出版有《城市设计运作的制度与制度环境》《创意城市实践：欧洲和亚洲的视角》《文化、创意产业与城市更新》《控制性详细规划》《德国大都市地区的区域治理与协作》等著作。参与的规划设计项目曾获北京通州城市副中心城市设计国际招标总体城市设计获胜方案奖、全国优秀城乡规划设计二等奖、北京市优秀城乡规划设计评选一等奖、河北省优秀城乡规划设计编制成果一等奖等。

陈恺（Chen Kai）

硕士，清华大学

2015 年毕业于天津大学建筑学院城市规划系，获学士学位，2018 年毕业于清华大学建筑学院城乡规划系，获硕士学位。目前担任《国际城市规划》杂志国际资讯专栏供稿人。主要研究方向为气候变化与城市规划应对、地理信息技术与遥感应用、城市设计。已发表期刊论文 3 篇，会议论文 3 篇、曾获第 30 届 AESOP 大会全场最佳论文提名、BIAD 专项奖学金等奖项，参与《文化、创意产业与城市更新》一书的部分翻译工作，部分研究成果曾收录于 2017 年欧盟绿色周伙伴活动（Partner Event of EU Green Week）的绿色谈话报告。